典型金属硫化物的合成及储能特性

张亚辉 著

化学工业出版社

·北京·

内 容 简 介

本书主要采用液相法对常见的过渡金属硫化物如硫化钼、硫化镍、硫化（亚）铜、硫化铅、硫化（亚）铁、硫化锑等进行了可控制备，探索揭示了其组分、合成条件对金属硫化物成分、结构、形貌的影响，并对金属硫化物的微观结构进行了研究；进而探究了金属硫化物纳米结构的电化学储能性能，分析不同组分构成、形貌、尺寸分布等对其储能性能的影响，通过金属硫化物的纳米化及与异质原子的复合探索了提高金属硫化物储能性能的有效途径。

本书可为金属硫化物的合成制备，推动金属硫化物在储能方向的应用发展提供借鉴。

图书在版编目（CIP）数据

典型金属硫化物的合成及储能特性/张亚辉著. —北京：化学工业出版社，2023.11
ISBN 978-7-122-44063-1

Ⅰ.①典… Ⅱ.①张… Ⅲ.①硫化物-金属材料-研究 Ⅳ.①TG14

中国国家版本馆 CIP 数据核字（2023）第 160257 号

责任编辑：邢 涛 文字编辑：袁 宁
责任校对：张茜越 装帧设计：韩 飞

出版发行：化学工业出版社（北京市东城区青年湖南街 13 号 邮政编码 100011）
印 装：北京科印技术咨询服务有限公司数码印刷分部
710mm×1000mm 1/16 印张 15¾ 字数 320 千字
2024 年 1 月北京第 1 版第 1 次印刷

购书咨询：010-64518888 售后服务：010-64518899
网 址：http://www.cip.com.cn
凡购买本书，如有缺损质量问题，本社销售中心负责调换。

定 价：128.00 元

前　言

能源材料对人类社会的发展有着不可替代的作用，化石燃料的大量使用导致能源枯竭和环境恶化严重，迫使人类寻找可再生、环境友好型能源。因此，开发高效、低成本、大规模能量储存和转化器件尤为重要。

钠离子电池具有成本低、材料丰富、可逆性好、能量密度高等优点，是一种具有广阔前景的大规模电化学储能解决方案。但钠离子电池要想达到与现有锂离子电池相当的性能，还需要在阴极、阳极和电解质材料方面进行重大改进。钠离子电池的一个主要挑战是缺乏良好的负极材料。这一挑战激发了研究者对更广泛的钠离子电池负极材料的探索热情，包括碳质阳极、合金阳极、氧化物、氮化物、硫化物及其他材料。

金属硫化物作为一种重要的半导体材料，因其物种丰富、成本低、化学反应活性高、比容量高等特点被普遍认为是最有前景的电化学能量储存与转换材料。近年来，金属硫化物用作钠离子电池负极的报道屡见不鲜，其有望成为下一代高能量密度、商业化钠离子电池负极材料。但是其在实际应用中也存在一些挑战如结构粉碎、固有导电性差和离子扩散系数小、电极-电解液副反应等问题，针对上述问题，研究者提出的解决方案为通过材料的纳米化以降低粉化程度、与异质原子复合、电解液的优化等。为解决上述问题，本书对常见的金属硫化物进行了纳米结构制备合成、表征及储能特性研究，并尝试提高储能特性的可行途径。

本书由东北大学秦皇岛分校张亚辉副教授撰写，在本书的写作过程中，东北大学秦皇岛分校的罗绍华教授、王庆副教授、刘忻副教授给予了全力帮助，研究生赵丽佳、王俞程、柳荣晖、徐立炯、王丹丹、闫宏洋、王家乐、赵九潼等做了文献搜集、数据整理、图表绘制等工作，在此表示诚挚的感谢。另外，本书的编写还参考了国内外相关研究人员的一些文献资料，在此向作者一并致谢。

本书的研究工作和编写得到河北省电介质与电解质功能材料重点实验室绩效补助经费项目（编号：22567627H）、河北省电介质与电解质功能材料重点实验室运行经费项目（编号：14460109）、河北省自然科学基金—基础研究专项重点项目（编号：E2021501029）的资助，在此表示感谢。

由于作者水平所限，书中不妥之处，请广大读者批评指正。

张亚辉

目　录

第1章

绪　论

1.1　引言

能源、材料、信息和生命科学并称为 21 世纪四大支柱型产业，在人类社会的发展中有着不可替代的作用，人类社会的发展伴随着材料和能源的探寻和利用。早期，由于科技条件的限制，人类使用的能源主要来源于一些天然草木。发展至今，各种能源层出不穷，如化石燃料、太阳能和潮汐能等，尤其是化石燃料的大量使用导致能源枯竭和环境恶化严重，迫使人类寻找可再生、环境友好型能源。然而，大多数可再生能源的间歇性导致其不能提供稳定的能量来源。因此，开发高效、低成本、大规模能量储存和转化器件尤为重要。

锂离子电池（Lithium-ion Batteries，LIBs）作为重要的能量储存器件，因为能量密度大、循环寿命长、无记忆效应、低成本等特点，广泛应用于手机、便携式计算机及电动汽车等方面。但是，用于大规模能量储存的 LIBs 由于锂资源匮乏和分布不均匀导致其成本越来越高。从 2008 年开始算，全球锂资源总量约为 21280 吨，按每年约 5％的消耗，可用于开采的金属锂最多可维持六十多年。因此，用于大规模能量储存系统的 LIBs 替代品的开发已被提上日程。

金属钠具有与锂相似的理化性质，而且具有资源丰富、成本低、分布广等明显的优势，如表 1.1 所示。因此，钠离子电池（Sodium-ion Batteries，SIBs）引起了研究者的广泛关注。但是，决定 SIBs 性能的主要因素是研制合适的电极材料。近年来，电极材料作为电化学能源的主要载体，其发展更是森罗万象，令人目不暇接。从石墨材料的商业化应用到碳、单晶硅、氮化物等屡见不鲜，电极材料也得到了空前发展。但是，碳材料低的理论容量不能满足人们对电池系统高能量密度和功率密度的需求，而且单晶硅、氮化物等成本高、制备工艺复杂、不宜大规模生产的特点阻碍了它们的实际应用。因此，开发适宜的 SIBs 电极材料已成为科研工作者追求的目标。

表 1.1　锂和钠元素信息对比

金属元素	储量	分布	成本(碳酸盐)	原子量	理论容量/金属	标准电极电势 vs. SHE
Li	$20mg \cdot kg^{-1}$	70%(南美)	\$5000t^{-1}	6.9	$3829mAh \cdot g^{-1}$	$-3.04V$
Na	$23.6g \cdot kg^{-1}$	广泛分布	\$5000t^{-1}	23	$1165mAh \cdot g^{-1}$	$-2.7V$

金属硫化物（Metal Sulfides，MSs）作为一种重要的半导体材料，因其物种丰富、成本低、化学反应活性高、比容量高等特点普遍被认为是最有前景的电化学能量储存与转换材料。例如，二硫化钛（TiS_2）用作 LIBs 负极时表现出高的理论比容量、长循环寿命和独特的插层反应机制，具有可控层间距的层状二硫化钼（MoS_2）用作 SIBs 负极材料时表现出优异的电化学性能。近年来，MSs 用作 SIBs 电极材料的报道如雨后春笋，如硫化铁（FeS、FeS_2、Fe_7S_8 等）、硫化钴（CoS、CoS_2、Co_3S_4、Co_9S_8 等）、硫化镍（NiS、Ni_3S_2）等，目前主要用作 SIBs 电极材料的 MSs 如图 1.1 所示。

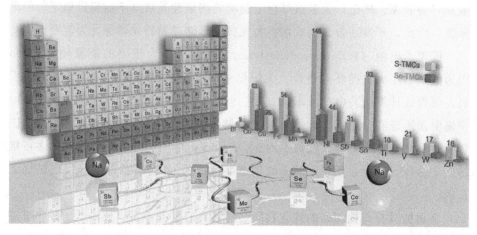

图 1.1　金属硫族化合物在 SIBs 中的应用对比

MSs 半导体材料作为最有前景的 SIBs 电极材料受到了广大研究者的关注。本章概述了 MSs 主要的制备方法及 MSs 在 SIBs 负极中的应用。

1.2 MSs 的制备方法

MSs 是一类庞大的无机材料体系，从绝缘体、半导体到导体，表现出独特的应用价值。由于独特的电子结构，其广泛应用于护肤品、环保、光学、磁学、医学、催化等领域。如 Cu 基硫化物复合纳米材料可用于光催化降解土霉素，CuS 也是一种天然光电子材料；Sb_2S_3 薄膜由于适宜的禁带宽度（$E_g=1.2\sim1.76eV$）和高的吸收系数（$\alpha=10^4\sim10^5\,cm^{-1}$）常用作太阳能电池材料；层状 SnS 是一种优异的节能光电材料，用于 SIBs 负极时表现出优异的电化学性能。随着人们对 MSs 应用价值的不断发掘，天然 MSs 已经不能满足需求，研究者开发了多种用于 MSs 材料的合成技术。本节主要概述 MSs 常见合成方法的过程、特点及应用现状。

1.2.1 固相合成法

固相合成法（Solid-state Method，SSM）主要指有固相参加的反应，如在 MSs 的制备过程中，选择金属粉末和硫粉在高温下反应生成 MSs。其具有高度选择性、产率高、工艺简单等特点，但是制备的 MSs 尺寸较大。根据反应温度不同，分为低温（<100℃）、中温（100~500℃）和高温（>500℃）固相反应三类。

固相反应用于 MSs 的合成已有很多报道，主要由一种或者两种金属粉末与硫粉混合，然后在高温、惰性气氛下或真空炉内反应。例如，Cao 等通过固相烧结法制备了具有优异储钾性能的 SnS_2 纳米片，Suzuki 等人通过固相法合成了具有优异储锂性能的 Cr-Mo-S 双金属体系，Sun 等合成了一种高比表面积的多孔有机网状结构。固相法用于 MSs 的合成虽然易于引入杂质、能耗大及对惰性气氛的依赖性较强，但其因为产量大及效率高仍被工业生产所应用。

1.2.2 气相合成法

气相合成法可分为物理气相沉积（PVD）和化学气相沉积（CVD），其中 CVD 是反应物质在气态条件下发生化学反应，生成固态物质沉积在加热的固态基体表面，由此制备固体材料的工艺技术，它本质上属于原子范畴的气态传质过程。CVD 技术制备 MSs 过程中，主要是各种模板前驱体（前驱物）在含硫气体（H_2S、S 蒸气等）中反应生成 MSs 的方法。

CVD 技术多用金属或合金薄膜的气相硫化制备 MSs 或混合 MSs 薄膜。如 CVD 技术制备的 MoS_2、WS_2、Ni_3S_2、ZnS 等二维材料表现出独特的结构、光电性能和催化性能。CVD 技术的出现，使得大量的二维层状新材料、合金、异质结及超晶格等迅速发展。但是，CVD 技术对实验设备和条件要求比较苛刻，如在沉积温度下反应物必须要有足够的蒸气压，除沉积物为固态薄膜外，不应出现其他固体或液体等。

1. 2. 3　液相合成法

液相合成法是指在液相中进行的化学合成反应，是目前实验和工业中广泛使用的纳米材料的合成方法，具有化学成分可控、纳米材料的颗粒尺寸易控、可大规模生产等特点。目前，实验室常见液相合成法有回流法、沉淀法、微波辅助法和水热/溶剂热法等。本节概述 MSs 纳米材料主要的液相合成法。

（1）热注射法

热注射法（Hot-injection Method，HIM）是合成具有良好结晶度和小尺寸分布的高质量纳米晶体的有效手段。通过在热配位溶剂中热分解有机金属化合物，可用于半导体、金属、金属氧化物及金属硫硒化物单分散纳米晶体的制备。从晶体学生长机制来看，制备单分散纳米晶体的主要路径是使晶体的形核与长大过程分离。快速将高反应活性的前驱体注入加热的有机溶剂中，能够使形核反应一触即发，随后使其在较低温度下时效生长，能有效获得单分散纳米晶体。例如，Zhang 等通过 HIM 对实验条件的合理调控制备了 $CuSbS_2$ 纳米块，刘仪柯等通过 HIM 合成了一种单分散的 Cu_2SnSe_3 纳米晶体。

回流法（Refluxing Method，RM）作为一种重要的 MSs 合成方法，与HIM 不同的是硫源并非单独注入。其主要过程是金属盐与硫源同时溶解于溶液中，在设定温度下回流若干小时，以达到制备 MSs 微纳米结构的目标。这种方法制备的 Bi_2S_3 纳米棒、花状 Sb_2S_3 表现出优异的储钠性能。尽管其在MSs 的合成中被广泛应用，但是其对惰性气氛依赖性强、产量较低。

（2）沉淀法

沉淀法（Precipitation Method，PM）通常是指将不同化学成分的物质溶解于一定的溶剂中，在形成的混合溶液中加入适当的沉淀剂合成沉淀物，再将此沉淀物进行干燥或煅烧，从而制得相应的微纳米材料。PM 用于 MSs 的制备时，存在于溶液中的金属阳离子（M^{x+}）和硫源分解出的硫阴离子（S^{2-}），当它们的离子浓度积大于其溶度积（$K_{sp} = [M^{x+}]^2 \cdot [S^{2-}]^x$）时，$M^{x+}$ 和 S^{2-} 之间就开始结合（$2M^{x+} + xS^{2-} \longrightarrow M_2S_x$），进而形成晶核，由于晶核生长和在重力的作用下发生沉降，形成沉淀物。常见 MSs 的溶度积如表 1.2 所示。沉淀物的粒径大小取决于形核与核长大的相对速率，即形核速率低于核长大速率时，生成的颗粒数就少，单个颗粒的粒径就大。

表 1.2 常见 MSs 的溶度积

化学式	K_{sp}	化学式	K_{sp}	化学式	K_{sp}
AgS_2	1.6×10^{-49}	HgS	4.0×10^{-53}	ZnS	1.6×10^{-24}
Sb_2S_3	1.5×10^{-93}	FeS	3.7×10^{-19}	MnS	1.4×10^{-15}
Bi_2S_3	1.0×10^{-97}	CoS	4.0×10^{-21}	CdS	3.6×10^{-29}
In_2S_3	5.7×10^{-74}	NiS	1.4×10^{-24}	PbS	3.4×10^{-28}
Cu_2S	2.0×10^{-47}	CuS	8.5×10^{-45}	SnS	1.0×10^{-25}

迄今为止，普遍认为共沉淀法（Co-precipitation Method，CPM）是获得 MSs 最简单的方法，即将金属盐和硫源（如 Na_2S、硫脲、L-半胱氨酸等）在溶液中混合，室温或相对较低的温度（<100℃）下时效一段时间。例如，Su 等通过共沉淀法制备了一种 ZnS 纳米球，用于 SIBs 时表现出优异的性能。CPM 不仅用于 MSs 的合成，还用于金属氧化物、硒化物及其他纳米材料的制备，如 Feng 等合成的层状 N 掺杂碳包覆 $Ni_{0.6}Fe_{0.4}Se_2$ 纳米立方体，作为 SIBs 负极材料时表现出长的循环寿命和优异的储钠容量。

（3）微波辅助法

微波辅助法（Microwave-assisted Method，MAM）是指在微纳米材料的合成过程中采用微波辐照来代替传统热源，混合均匀的原料通过自身的性质吸收或耗散微波能量以达到一定的温度，从而引发合成反应。该方法的加热源一般采用频率在 300MHz～300GHz 的电磁波。微波介电加热机制包含极性极化和离子传导两个主要过程，这与直接吸收高能电磁辐射诱导化学反应不同。由于微波增强化学是基于材料的有效加热，因此将微波能量转换为热能的最佳频率为 2.45GHz 左右，能量大约为 $1.0 Jmol^{-1}$，如果太低不能有效裂解化学键，使之参与化学反应。

MAM 由于其特殊的优点，如反应速率高（通常可以将反应时间减少几个数量级)、加热均匀、成本低、产率高、副反应较少等,已被广泛用于各种 MSs 纳米材料的制备。例如,Sun 等合成了一种具有扩大层间距的 MoS$_2$ 材料,Wang 等合成了一种具有高可逆储锂性能的三维 CuS/CNTs 复合材料。

(4) 水热/溶剂热法

水热/溶剂热法 (Hydrothermal/Solvothermal Method, H/STM) 是指在一定温度 (100~1000℃) 和压强 (1~100MPa) 条件下,使物质间的化学反应在溶液中快速发生而形成新物质的方法。HTM 中,水作为带有聚四氟乙烯内衬的密封不锈钢反应釜中的反应介质,将其加热到设计温度,产生相对的高温高压环境以促进化学反应来制备材料。反应釜内原位产生的压力不仅取决于反应温度,还取决于添加液体的量、溶盐的种类等因素。

STM 是基于 HTM 发展起来的。在实验中,考虑到溶剂性质如极性、黏度和柔软度等对前驱体在液相合成中的溶解度和传输行为的影响,即控制反应的反应活性,产物的形状、大小和相结构,通常使用不同的有机溶剂 (乙二醇、三乙二醇等) 代替水作为反应介质,这种合成方法也称作改进的 HTM。目前,多种 MSs 微纳米结构已通过 STM 合成,例如,小尺寸 CuS 纳米球、Sb$_2$S$_3$ 纳米棒、金属态 SnS$_2$ 纳米片、CuCo$_2$S$_4$ 纳米片、多壳 Sb$_2$S$_3$ 结构及核壳结构的 SnS-MoS$_2$ 复合微球等,如图 1.2 所示。

(a) CuS纳米球SEM图 (b) Sb$_2$S$_3$纳米棒SEM图 (c) 金属态SnS$_2$纳米片SEM图

(d) CuCo$_2$S$_4$纳米片SEM图 (e) 多壳Sb$_2$S$_3$结构TEM图 (f) 核壳结构的SnS-MoS$_2$复合微球TEM图

图 1.2　合成不同 MSs 纳米材料的形貌

与 HTM 相比，STM 可以选择更多具有特殊理化性质的有机溶剂，可以将反应温度提高到更高的值，合成原料更加丰富，不同型号的反应釜使其具有大规模应用的潜力。因此，这种经过改进的合成法也普遍用于制备各种纳米晶体，例如贵金属、电介质、半导体、稀土荧光材料、导电聚合物纳米颗粒等。

（5）其他合成方法

MSs 作为一类非常重要的半导体材料，除上述制备方法外，随着科技水平不断提高而涌现出了许多新的制备手段。例如，液相剥离法、电沉积法、静电纺丝、阳离子交换法、单一前驱体法、超声化学法、光化学法、模板法（Template Method，TM，包括自模板、硬模板、软模板等）、微乳液法、柯肯德尔效应诱导合成法、喷雾热解技术、冷冻干燥、高能球磨等。一定情况下，这些方法在材料合成中交叉结合使用，可以得到更加理想的 MSs 半导体材料。

1.3 MSs 在钠离子电池中的应用

1.3.1 钠离子电池简介

SIBs 的研究与 LIBs 同步，起始于 20 世纪 70 年代末并经历了整个 80 年代。直到 90 年代初期 LIBs 成功商业化应用后，对 SIBs 的研究明显减少。但是，目前由于锂资源的短缺和分布不均匀导致其成本高，限制了 LIBs 在实际中的大规模应用。因此，研究者对储量丰富、成本低，具有与金属锂相似物理化学性质的钠元素开始了深入的研究。

SIBs 的结构、工作机理等与 LIBs 十分相似，如图 1.3 所示。SIBs 由正负极、隔膜及电解液构成。受 LIBs 正极材料的启发，大多数 SIBs 采用嵌入型正极材料，如聚阴离子型、层状过渡金属氧化物、普鲁士蓝正极材料。目前，针对正极材料在高电压下不可逆的结构变化、大倍率下寿命短且材料结构破坏严重等问题，金属掺杂、表面包覆及形貌调控等策略已有大量报道。

在 SIBs 电解液中，$NaClO_4$ 是应用最广的，后来相继出现了 $NaPF_6$ 和 $NaCF_3SO_3$ 电解液，不同的电解液对不同的电极材料具有各自的亲和性。如 $NaCF_3SO_3$ 溶解在二乙二醇二甲醚（DEGDME）体系作为 MSs 负极的电解液时表现出优异的钠储存容量和倍率性能。电解液的相关报道虽然已有很多，但对其的认识仍存在一定的不足，如电解液的成分对电解质特性的影响规律、电

图 1.3　SIBs 结构及原理示意图

解质与电极材料的表界面问题、电极材料及具有多种电解质的电池体系的安全性问题等。因此，设计适合大规模储能器件的电解质新配方和开发新组分仍面临一定的挑战。

　　SIBs 负极材料是限制其商业化的主要瓶颈，对其循环寿命和倍率性能等起至关重要的作用，接下来将作具体讨论。

1.3.2　钠离子电池负极材料研究进展

　　尽管石墨用作 LIBs 负极时比容量有限（每个 C_6 能够嵌入一个 Li^+ 对应的比容量为 $372mAh \cdot g^{-1}$），但是其优异的结构稳定性使之仍是商业化 LIBs 负极材料的首选。当用作 SIBs 负极时，Na^+ 较大的离子半径不能融洽地嵌入石墨中。因此，研究者开发了许多新型 SIBs 用负极材料，如金属钠、碳基材料、金属氧化物、合金材料、磷化物、MXenes、MSs 等。

　　为了获得具有高能量密度和功率密度的电池体系，在不考虑正极材料的前提下，需要开发出低电压、理论容量高的负极材料。热力学认为，金属钠是最适合 SIBs 电池高能量密度要求的负极材料（还原电位 $-2.71V$ vs. SHE 和 $1165mAh \cdot g^{-1}$ 的比容量）。但是，研究中发现在电化学过程中钠表面会产生不稳定的钝化膜和固体电解质中间相（SEI 膜），限制其循环稳定性。而且，循环过程中产生的钠枝晶不断长大，控制不当会产生局部过热而自燃，甚至爆炸。因此，出于安全考虑，金属钠不能成为 SIBs 合适的负极材料。

由于石墨的淘汰，碳基材料在 SIBs 负极材料中的相关报道已占据一席之地。其中，生物质衍生碳由于内部大的孔隙率和优异的结构稳定性而成为潜在的储能材料，用于储能时可以很大程度地减少生活废弃物，至今报道的生物质碳材料的原料包括各种糖类，生活中产生的各种水果皮、核桃皮、麦秸等。例如，Reddy 等设计了一种非石墨化碳 SIBs 负极材料，通过理论计算指导，结合实验分析，得出其钠储存机理为：Na^+ 首先在活性材料表面吸附，在层与层之间的缺陷位置插入、填充层，最后形成纳米孔。Zhang 等通过实验工艺优化，制备出了首次库仑效率达 85% 的生物质衍生碳负极，而且呈现出优异的比容量。但是，碳基材料在电化学过程中表现出的理论容量偏低、首次库仑效率低等问题阻碍了其进一步发展。

金属化合物作为一种重要的钠储存材料，同样也是高性能负极的研究热点之一，主要包括金属氧化物（MOs）、合金、MSs、金属磷化物（MPs）、金属碳化物（MCs）等材料，如图 1.4 所示。其中，MOs 负极材料主要以转换反应的方式进行钠储存，但其往往伴随着插入反应和合金化反应。合金类材料作为 SIBs 负极材料主要依靠合金化反应机制储钠。当作为 SIBs 负极材料时，随着 Na^+ 在电极之间穿梭，电极材料体积膨胀，粉化脱落，导致容量衰减等问题突出。金属磷化物作为一类重要的 SIBs 负极材料，主要以转换反应和合金化反应形式储钠。例如，Wang 等通过高能球磨法制备了超稳定的自修复

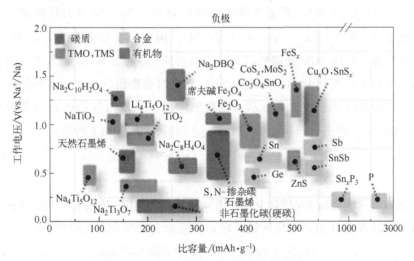

图 1.4　SIBs 负极材料研究进展

TMO，TMS：过渡金属氧化物，过渡金属硫化物

SnP_3 负极材料，可以提供 $810mAh \cdot g^{-1}$ 的比容量。MXenes 为嵌入脱出型负极材料，在 SIBs 应用中具有稳定的结构和循环性能。但是，金属磷化物和 MXenes 的制备工艺复杂和成本较高等阻碍了其大规模应用。MSs 作为一种重要的高容量、低工作电压的 Na^+ 储存材料，下文将详细论述。

1.3.3　MSs 作为钠离子电池负极材料的研究进展

在众多 SIBs 负极材料中，MSs 由于物种丰富、环境友好及高的储钠容量等优点而成为研究的热点，作为负极材料时具有与 MOs 相似的电化学储钠机制。但是，与 MOs 相比 MSs 表现出诸多的优势：结构特征方面，形成的金属-硫键（M—S）键合比金属-氧键（M—O）弱，更有利于发生转换反应；产物类型方面，MSs 在放电过程中产生的 Na_2S 导电性优于 MOs 产生的 Na_2O；机械应变方面，MSs 脱嵌钠时体积效应小于同类 MOs，表现出更加优异的循环稳定性和高的首圈库仑效率。因此，近几年关于 MSs 负极的研究报道如雨后春笋，其被认为是最有希望实现商业化的 SIBs 负极材料。

MSs 储钠机制同 MOs，转换反应发生与否取决于金属元素对钠的活性。主要反应机理有转换反应及合金化反应。例如，具有电化学惰性的过渡族金属（Fe、Cu、Ni、Mo 等）硫化物主要以转换反应方式进行（$MS_x + 2xNa^+ + 2xe^- \longleftrightarrow xNa_2S + M$），而电化学活性较高的 Sb、Sn、Bi 等会伴随进一步的合金化反应（$M + xNa^+ + xe^- \longleftrightarrow Na_xM$）。因此，本节主要以 Cu、Sb 基硫化物为代表，阐述 MSs 的储钠机制。例如，Wu 等通过 STM 制备了一种具有孪晶结构的血小板状 CuS，其作为 SIBs 负极时表现出优异的倍率性能和循环稳定性，储钠机理分析结果显示：在放电阶段，Na^+ 先与 CuS 形成插层化合物 $Na_3Cu_4S_4$，再进行转换反应产生 Na_2S 和 Cu。反应如下所示：

$$4CuS + 3Na^+ + 3e^- \longleftrightarrow Na_3Cu_4S_4 \qquad (1-1)$$

$$Na_3Cu_4S_4 + 5Na^+ + 5e^- \longleftrightarrow 4Na_2S + 4Cu \qquad (1-2)$$

例如，活性金属 Sb 的硫化物（Sb_2S_3）作为 SIBs 负极材料时，Xie 等通过同步辐射 X 射线衍射得出转换反应后伴随合金化反应。反应如下：

$$Sb_2S_3 + 6Na^+ + 6e^- \longleftrightarrow 2Sb + 3Na_2S \qquad (1-3)$$

$$2Sb + 6Na^+ + 6e^- \longleftrightarrow 2Na_3Sb \qquad (1-4)$$

MSs 负极材料的最大特点是形貌可控且合成方法简单，这也是其能够成为商业化 SIBs 负极材料的优势之一。目前，H/STM 是合成 MSs 负极材料的主要方法之一，其具有产量高、成本低、绿色无污染等特点。

MSs 负极材料主要因为其独特的结构和丰富的物种引起了研究者的广泛关注。典型层状结构的 MSs（MoS_2、WS_2、TiS_2、VS_2、SnS_2 等）具有优异的电子导电性，而且两种 M—S 键协同存在，一种是三棱柱型（H 相），一种是八面体型（T 相），在电化学储钠过程中表现出优异的性能。此外，块状MSs，由于 S—M—S 层间的范德瓦耳斯力非常弱，Na^+ 很容易插入内层，最后发生转换反应产生金属钠和 Na_2S。非典型层状 MSs（M＝Fe，Co，Ni，Cu，Zn，Sb，Bi 等）因为资源丰富、理论容量大、结构多样等特点，在 SIBs负极材料的应用中表现出绝对的优势。例如，Sb_2S_3 负极材料的理论钠储存容量高达 $946mAh \cdot g^{-1}$，CuS 理论容量达到了 $561mAh \cdot g^{-1}$。因此，MSs 在SIBs 负极材料中具有相当可观的竞争力。为了直观地反映 MSs 负极材料的研究现状，表 1.3 列出了近几年典型 MSs 负极的储钠性能。

表 1.3　MSs 钠离子电池负极材料的研究进展

MSs	制备方法	电压范围	起始容量	循环数据	倍率容量
MoS_2/CNT	STM	0.0～3.0V	620/0.2C	477/200/0.2C	295/10C
TiS_2 纳米片	SSM	0.1～3.0V	220/0.42C	386/200/0.42C	≈140/10.4C
TiS_2 纳米盘	HIM	1.0～3.0V	234/0.1C	170/100/0.048C	100/10C
SnS_2/石墨烯	HTM	0.01～3.0V	≈1339/0.02C	670/60/0.02C	463/0.64C
SnS_2/N-石墨烯	HTM	0.01～3.0V	≈1136/0.2C	450/100/0.2C	148/10C
N-FeS/C	STM	0.005～3.0V	1103.8/100	354.5/500/100	365.4/800
Sb_2S_3 纳米棒	STM	0.01～2.5	1066.0/100	699.1/100/100	429/3200
花状 Sb_2S_3	RM	0.01～2.0V	970/50	641.7/100/200	553.1/2000
Sb_2S_3/rGO	HTM	0.25～1.3V	1050/50	636.5/50/100	611/1500
CuS 微米球	STM	0.01～3.0V	747.5/100	413/100/5000	443.6/5000
子弹状 Cu_9S_5	TM	0.40～2.6V	385.0/300	≈500/500/300	254/3000

注：起始容量为起始放电比容量，单位为 $mAh \cdot g^{-1}/C$ 或 $mAh \cdot g^{-1}/(mA \cdot g^{-1})$；循环数据的单位为 $mAh \cdot g^{-1}/$循环周期$/C$ 或 $mAh \cdot g^{-1}/$循环周期$/(mA \cdot g^{-1})$；倍率容量的单位为 $mAh \cdot g^{-1}/C$ 或 $mAh \cdot g^{-1}/(mA \cdot g^{-1})$。

1.3.4　MSs 作为钠离子电池负极时存在的主要问题及解决策略

MSs 基于多电子反应机制，在众多材料中表现出较高的理论容量，使其有望成为下一代高能量密度商业化 SIBs 负极材料。但是，在实际应用中也存在一些挑战。

MSs 负极材料在充放电过程中，大量 Na^+ 的嵌入所对应的高容量也引起了大的体积膨胀，最终导致电极材料粉碎，容量衰减。基于以转换反应为主的充放电机制，MSs 在储钠过程中产生不可逆的可溶性多硫化物，与有机电解液发生副反应使电极表面钝化，影响 Na^+ 在正负极之间通过隔膜穿梭，导致容量衰减甚至电池失效。MSs 与电解液作用，形成不稳定的固体电解质中间相（SEI 膜），导致首圈库仑效率低。尤其是在碳酯（Carbon-ester）基电解液体系中，形成的多硫化物与电解液发生副反应，最终导致容量快速衰减甚至会引起安全问题。此外，MSs 自身导电性较差和低的离子扩散系数导致倍率性能差。所以，MSs 作为 SIBs 负极材料主要存在以下问题：①结构粉碎；②不期望的电极-电解液反应；③固有导电性差和离子扩散系数小。

目前已提出许多策略以改善上述问题。通过减小块体材料的体积以降低粉化程度，而且纳米材料的小尺寸效应表现出良好的电子、离子导电性和优异的电化学性能，纳米结构大的比表面积能够为 Na^+ 的嵌入提供丰富的活性位点；纳米结构具有短的离子、电子扩散路径，有利于 Na^+ 的传输。近期，一些报道称电池的截止电压越低，尤其是低于 1.0V 或在 0.01~0.5V 之间，电极结构的粉化越快，他们通过提高截止电压很好地降低了这种影响。例如，Wu 等通过调整截止电压在 0.4~2.6V 之间，制备的血小板状 CuS 作为 SIBs 负极材料时在 $2.0A \cdot g^{-1}$ 循环 500 周后容量保持在约 $320mAh \cdot g^{-1}$。因此，优化截止电压也是提高电化学性能的关键措施之一。

电解液的优化可以减少副反应的发生，最常用的电解液包括碳酯类电解液、醚类电解液、离子液体和固态电解液。其中碳酯类电解液经常与电极材料发生副反应，而固态电解液的离子导电性差。因此，醚类电解液的研究越来越多。

MSs 导电性差，离子扩散系数小，可以通过与导电性优异的碳基材料结合进行改善。碳基材料不仅导电性好，还具有成本低、来源广等优势，像片状石墨、碳纳米管、石墨烯、多孔碳等。而且，MSs 与有机物结合，高温碳化后也具有优异的电子、离子导电性；还可以利用其层片状柔性结构，缓解 MSs 在钠化及去钠化过程中因应力集中而导致的体积膨胀。另外，通过异质原子、金属掺杂也可以提高 MSs 的导电性和电化学性能。

混合金属硫化物由于各组分间的协同效应表现出优异的电化学性能，Fang 等详细总结了混合金属硫化物作为 SIBs 负极材料时的优势。首先，在混合金属硫化物中，不同 MSs 之间存在的相界面会提供大量的晶格扭曲和缺陷，从而促进电子和离子的传输；其次，不同硫化物之间的带隙差产生内电场会提高电化学反应动力学和载流子的传输速度；而且，不同 MSs 不同步的电化学反应过程以及形成不同中间相有助于缓解电化学反应过程中的应力集中和电极材料颗粒团聚，从而提高电化学储钠性能。

因此，针对上述问题，目前主要的解决策略总结如下：①纳米结构设计；②电解液优化；③碳包覆改性；④金属等异质原子掺杂；⑤多金属硫化物结构设计；⑥截止电压的优化。

本章参考文献

[1] 邵俊峰. 论"材料"是社会进步的阶梯 [J]. 文史杂志，2002，6：38-41.

[2] 李俊锋. 基于二硫化钼复合物的锂/钠离子电池负极材料研究 [D]. 上海：华东师范大学，2020.

[3] Chu S, Majumdar A. Opportunities and challenges for a sustainable energy future [J]. Nature, 2012, 488 (7411)：294-303.

[4] Wu J X, Ciucci F, Kim J K. Molybdenum disulfide based nanomaterials for rechargeable batteries [J]. Chemistry-A European Journal, 2020, 26 (29)：6296-6319.

[5] Xu X, Liu W, Kim Y, et al. Nanostructured transition metal sulfides for lithium ion batteries：progress and challenges [J]. Nano Today, 2014, 9 (5)：604-630.

[6] Zu C X, Li H. Thermodynamic analysis on energy densities of batteries [J]. Energy & Environmental Science, 2011, 4 (8)：2614-2624.

[7] Kang H Y, Liu Y C, Cao K Z, et al. Update on anode materials for Na-ion batteries [J]. Journal of Materials Chemistry A, 2015, 3 (35)：17899-17913.

[8] 朱子翼，张英杰，董鹏，等. 高性能钠离子电池负极材料的研究进展 [J]. 化工进展，2019，38 (05)：2222-2232.

[9] Benco L, Barras J L, Atanasov M, et al. First principles calculation of electrode material for lithium intercalation batteries：TiS_2 and $LiTi_2S_4$ cubic spinel structures [J]. Journal of Solid State Chemistry, 1999, 145 (2)：503-510.

[10] Xu X, Zhao R S, Ai W, et al. Controllable design of MoS_2 nanosheets anchored on nitrogen-doped graphene：toward fast sodium storage by tunable pseudocapacitance [J]. Advanced Materials, 2018, 30 (27)：1800658.

[11] Liu Y Z, Zhong W T, Yang C H, et al. Direct synthesis of FeS/N-doped carbon composite for high-performance sodium-ion batteries [J]. Journal of Materials Chemistry A, 2018, 6 (48)：24702-24708.

[12] Hu Z, Zhu Z Q, Cheng F Y, et al. Pyrite FeS_2 for high-rate and long-life rechargeable sodium batteries [J]. Energy & Environmental Science, 2015, 8 (4)：

1309-1316.

[13] Li H H, Ma Y A, Zhang H, et al. Metal-organic framework derived Fe_7S_8 nanoparticles embedded in heteroatom-doped carbon with lithium and sodium storage capability [J]. Small Methods, 2020, 4 (12): 2000637.

[14] Guo Q B, Ma Y F, Chen T T, et al. Cobalt sulfide quantum dot embedded N/S-doped carbon nanosheets with superior reversibility and rate capability for sodium-ion batteries [J]. ACS Nano, 2017, 11 (12): 12658-12667.

[15] Peng S J, Han X P, Li L L, et al. Unique cobalt sulfide/reduced graphene oxide composite as an anode for sodium-ion batteries with superior rate capability and long cycling stability [J]. Small, 2016, 12 (10): 1359-1368.

[16] Ali Z, Zhang T, Asif M, et al. Transition metal chalcogenide anodes for sodium storage [J]. Materials Today, 2020, 35: 131-167.

[17] Chen Q H, Wu S N, Xin Y J. Synthesis of Au-CuS-TiO_2 nanobelts photocatalyst for efficient photocatalytic degradation of antibiotic oxytetracycline [J]. Chemical Engineering Journal, 2016, 302: 377-387.

[18] Cordova-castro R M, Casavola M, Van S M, et al. Anisotropic plasmonic CuS nanocrystals as a natural electronic material with hyperbolic optical dispersion [J]. ACS Nano, 2019, 13 (6): 6550-6560.

[19] Kondrotas R, Chen C, Tang J. Sb_2S_3 solar cells [J]. Joule, 2018, 2 (5): 857-878.

[20] Patel M, Kim J, Kim Y K. Growth of large-area SnS films with oriented 2D SnS layers for energy-efficient broadband optoelectronics [J]. Advanced Functional Materials, 2018, 28 (40): 1870289.

[21] Zhu C B, Kopold P, Li W H, et al. A general strategy to fabricate carbon-coated 3D porous interconnected metal sulfides: case study of SnS/C nanocomposite for high-performance lithium and sodium ion batteries [J]. Advanced Science, 2015, 2 (12): 1500200.

[22] Hu Z, Liu Q N, Chou S L, et al. Advances and challenges in metal sulfides/selenides for next-generation rechargeable sodium-ion batteries [J]. Advanced Materials, 2017, 29 (48): 1700606.

[23] Cao K Z, Wang S D, Jia Y H, et al. Promoting K ion storage property of SnS_2 anode by structure engineering [J]. Chemical Engineering Journal, 2021, 406: 126902.

[24] Suzuki K, Iijima T, Wakihara M. Chromium chevrel phase sulfide ($Cr_xMo_6S_{8-y}$) as the cathode with long cycle life in lithium rechargeable batteries [J]. Solid State Ionics, 1998, 109 (3-4): 311-320.

[25] Sun W J. Porous organic networks solid-state synthesis [J]. Nature Nanotechnology, 2018, 13 (1): 4-4.

[26] 王颖. 铜基二元及三元金属硫化物的可控合成及性质研究 [D]. 长春：吉林大学，2015.

[27] Ji Q Q, Zhang Y, Shi J P, et al. Morphological engineering of CVD-grown transition metal dichalcogenides for efficient electrochemical hydrogen evolution [J]. Advanced Materials, 2016, 28 (29): 6207-6212.

[28] Zhang Z W, Chen P, Duan X D, et al. Robust epitaxial growth of two-dimensional heterostructures, multiheterostructures, and superlattices [J]. Science, 2017, 357 (6353): 788-792.

[29] Yao Z J, Zhou L M, Yin H Y, et al. Enhanced Li-storage of Ni_3S_2 nanowire arrays with N-doped carbon coating synthesized by one-step CVD process and investigated via ex situ TEM [J]. Small, 2019, 15 (49): 1904433.

[30] Zhang Y, Yao Y Y, Sendeku M G, et al. Recent progress in CVD growth of 2D transition metal dichalcogenides and related heterostructures [J]. Advanced Materials, 2019, 31 (41): 1901694.

[31] Xu Z H, Lv Y F, Li J Z, et al. Pattern stimulated CVD growth of 2D MoS_2 [J]. Chemistry Select, 2020, 5 (22): 6709-6714.

[32] Wu S H, Zhao J S, Zhao Y J, et al. Preparation, composition, and mechanical properties of CVD polycrystalline ZnS [J]. Infrared Physics & Technology, 2019, 98: 23-26.

[33] Park J, Joo J, Kwon S G, et al. Synthesis of monodisperse spherical nanocrystals [J]. Angewandte Chemie-International Edition, 2007, 46 (25): 4630-4660.

[34] Zhang Z A, Zhou C K, Liu Y K, et al. $CuSbS_2$ nanobricks as electrode materials for lithium ion batteries [J]. International Journal of Electrochemical Science, 2013, 8 (7): 10059-10067.

[35] 刘仪柯, 唐雅琴, 伍玉娇, 等. 热注射法合成 Cu_2SnSe_3 纳米晶及其光电转换性能 [J]. 人工晶体学报, 2017, 46 (12): 2348-2351.

[36] Sun W P, Rui X H, Zhang D, et al. Bismuth sulfide: a high-capacity anode for sodium-ion batteries [J]. Journal of Power Sources, 2016, 309: 135-140.

[37] Zhu Y Y, Nie P, Shen L F, et al. High rate capability and superior cycle stability of a flower-like Sb_2S_3 anode for high-capacity sodium ion batteries [J]. Nanoscale, 2015, 7 (7): 3309-3315.

[38] Su D W, Kretschmer K, Wang G X. Improved electrochemical performance of Na-ion batteries in ether-based electrolytes: a case study of ZnS nanospheres [J]. Advanced Energy Materials, 2016, 6 (2): 1501785.

[39] Feng J, Luo S H, Yan S X, et al. Hierarchically nitrogen-doped carbon wrapped $Ni_{0.6}Fe_{0.4}Se_2$ binary-metal selenide nanocubes with extraordinary rate performance and high pseudocapacitive contribution for sodium-ion anodes [J]. Journal of Materials Chemistry A, 2021, 9 (3): 1610-1622.

[40] Gao M R, Xu Y F, Jiang J, et al. Nanostructured metal chalcogenides: synthesis, modification, and applications in energy conversion and storage devices [J]. Chemical Society Reviews, 2013, 42 (7): 2986-3017.

[41] Sun Y G, Alimohammadi F, Zhang D T, et al. Enabling colloidal synthesis of edge-

oriented MoS_2 with expanded interlayer spacing for enhanced HER catalysis [J]. Nano Letters，2017，17（3）：1963-1969.

[42] Wang Y H，Zhang Y Y，Li H，et al. Realizing high reversible capacity：3D intertwined CNTs inherently conductive network for CuS as an anode for lithium ion batteries [J]. Chemical Engineering Journal，2018，332：49-56.

[43] Heydari H，Moosavifard S E，Shahrik M，et al. Facile synthesis of nanoporous CuS nanospheres for high-performance supercapacitor electrodes [J]. Journal of Energy Chemistry，2017，26（4）：762-767.

[44] Hou H S，Jing M J，Huang Z D，et al. One-dimensional rod-like Sb_2S_3-based anode for high-performance sodium-ion batteries [J]. ACS Applied Materials & Interfaces，2015，7（34）：19362-19369.

[45] Shi X，Chen S L，Fan H N，et al. Metallic-state SnS_2 nanosheets with expanded lattice spacing for high-performance sodium-ion batteries [J]. ChemSusChem，2019，12（17）：4046-4053.

[46] Xu W N，Lu J L，Huo W C，et al. Direct growth of $CuCo_2S_4$ nanosheets on carbon fiber textile with enhanced electrochemical pseudocapacitive properties and electrocatalytic properties towards glucose oxidation [J]. Nanoscale，2018，10（29）：14304-14313.

[47] Xie F X，Zhang L，Gu Q F，et al. Multi-shell hollow structured Sb_2S_3 for sodium-ion batteries with enhanced energy density [J]. Nano Energy，2019，60：591-599.

[48] Choi S H，Kang Y C. Synergetic effect of yolk-shell structure and uniform mixing of SnS-MoS_2 nanocrystals for improved Na-ion storage capabilities [J]. ACS Applied Materials & Interfaces，2015，7（44）：24694-24702.

[49] Hwang J Y，Myung S T，Sun Y K. Sodium-ion batteries：present and future [J]. Chemical Society Reviews，2017，46（12）：3529-3614.

[50] Chen M Z，Hua W B，Xiao J，et al. Development and investigation of a NASICON-type high-voltage cathode material for high-power sodium-ion batteries [J]. Angewandte Chemie-International Edition，2020，59（6）：2449-2456.

[51] Bao S，Luo S H，Wang Z Y，et al. Improving the electrochemical performance of layered cathode oxide for sodium-ion batteries by optimizing the titanium content [J]. Journal of Colloid and Interface Science，2019，544：164-171.

[52] Feng F，Chen S L，Liao X Z，et al. Hierarchical hollow prussian blue rods synthesized via self-sacrifice template as cathode for high performance sodium ion battery [J]. Small Methods，2019，3（4）：1800259.

[53] Zhao C L，Wang Q D，Yao Z P，et al. Rational design of layered oxide materials for sodium-ion batteries [J]. Science，2020，370（6517）：708-711.

[54] 庄林. 基于 $P2$-$Na_{0.7}CoO_2$ 微球的高性能钠离子电池正极材料 [J]. 物理化学学报，2017，33（07）：1271-1272.

[55] Che H Y，Chen S L，Xie Y Y，et al. Electrolyte design strategies and research progress for room-temperature sodium-ion batteries [J]. Energy & Environmental Sci-

ence，2017，10 (5)：1075-1101.

[56] Mukherjee R，Thomas A V，Datta D，et al. Defect-induced plating of lithium metal within porous graphene networks [J]. Nature Communications，2014，5：3710.

[57] 张冬梅. 钠/钾离子电池负极材料的制备及其电化学性能的研究 [D]. 长春：吉林大学，2020.

[58] Wang Q，Gao C L，Zhang W X，et al. Biomorphic carbon derived from corn husk as a promising anode materials for potassium ion battery [J]. Electrochimica Acta，2019，324：134902.

[59] Reddy M A，Helen M，Gross A，et al. Insight into sodium insertion and the storage mechanism in hard carbon [J]. ACS Energy Letters，2018，3 (12)：2851-2857.

[60] Zhang T，Mao J，Liu X L，et al. Pinecone biomass-derived hard carbon anodes for high-performance sodium-ion batteries [J]. RSC Advances，2017，7 (66)：41504-41511.

[61] Fan X L，Mao J F，Zhu Y J，et al. Superior stable self-healing SnP_3 anode for sodium-ion batteries [J]. Advanced Energy Materials，2015，5 (18)：2314-2316.

[62] 张耀辉. 金属硫化物复合材料的制备及其作为锂/钠二次电池负极材料的性能研究 [D]. 太原：太原理工大学，2019.

[63] Xiao Y H，Su D C，Wang X Z，et al. CuS microspheres with tunable interlayer space and micropore as a high-rate and long-life anode for sodium-ion batteries [J]. Advanced Energy Materials，2018，8 (22)：1800930.

[64] Yang Z G，Wu Z G，Liu J，et al. Platelet-like CuS impregnated with twin crystal structures for high performance sodium-ion storage [J]. Journal of Materials Chemistry A，2020，8 (16)：8049-8057.

[65] Ataca C，Sahin H，Ciraci S. Stable single-layer MX_2 transition-metal oxides and dichalcogenides in a honeycomb-like structure [J]. Journal of Physical Chemistry C，2012，116 (16)：8983-8999.

[66] Shi Z T，Kang W P，Xu J，et al. Hierarchical nanotubes assembled from MoS_2-carbon monolayer sandwiched superstructure nanosheets for high-performance sodium ion batteries [J]. Nano Energy，2016，22：27-37.

[67] Hu Z，Tai Z X，Liu Q N，et al. Ultrathin 2D TiS_2 nanosheets for high capacity and long-life sodium ion batteries [J]. Advanced Energy Materials，2019，9：1803210.

[68] Liu Y P，Wang H T，Cheng L，et al. TiS_2 nanoplates：a high-rate and stable electrode material for sodium ion batteries [J]. Nano Energy，2016，20：168-175.

[69] Xie X Q，Su D W，Chen S Q，et al. SnS_2 nanoplatelet@graphene nanocomposites as high-capacity anode materials for sodium-ion batteries [J]. Chemistry-An Asian Journal，2014，9 (6)：1611-1617.

[70] Jiang Y，Feng Y Z，Xi B J，et al. Ultrasmall SnS_2 nanoparticles anchored on well-distributed nitrogen-doped graphene sheets for Li-ion and Na-ion batteries [J]. Journal of Materials Chemistry A，2016，4 (27)：10719-10726.

[71] Wu Z G，Li J T，Zhong Y J，et al. Synthesis of FeS@C-N hierarchical porous mi-

crospheres for the applications in lithium/sodium ion batteries [J]. Journal of Alloys and Compounds, 2016, 688: 790-797.

[72] Yu D Y W, Prikhodchenko P V, Mason C W, et al. High-capacity antimony sulphide nanoparticle-decorated graphene composite as anode for sodium-ion batteries [J]. Nature Communications, 2013, 4: 2922.

[73] Fang Y J, Yu X Y, Lou X W. Bullet-like Cu_9S_5 hollow particles coated with nitrogen-doped carbon for sodium-ion batteries [J]. Angewandte Chemie-International Edition, 2019, 58 (23): 7744-7748.

[74] Zhang K, Park M, Zhou L M, et al. Cobalt-doped FeS_2 nanospheres with complete solid solubility as a high-performance anode material for sodium-ion batteries [J]. Angewandte Chemie-International Edition, 2016, 55 (41): 12822-12826.

[75] Zhang K, Hu Z, Liu X, et al. $FeSe_2$ microspheres as a high-performance anode material for Na-ion batteries [J]. Advanced Materials, 2015, 27 (21): 3305-3309.

[76] Wang X F, Kong D Z, Huang Z X, et al. Nontopotactic reaction in highly reversible sodium storage of ultrathin Co_9Se_8/rGO hybrid nanosheets [J]. Small, 2017, 13 (24): 1603980.

[77] Fang Y J, Luan D Y, Lou X W. Recent advances on mixed metal sulfides for advanced sodium-ion batteries [J]. Advanced Materials, 2020, 32 (42): 2002976.

第 2 章

MoS₂的合成、改性及电化学性能研究

2.1 引言

锂离子电池 (LIBs) 是目前世界上笔记本电脑和移动电话等移动设备的主要电源。Li^+在正极和负极之间穿梭是锂离子电池作为电源的基础。因此，作为 LIBs 的四个主要组分之一的负极，它的嵌入能力是电池电化学性能好坏的主要决定因素。近年来，为了开发可作为负极的具有更好电化学性能的新型材料，学者们进行了大量的研究。作为具有较高理论容量（$670mAh \cdot g^{-1}$）的代表性二维纳米材料，MoS_2 由于其石墨烯类结构而受到广泛关注，而且，MoS_2 层间的弱范德瓦耳斯力使得锂离子（Li^+）易于嵌入。但是在充电和放电过程中，MoS_2 层间的表面能高，层间范德瓦耳斯力弱，因而易于堆叠，而且 MoS_2 固有的一些属性（导电性差、体积变化大等）会严重降低电极的电化学性能从而限制其应用。

目前国内外对 MoS_2 的研究主要涉及以下五个方面：①通过模板辅助策略制备拥有中空结构的样品；②通过物理或者化学的方法制备扩展的 MoS_2；③将 MoS_2 与其他高导电材料结合；④通过与二维材料石墨烯形成复合材料；⑤制备与一维纳米材料结合的复合材料。但目前报道的材料通常比较复杂而且涉及多个步骤，对于实际应用或将生产从实验室规模扩展到工业规模可能具有挑战性。

2.2 实验方案

本章实验首先通过简单的湿化学法，制备出颗粒大小均匀的纳米级

MoS_2；然后在预实验中找到对产物性能形貌影响最大的两个因素（热处理温度和反应物质量比），并通过调控这两个因素得到性能形貌最佳的产物；最后对最优产物的形貌、形成机制、电化学性能等进行详细分析。另外，作为一种高导电材料，多孔碳，由于其电化学性能优异、成本低和稳定性好而受到极大关注。多孔碳表面上孔之间的相互作用使得 MoS_2 纳米颗粒能够高度分散地生长。而且就目前国内外研究进展来看，鲜有将 MoS_2 与多孔碳复合的文献，因而在本实验中选择使用多孔碳对 MoS_2 进行碳改性并探究改性后 MoS_2 电化学性能的改变。

在硫化钼的合成实验过程中，由于反应物有聚乙烯吡咯烷酮（PVP），所以实验产物表面会有残余。通过简单的清洗不能将其完全除去，这种物质的存在会对产物的性能造成一定的影响，所以本实验需要增加热处理过程。热处理过程的增加一方面可以除去 PVP，另一方面也可以提高样品的结晶度。

如图 2.1 所示为硫化钼合成实验的具体流程。

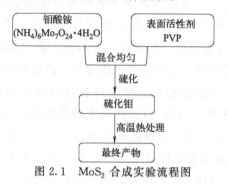

图 2.1　MoS_2 合成实验流程图

为了确定实验的热处理温度，在 Ar 气氛下以 5℃/min 的升温速率对 PVP 样品在 0～1000℃ 的温度范围内进行热重分析，结果如图 2.2 所示。从图中可

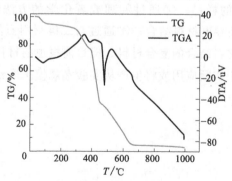

图 2.2　样品 PVP 的热重分析结果

以看到，当温度从室温升高到 100℃时，样品的质量在一定程度上有所下降，这是由样品表面吸附的水蒸发导致的。随着温度的继续升高，样品的质量持续下降。直到 660℃时，样品的质量下降至最低状态。在整个过程中样品质量下降速率不同，为了保证实验结果的变量单一性和可重复性，热处理温度选择 500℃及以上（即最后一个速率范围的温度）。

在用简单湿化学法合成硫化钼的预实验中，对实验产物物相、形貌、性能等影响最大的两个因素为热处理温度和钼酸铵与聚乙烯吡咯烷酮（PVP）质量比。所以本章主要探究这两个因素对实验产物性能等的影响，并通过实验条件优化得到性能最优产物。

2.3　热处理温度对硫化钼的成分、形貌及性能影响分析

本节主要探究硫化钼合成实验中热处理温度对实验产物的物相、形貌及电化学性能的影响。具体的实验步骤如下：

① 准备四个编号为 1、2、3、4 的三口烧瓶，在四个烧瓶中都加入溶于 150mL 乙二醇（EG）的 0.5g $(NH_4)_6Mo_7O_{24} \cdot 4H_2O$ 和 0.1g PVP，磁力搅拌 8h。

② 将步骤①所得的四个均相溶液均加热至沸点（197℃），几分钟后，它们将变为黑色。

③ 然后向各黑色溶液中滴加硫脲（12.5mmol）和 EG（25mL）的均匀混合溶液，并在沸腾温度和磁力搅拌下保持 1h。

④ 反应结束，待各体系中的溶液自然冷却至室温后，离心收集黑色沉淀，用去离子水和乙醇洗涤数次。将所得产物在 60℃下干燥 12h，得到 1、2、3、4 号产物。1 号产物不进行热处理，将其余三个产物分别在 500℃、750℃和 1000℃的 Ar 气氛中热处理 4h，把得到的产物分别标记为 1-MoS₂、2-MoS₂、3-MoS₂、4-MoS₂。

2.3.1　实验结果表征

2.3.1.1　物相结构分析

图 2.3 显示了不同热处理温度下所得四个样品的 X 射线衍射图（XRD）。

其中未经过热处理的 1-MoS$_2$ 结晶度最低。2-MoS$_2$ 的 XRD 结果中 9.5°、32.7°和 58.3°处存在显著峰，其中 32.7°和 58.3°处的峰分别可以指向六方结构 MoS$_2$（JCPDS♯37-1492）的（100）和（110）晶面，该样品位于 14.1°处的衍射峰消失并移到 9.5°的位置，这种现象表明 MoS$_2$ 产物沿 c 轴方向的层间距变大为 0.92nm。除此之外，该 XRD 光谱结果未能显示出 14.1°处的反射峰也表明样品仅含有小于或等于 5 层的 MoS$_2$ 层。3-MoS$_2$ 在 9.5°、14.1°、32.7°和 58.3°四处出现峰位，其中 14.1°、32.7°和 58.3°三处的峰分别与 MoS$_2$ 标准卡片 JCPDS♯37-1492 上的（002）、（100）和（110）晶面对应，对于该样品同时在 9.5°和 14.1°两处检测到峰位的现象，推测原因是在更高的温度下热处理时，产物中一部分大层间距（0.92nm）的 MoS$_2$ 转化为普通层间距（0.62nm）的 MoS$_2$。在 1000℃热处理后得到的产物 4-MoS$_2$ 结晶度最高，并且可以完美地对应于六方结构 MoS$_2$ 晶体的标准卡片（JCPDS♯37-1492），而 9.5°处出现峰位的原因与 3-MoS$_2$ 相同。

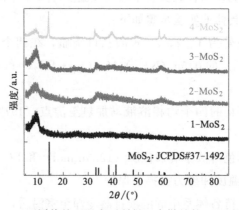

图 2.3　不同热处理温度下所得四个样品的 XRD 图谱

2.3.1.2　元素价态分析

为了进一步确定实验产物的物相，准确分析样品表面上 Mo 和 S 的化学状态，选择本节实验所得样品 2-MoS$_2$ 进行 X 射线光电子能谱（XPS）检测。高分辨实验结果如图 2.4 所示，在该测试中，C 1s 的参考峰为 284.6eV。

高分辨光谱结果明确地验证了 C、O、Mo 和 S 四种元素的存在。

样品 2-MoS$_2$ 对应于 Mo 和 S 元素的 XPS 光谱图，如图 2.5 所示。Mo 3d 光谱图［图 2.5（a）］中 Mo^{4+} 3d$_{5/2}$ 峰位于 229.1eV 处，Mo^{4+} 3d$_{3/2}$ 峰位于

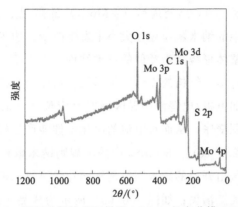

图 2.4　500℃下进行热处理样品 2-MoS₂ 的高分辨 XPS 光谱图

232.3eV 处。S 元素的存在可以从 226.2eV 处的 S 2s 峰位得出。而检测结果中 235.5eV 处 Mo^{6+} $3d_{3/2}$ 峰存在的主要原因是一小部分反应物残留在产物中或大气导致 Mo^{4+} 的氧化。图 2.5（b）所示的高分辨 S 2p 光谱图中位于 163.1eV 和 162eV 处的结合能分别是 S $2p_{1/2}$ 和 S $2p_{3/2}$ 的特征。所以 XPS 结果明确证明 2-MoS₂ 产物为 MoS₂，这样的结果也对应于 XRD 结果。

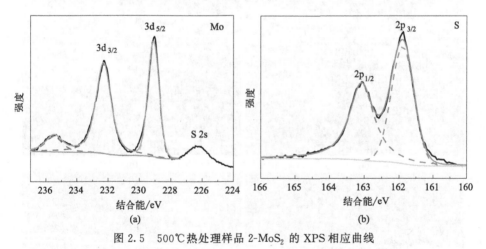

图 2.5　500℃热处理样品 2-MoS₂ 的 XPS 相应曲线

2.3.1.3　微观形貌分析

图 2.6 为不同热处理温度下所得四个样品的扫描电镜图像（SEM）。从图中不难看出，未经热处理的产物 1-MoS₂ 样品［图 2.6（a）］主要由边界不清晰的粒径范围在 100～200nm 之间的纳米颗粒组成，而且有类似网状结构形貌

的雏形；原始产物经 500℃热处理后（2-MoS$_2$）的微观形貌如图 2.6（b）所示，可观察到产物中的纳米颗粒粒径大小未发生改变，边界变得清晰，从相对较大的范围来看，整体形貌变为类似的三维结构，上面不均匀分布着亚微米尺寸的大孔，这样具有多孔结构的立体三维形貌材料作为电极材料时有利于电解液的渗透，可以增加电极/电解液接触区域的反应位点（活性位点）数量，更好地适应材料的体积膨胀，从而对电池的电化学性能产生好的影响；随着热处理温度的升高 [图 2.6（c）]，3-MoS$_2$ 中的不规则纳米颗粒逐渐向四周扩展长大，产物的微粒形貌由开始的纳米颗粒逐渐向片状过渡，多孔形貌由于纳米颗粒的扩展逐渐变小甚至消失；如图 2.6（d）所示为样品 4-MoS$_2$ 的微观形貌，热处理温度到达 1000℃时，实验产物变为二维纳米薄片，这样的纳米薄片有一定的透明度，可以说明薄片的厚度极小，产物的多孔形貌完全消失。

所以，随着热处理温度的升高，实验产物的形貌逐渐由边界不清的纳米颗粒向纳米薄片扩展，在这个过程中产物的形貌完全改变，这足以说明热处理温度对产物形貌影响之大。

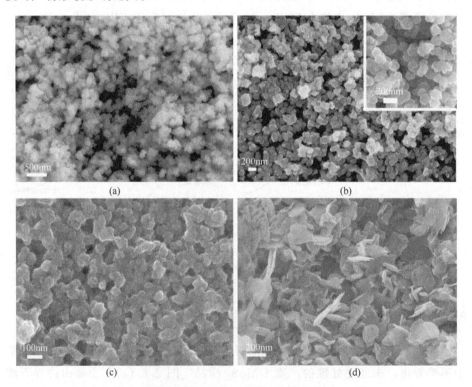

图 2.6 不同热处理温度下所得四个样品的 SEM 图

2.3.2　电化学性能分析

图 2.7 为不同热处理温度下所得四个样品在 0.05～3V 电压窗口中，在 0.1A·g^{-1} 电流密度下测得的前 100 周循环性能。

从电化学循环结果图中可以直接地观察到，不经过热处理的 1-MoS_2 在循环前 10 周内，可逆容量直接从最初的 1302mAh·g^{-1} 急剧下降到 100mAh·g^{-1} 左右，之后保持稳定。出现这种结果的原因是该产物的微观结构在最初的 Li^+ 脱嵌过程中发生了体积膨胀和粉碎。而 2-MoS_2 随着循环的进行，容量不仅没有下降，反而出现了上升的现象，可逆容量从最初的 927.3mAh·g^{-1} 经过 100 次循环后上升到 1236mAh·g^{-1}，这样的"活化现象"与该材料的类似三维网状结构有直接的关系。所以与样品 2-MoS_2 具有类似结构的 3-MoS_2 也出现同样的"活化现象"就可以解释通了，但是 3-MoS_2 的微米级大孔被逐渐扩展的 MoS_2 纳米颗粒挡住，所以其电化学性能相对较差。而微观形貌为透明片状结构的 4-MoS_2 的初始可逆循环容量为 929mAh·g^{-1}，接下来的 45 次循环中该电极材料的可逆容量先增加到 1072.6mAh·g^{-1} 后连续不间断降到 210mAh·g^{-1} 左右，最终保持稳定。出现这种情况是因为纳米片的微观结构利于锂离子的脱嵌，而且随着循环的进行，电解液渗透逐渐完全，更有利于反应的进行，所以出现了可逆容量短暂的上升现象，但是如此薄的纳米片状结构在充放电过程中很容易因为体积膨胀而破碎，所以随后的电化学性能出现了骤减的现象。

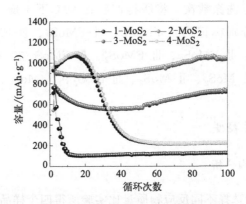

图 2.7　不同热处理温度下所得四个样品的循环性能

所以通过图 2.7 直观的循环性能对比可发现，MoS_2 的热处理温度选择 500℃时，所得材料的电化学循环性能最好，因此下面的实验中热处理温度都选择 500℃。

2.4 反应物质量比对硫化钼的成分、形貌及性能影响分析

在预实验中发现，对于一定量的钼酸铵（0.5g），当反应物中的聚乙烯吡咯烷酮质量低于 0.1g 时，反应过程中会生成大量大块的疏松物质，从而造成反应不均匀的后果，所以本实验反应物钼酸铵与聚乙烯吡咯烷酮（PVP）质量比选择小于等于 5∶1 的比例。

本节主要研究硫化钼合成实验中反应物的质量比对实验产物的物相、形貌及电化学性能的影响。具体的实验步骤如下：

① 准备四个编号为 I、II、III、IV 的三口烧瓶，将①0.5g $(NH_4)_6Mo_7O_{24}$ · $4H_2O$ 和 0.1gPVP、②0.5g $(NH_4)_6Mo_7O_{24}$ · $4H_2O$ 和 0.5gPVP、③0.5g $(NH_4)_6Mo_7O_{24}$ · $4H_2O$ 和 1gPVP、④0.5g $(NH_4)_6Mo_7O_{24}$ · $4H_2O$ 和 2gPVP 分别溶于 150mL 乙二醇（EG）并置于三口烧瓶中，磁力搅拌 8h。

② 将步骤①所得的四个均相溶液均加热至沸点（197℃），几分钟后，它们将变为黑色。

③ 然后向各黑色溶液中滴加硫脲（12.5mmol）和 EG（25mL）的均匀混合溶液，并在沸腾温度和磁力搅拌下保持 1h。

④ 反应结束，待各体系中的溶液自然冷却至室温后，离心收集黑色沉淀，用去离子水和乙醇洗涤数次。将所得产物在 60℃下干燥 12h，得到 I、II、III、IV 号产物，分别标记为 I-$FMoS_2$、II-$FMoS_2$、III-$FMoS_2$、IV-$FMoS_2$。最后将 I-$FMoS_2$、II-$FMoS_2$、III-$FMoS_2$、IV-$FMoS_2$ 在 Ar 气氛中在 500℃热处理 4h，获得 I-MoS_2、II-MoS_2、III-MoS_2、IV-MoS_2。

2.4.1 实验结果表征

2.4.1.1 物相结构分析

图 2.8 所示为选择不同反应物质量比实验所得四个样品的 XRD 图谱。

产物 I-MoS_2 的 XRD 图谱与第 2.2 节中 2-MoS_2 的图谱相同，位于 32.7°

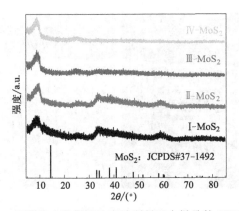

图 2.8　不同反应物质量比实验所得四个样品的 XRD 图谱

和 58.3°处的显著峰，分别可以指向六方结构 MoS₂（JCPDS♯37-1492）的
（100）和（110）晶面，XRD 图谱未显示出的 14.1°处的反射峰消失并移到
9.5°的位置表明 MoS₂ 产物沿 c 轴的层间距变大为 0.92nm，而且该样品仅含
有小于或等于 5 层的 MoS₂ 层；Ⅱ-MoS₂ 的 XRD 检测结果与Ⅰ-MoS₂ 相同；
但当钼酸铵与聚乙烯吡咯烷酮质量比减小到 1∶2 及以下时，即产物Ⅲ-MoS₂
和Ⅳ-MoS₂ 位于 32.7°和 58.3°两处的峰位消失，只有位于 9.5°处的峰位存在。
这种现象的出现主要是由两方面原因造成的：一方面是随着聚乙烯吡咯烷酮量
的增加，反应体系中的产物分散得更加均匀，从而难以分离，这样的结论也可
以从实验过程中骤然减少的产物量得到；另一方面，过量的有机物（PVP）经
过热处理后形成的大量残余物将 MoS₂ 产物包覆聚集在一起形成相对致密的结
构从而影响 XRD 结果。

2.4.1.2　微观形貌分析

图 2.9 为本节实验所得四个产物的电镜扫描图像。

从扫描结果图可以看出本实验四个产物都是由粒径范围在 100～200nm 之
间的不规则 MoS₂ 纳米颗粒堆叠形成。从图 2.9（a）可看出Ⅰ-MoS₂ 样品中
MoS₂ 颗粒比较分散，而且产物上微米级的孔清晰可见。反应物质量比为 1∶1
（Ⅱ-MoS₂）时，产物的分散性减小，这些不规则的纳米颗粒出现了一定程度
上的粘连，孔状结构不再清晰。图 2.9（c）所示的Ⅲ-MoS₂ 样品中，产物的
分散性进一步减小，这些不规则 MoS₂ 纳米颗粒紧密地连接在一起。当反应物
质量比进一步减小时，如图 2.9（d）所示的Ⅳ-MoS₂ 可以看到 MoS₂ 纳米颗

图 2.9 不同反应物质量比实验所得四个样品的 SEM 图

粒完全紧密地黏结在一起。

总之，随着反应物质量比的减小，所得实验产物的结构越来越致密，当作为电极材料时，这样致密的结构不仅会使得反应活性位点减少，而且不利于电解液的渗透，从而对样品的电化学性能产生不良的影响。

2.4.2　电化学性能分析

如图 2.10 所示为本实验四个样品以 $0.1A \cdot g^{-1}$ 的电流密度在 $0.05 \sim 3V$ 的电压窗口中测量所得的循环性能结果图。

从图中可以看到，各产物的电化学性能整体都比较稳定。I-MoS_2 的循环性能最好，该样品的第 1 圈可逆容量为 $927.3mAh \cdot g^{-1}$，100 次循环后可逆容量上升到 $1236mAh \cdot g^{-1}$，这样的"活化现象"与该材料的微观结构有

关；Ⅱ-MoS₂ 的电化学循环性能变差，在前 100 周循环过程中容量由最初的
841mAh·g⁻¹ 缓慢下降到 735mAh·g⁻¹；随着反应物质量比的减小，实验
产物的电化学循环性能逐渐下降，Ⅲ-MoS₂ 电极材料虽然也出现了"活化现
象"，但相比于电极材料Ⅰ-MoS₂ 和Ⅱ-MoS₂，它的电化学循环性能更差；当
质量比降到 1∶4（Ⅳ-MoS₂）时，循环性能最差，经过 50 次循环测试后，电
池的可逆容量稳定保持在 460mAh·g⁻¹ 左右。出现这种现象的原因是随着反
应物质量比的减小，所得产物的形貌越来越致密，这样致密的结构首先不利于
电解液的渗透，其次会无形中减少很多的活性位点，从而降低电极材料的电化
学性能。

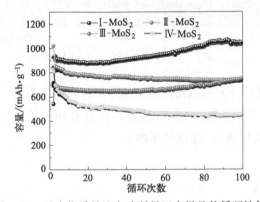

图 2.10　反应物质量比实验所得四个样品的循环性能

　　综上可知，当钼酸铵与聚乙烯吡咯烷酮质量比为 5∶1（Ⅰ-MoS₂）时所
得产物的电化学性能最好最稳定，所以优化后的实验条件选择 5∶1 的质
量比。

2.5　性能最优 MoS₂ 形貌、合成机理和电化学性能分析

2.5.1　形貌分析

　　从第 2.3 节和第 2.4 节综合得到最优实验产物：2-MoS₂。为了进一步探
索实验产物的类似 3D 网状结构，实验过程中对样品 2-MoS₂ 进行了透射电子
显微（TEM）分析，其结果如图 2.11 所示。

　　从图 2.11（a）可以发现，纳米颗粒的不同累积程度造成了产物类似于孔

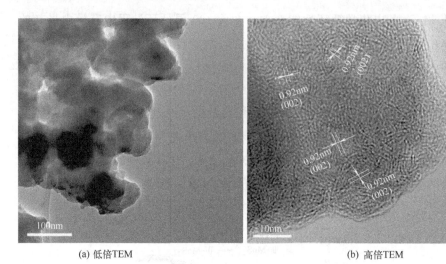

(a) 低倍TEM　　　　　　　　　　　　(b) 高倍TEM

图 2.11　样品 2-MoS₂ 的 TEM 图

的结构。从图 2.11 (b) 可以清楚地看到 MoS₂ 的晶格条纹，相邻层间距都为 0.92nm，对应于 MoS₂ 的 (002) 晶面，而且有相同层间距的层数都小于 5 层，这样的结果很好地与 XRD 结果吻合。

2.5.2　合成机理

图 2.12 显示了 2-MoS₂ 的合成机理。在第一步中，将 $(NH_4)_6Mo_7O_{24} \cdot 4H_2O$ 和 PVP 在乙二醇体系中充分混合，这个过程中 PVP 将钼酸铵分子均匀地分散于体系中。在第二步中，通过简单的湿化学法硫化制备 2-MoS₂。在此过程中，作为客体，衍生自 PVP 的小分子成功地插入到纳米级 MoS₂ 中，使得不规则 MoS₂ 纳米颗粒层的间距从 0.62nm 增大到 0.92nm。这样增大的层间距离可以实现有效的锂储存，解决二硫化钼电极容易重新堆叠/聚集的问题，

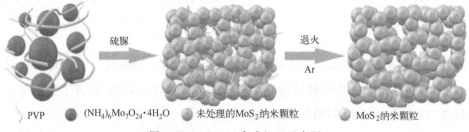

PVP　　●(NH₄)₆Mo₇O₂₄·4H₂O　　未处理的MoS₂纳米颗粒　　MoS₂纳米颗粒

图 2.12　2-MoS₂ 合成机理示意图

也可以适应常规 MoS₂ 材料在充放电过程中垂直方向的大体积变化，而且，材料的导电性大大提高。同时，PVP 将 MoS₂ 纳米颗粒驱动成类似的网状结构，这不仅可以在一定程度上缓解电极材料的体积膨胀问题，而且可以增加活性部位和负极材料与电解质之间的接触区域。在最后一步中，通过在惰性气氛中热处理获得最终产物。

2.5.3　电化学性能分析

综合以上分析可得出，当 2-MoS₂ 材料用作锂离子电池的负极材料时，由于独特的微观结构，它将提供优异的电化学性能。

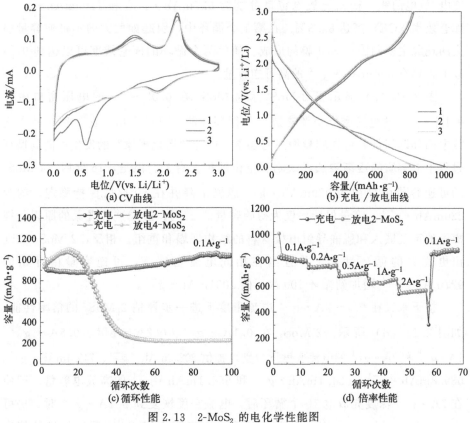

图 2.13　2-MoS₂ 的电化学性能图

如图 2.13 为该材料的电化学性能测试结果。首先在 0.05～3V 的电压窗口中，以 0.1mV/s 的扫描速率测量 2-MoS₂ 的循环伏安曲线（CV）。图 2.13

（a）显示 2-MoS$_2$ 的前三个周期的 CV 曲线。在第一个循环期间，主要在 0.6V 和 1.87V 附近检测到两个还原峰，出现在 0.6V 的还原峰主要与锂离子插入 MoS$_2$ 层和 MoS$_2$ 还原为 Mo 金属粒子有关，而 1.87V 处的还原峰可归因于 Li$_2$S 的形成。在接下来的两个循环中，0.6V 和 1.87 V 的还原峰消失，1.9 V 和 1.1 V 的还原峰出现。1.9 V 的还原峰与元素硫与多硫化物相关。1.1 V 的小还原峰对应于 Li 离子与 Mo 的反应以及缺陷位置中的锂存储。而在第一次充电过程中，2.25 V 和 1.6 V 的氧化峰与 Mo 和 Li$_2$S 转化为 MoS$_2$ 相（Mo$_0$ + xLi$_2$S $\longrightarrow$ MoS$_2$）以及锂离子的脱嵌有关。对于随后的循环，氧化峰保持在与第一个循环相同的位置，表明 Li$^+$ 插入和脱嵌的良好可逆性。

图 2.13（b）显示了 2-MoS$_2$ 在 0.1A·g^{-1} 的低电流密度下的前 3 个恒流充电/放电曲线。初始充放电容量分别为 927mAh·g^{-1} 和 1100mAh·g^{-1}，库仑效率（CE）高达 84.3%。在第 1 个循环中，引起如此大的不可逆容量损失的现象主要归因于 SEI 膜的形成。随后两个循环的库仑效率可以达到 97% 以上，具有 894mAh·g^{-1} 的高可逆容量。

图 2.13（c）显示了 2-MoS$_2$ 和 4-MoS$_2$ 在 0.05～3V 的电压窗口中以 0.1A·g^{-1} 的电流密度恒流充放电的循环性能。可以看出，这两种样品在充放电循环期间都有可逆容量增加的现象。这种"活化现象"的发生可能与循环过程中电解质的逐渐渗透，缺陷和空位的扩大有关。但是，16 周后，4-MoS$_2$ 的可逆容量由最初的 929mAh·g^{-1} 急剧下降并在 50 周后保持稳定，约为 220mAh·g^{-1}，容量保持率仅为初始容量的 24%。造成这种现象的原因是锂离子的重复嵌入和脱嵌导致电极材料的结构坍塌和重组。相反，2-MoS$_2$ 表现出更优异的循环性能，并且当在相同电流密度下，可逆容量由开始的 927mAh·g^{-1} 增加到循环 100 次后的 1031mAh·g^{-1}。

接下来又在 0.1～2A·g^{-1} 电流密度下进一步评估 2-MoS$_2$ 的倍率性能，如图 2.13（d）所示。2-MoS$_2$ 在 0.1A·g^{-1}、0.2A·g^{-1}、0.5A·g^{-1}、1A·g^{-1} 和 2A·g^{-1} 的电流密度下分别可提供 802.2mAh·g^{-1}、749.4mAh·g^{-1}、689.8mAh·g^{-1}、634.1mAh·g^{-1} 和 554.1mAh·g^{-1} 的高放电容量。即使在 2A·g^{-1} 深度充放电 10 个循环后，电流密度恢复到 0.1A·g^{-1} 时，仍可以恢复 858mAh·g^{-1} 的平均放电容量，这表明 2-MoS$_2$ 表现出优异的倍率性能。

以上实验结果均说明 2-MoS$_2$ 这种材料对于锂储存具有吸引人的电化学性

质，这主要是得益于这种 MoS$_2$ 电极材料具有沿 c 轴的大层间距以及类似的
3D 网状结构。

2.6 　硫化钼多孔碳改性、表征和电化学性能分析

在本章中合成的 MoS$_2$ 作为锂离子电池的负极材料时，拥有良好的电化学
性能，究其原因是该实验方案制备的材料有增大的层间距和类似的 3D 网状结
构，拥有这样结构的材料会大大降低传统 MoS$_2$ 材料在锂离子嵌入和脱出过程
中体积膨胀产生的机械应变，从而导致电极粉碎和活性材料/集电器完整性的
损失。目前，为了应对传统 MoS$_2$ 材料遇到的问题，学者们采用不同的导电纳
米碳对其进行碳改性，其中主要包括石墨烯（GO）、碳纳米管（CNT）等。
但目前的硫化钼碳改性研究中很少有学者使用多孔碳改性。多孔碳是一种具有
高比表面积和开孔结构的碳材料。多孔碳相互连接的三维孔形成的渗透网络在
Li 储存的过程中会提供大量的活性位点，十分有利于 Li$^+$ 的扩散，而且可以
适应 Li$^+$ 在嵌入/脱嵌期间造成的体积膨胀/收缩。与此同时，其良好互连的碳
壁可以提供优良的导电性。

由于多孔碳表面上的孔结构众多，比表面积大，将其与硫化钼复合会增加
活性位点，增大电极材料与电解液的接触面积。所以为了更进一步地提高
MoS$_2$ 的电化学性能，扩大第 2.5 节最优实验产物的优势，本节中选用多孔碳
作固定纳米尺寸材料的导电载体对其进行改性。

2.6.1 　实验方案

在 MoS$_2$ 碳改性的实验方案中，主要包括两个实验部分，即多孔碳的制备
部分和 MoS$_2$ 与多孔碳的复合部分。

MoS$_2$ 与多孔碳的复合实验流程如图 2.14 所示。

其中制备多孔碳（porous carbon，PC）的主要步骤为：

① 将 20.6g NaCl、2.5g 柠檬酸和 75mL 去离子水置于烧杯中，加入磁力
转子放在磁力搅拌器上 2h 使其均匀搅拌。

② 将搅匀的溶液转入玻璃培养皿中，保鲜膜包覆扎孔放入冰箱冷冻 2～3
天后放于冷冻干燥机干燥 1～2 天，得到冷冻干燥后的产物。

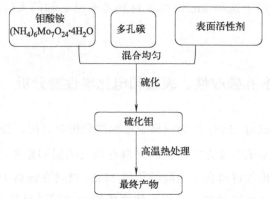

图 2.14 MoS$_2$ 与多孔碳的复合实验流程

③ 将步骤②得到的产物在 600℃ 下热处理 3h 得到热处理产物。

④ 热处理产物溶于去离子水中搅拌均匀，清洗后抽滤，这个过程进行三次以上后所得的产物在 60℃ 下干燥过夜得到最终产物多孔碳。

MoS$_2$ 与多孔碳的复合实验具体步骤如下：

① 准备一个三口烧瓶，在烧瓶中加入溶于 150mL 乙二醇（EG）的 0.5g (NH$_4$)$_6$Mo$_7$O$_{24}$·4H$_2$O、0.1g PVP 和超声处理过的 0.05g 多孔碳，磁力搅拌 8h。

② 将步骤①所得的均相溶液加热至沸点。

③ 向体系中滴加硫脲（12.5mmol）和 EG（25mL）的均匀混合溶液，并在沸腾温度和磁力搅拌下保持 1h。

④ 反应结束，待体系中的溶液自然冷却至室温后，离心收集黑色沉淀，用去离子水和乙醇洗涤数次。将所得产物在 60℃ 下干燥 12h，得到产物。之后将产物在 500℃ 的 Ar 气氛中热处理 4h，得到的产物标记为 MoS$_2$/PC。

2.6.2 实验结果表征及电化学性能分析

2.6.2.1 物相分析

图 2.15 为碳改性所得样品 MoS$_2$/PC 的 XRD 图谱。

从 XRD 图谱中不难看出该实验产物的结晶度比较低，其中位于 23° 的小峰可以归因于碳相。与 2-MoS$_2$ 相似，MoS$_2$/PC 的衍射图中位于 32.7° 和 58.3° 的峰可以指向 MoS$_2$ 的标准卡片 JCPDS♯37-1492 中的（100）和（110）

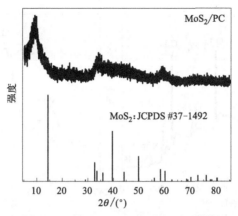

图 2.15　样品 MoS₂/PC 的 XRD 图谱

晶面，但与传统块状 MoS₂ 不同的是，MoS₂/PC 在 14.1°处的衍射峰消失，并且移向 10°，这说明 MoS₂/PC 沿 c 轴的层间距变大为 0.88nm，而且含有小于或等于 5 层的 MoS₂ 层。

2.6.2.2　元素价态分析

为了进一步确认 MoS₂/PC 的表面电子态和化学信息，实验中对 MoS₂/PC 样品进行了 XPS 检测。其结果如图 2.16（a）所示，图谱显示 MoS₂/PC 中存在 Mo、S、O 和 C 四种元素。

在 Mo 3d 的高分辨率 XPS 光谱中，在 229.5eV 和 232.7eV 处观察到两个峰，分别对应于 Mo 3d$_{5/2}$ 和 Mo 3d$_{3/2}$［图 2.16（b）］。这些值都与 MoS₂ 中的 Mo^{4+} 对应。另外，在 235.8eV 处的 XPS 峰可归因于反应物中的 Mo^{6+}，这可能是产物在空气中部分发生了表面氧化所致。此外，在 226.7eV 处的小峰对应于 MoS₂ 的 S 2s。图 2.16（c）显示了高分辨率的 S 2p 光谱，其中包含分别在 162.3eV 和 163.5eV 处的 S 2p$_{3/2}$ 和 S 2p$_{1/2}$ 峰。这些结果是 MoS₂ 中 S^{2-} 的特征。而图 2.16（d）显示的样品的 C 1s 光谱有四个不同的峰，分别位于 284.5eV、285.5eV、287.0eV 和 289.0eV，其归因于 sp^{2}C、sp^3 C、C—O 和 O—C═O 基团。

XPS 结果进一步证明本实验的产物为 MoS₂，与 XRD 结果相对应。

2.6.2.3　微观形貌和 EDS 分析

图 2.17 显示了碳改性后样品 MoS₂/PC 的扫描电子显微镜结果图像。

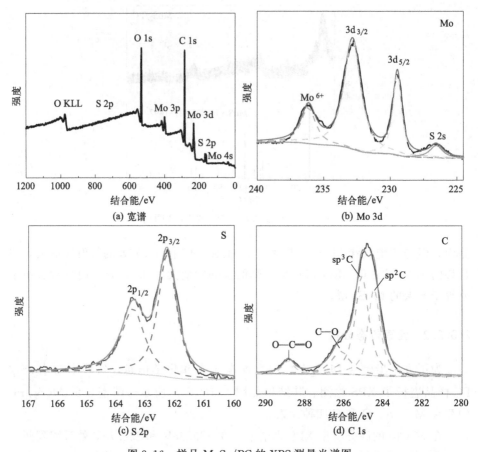

(a) 宽谱

(b) Mo 3d

(c) S 2p

(d) C 1s

图 2.16　样品 MoS₂/PC 的 XPS 测量光谱图

(a)　　　　　　　　　　　　　(b)

图 2.17　样品 MoS₂/PC 的 SEM 图

MoS₂/PC 产物的一部分区域 EDS 扫描结果如图 2.18 所示。

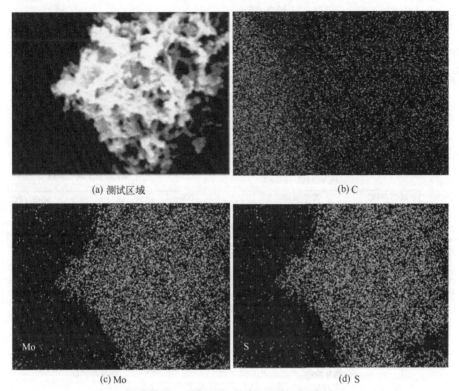

(a) 测试区域　　　　　　　　　　　　(b) C

(c) Mo　　　　　　　　　　　　(d) S

图 2.18　样品 MoS₂/PC 的 EDS 图

从图 2.17 (a) 中可以清楚地看到样品中多孔碳高度互连的三维网状结构，样品中多孔碳的孔径＞50nm，为大孔碳，而且这些网状结构上长满了大小不一的纳米微粒。为了进一步观察 MoS₂/PC 的微观形貌，增大放大倍数可得到图 2.17 (b) 所示结果，在该图中可以更加清晰地观察到长在网状结构上的纳米微粒，这些微粒的粒径为 50～100nm。

产物的碳、钼以及硫元素分布如图 2.18 (b)～(d) 所示。由于测试过程中的基底导电胶为 C 材料制备的，所以实验结果中 C 元素分布图没有实际参考价值。而该产物中有 Mo 出现的位置就有 S 的存在，且分布均匀，这样的结果说明 MoS₂ 成功长在多孔碳上。

2.6.2.4　电化学性能分析

如图 2.19 显示了 MoS₂/PC 电极的电化学性能图。图 2.19 (a) 所示为样

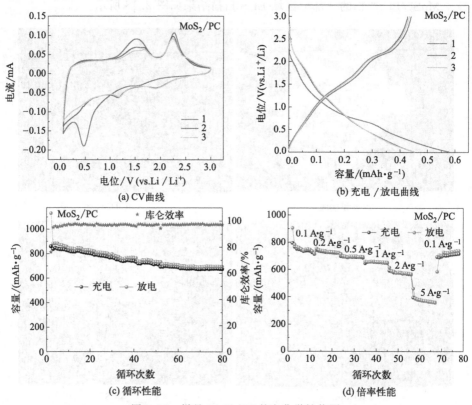

图 2.19　样品 MoS$_2$/PC 的电化学性能图

品在 0.05~3V 的电压窗口以 0.1mV/s 扫速扫描的 CV 结果。与之前的报道一致，第一周期仅出现一个强还原峰，位于 0.5V，这个峰与 Li$_x$MoS$_2$ 和 Li$^+$ 反应生成 Mo 纳米颗粒和 Li$_2$S 有关。另一个出现在 1.66V 的弱还原峰在之后的循环中消失，可以将它归因于电解质在负极材料表面分解形成 SEI 膜。之后的两个循环中还原峰主要出现在 1.2V 和 1.8V，这主要与 Li$^+$ 的多步插入机制有关。充电过程中产生的氧化峰主要出现在 1.5V 和 2.25V 附近，这两个峰位主要对应于 Li$_2$S 被氧化为 S 和 Li$^+$，而且在之后的循环中没有发生变化，这说明该电极具有良好的可逆性。

MoS$_2$/PC 电极在 0.1A·g^{-1} 电流密度下的前三周充电/放电电压曲线如图 2.19 (b) 所示。在第 1 个循环中，该电极的充放电容量分别为 859.8mAh·g^{-1} 和 1130mAh·g^{-1}，通过计算可得首次库仑效率为 76%，如此大的不可逆容量损失主要是由两个原因造成：电解质的分解和 SEI 膜的形成。之后的循环中充放电曲线重合，可得出该电极的稳定性良好。

如图 2.19（c）、（d）分别为 MoS₂/PC 电极的循环和倍率性能图。该电极的循环性能相对较稳定，它的可逆容量经过 80 周后，由起初的 883.8mAh·g^{-1} 降到 796.1mAh·g^{-1}，容量保持率为 90.1%，出现这种容量缓慢下降的现象主要与锂离子嵌入和脱出过程中电极材料部分 MoS₂ 从多孔碳上脱落有关。当 MoS₂/PC 电极在 0.1A·g^{-1}、0.2A·g^{-1}、0.5A·g^{-1}、1A·g^{-1}、2A·g^{-1} 和 5A·g^{-1} 的电流密度下充放电时分别可提供 726mAh·g^{-1}、723mAh·g^{-1}、693mAh·g^{-1}、654mAh·g^{-1}、577mAh·g^{-1} 和 380mAh·g^{-1} 的高可逆容量，值得注意的是，当经过深度放电后电流密度回到 0.1A·g^{-1} 时，该电极的放电容量又回到 717mAh·g^{-1}，表明 MoS₂/PC 电极材料具有出色的倍率性能。

为对比碳改性前后产物的电化学性能，图 2.20 显示了改性后 MoS₂/PC 与改性前最优产物 2-MoS₂ 之间的电化学循环性能。通过直观对比可见 MoS₂/PC 电极表现出的电化学循环性能比 2.5 节中最优产物 2-MoS₂ 差，多孔碳的改性对原始 MoS₂ 电化学性能没有明显作用。究其原因主要有三个：①MoS₂/PC 电极材料的 3D 结构中，孔大小是 2-MoS₂ 电极材料孔的 5 倍，如此大的孔结构更有利于电解液的完全渗透，所以 MoS₂/PC 电极材料未表现出"活化现象"；②碳改性后的 MoS₂ 层间距为 0.88nm，小于 2-MoS₂ 电极材料的层间距（0.92nm），层间距的减小会直接降低整个材料的电化学性能；③相同体积上，生长在多孔碳疏松结构上的 MoS₂ 数量更少，所以碳改性后的材料表现出的电化学性能降低。

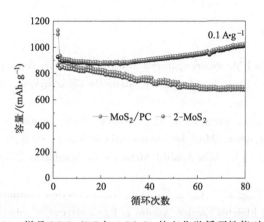

图 2.20　样品 MoS₂/PC 与 2-MoS₂ 的电化学循环性能对比图

2.7 本章小结

本章主要通过简单的湿化学法，在没有与高导电材料复合的情况下合成了由不规则 MoS_2 纳米颗粒堆叠形成的具有类似 3D 网状结构的产物。之后通过对热处理温度和反应物质量比两个条件优化得到了性能最优的产物并对其进行了碳改性。

① 这种具有类 3D 结构的 MoS_2 相比传统的 MoS_2 材料表现出更加优异的电化学性能。当在 $0.1A \cdot g^{-1}$ 的电流密度下恒流充放电时，这种电极材料可逆容量由开始的 $927mAh \cdot g^{-1}$ 增加到循环 100 次后的 $1031mAh \cdot g^{-1}$。作为锂离子电池的负极材料时，这种类似 3D 网状的结构能增大电解质与电极材料之间的接触面积，从而有利于电子的快速传输。此外，这种材料沿 c 轴方向具有增大的层间距（0.92nm），可以更加有效地实现锂存储。所以该样品用作锂离子电池的负极材料时，会表现出更高的可逆容量和更加优异的循环性能。

② 为了进一步扩大具有类 3D 结构 MoS_2 的结构优势，实验中选择有相同 3D 结构的多孔碳采用湿化学法对其进行碳改性，一系列的实验结果表明这种层间距为 0.88nm 的 MoS_2 成功长在多孔碳上。经电化学测试后发现这种碳改性后的电极材料电化学循环性能稳定，当在 $0.1A \cdot g^{-1}$ 的电流密度下恒流充放电时，起初的可逆容量为 $883.8mAh \cdot g^{-1}$，经过 80 次循环后，电池的容量保持率高达 90% 以上，倍率性能也同样优异。

本章参考文献

[1] Lee W W, Lee J M. Novel synthesis of high performance anode materials for lithium-ion batteries（LIBs）[J]. Journal of Materials Chemistry A, 2014, 2 (6): 1589-1626.

[2] Gong F, Ding Z, Fang Y, et al. Enhanced electrochemical and thermal transport properties of graphene/MoS₂ heterostructures for energy storage: insights from multi-scale modeling [J]. ACS Applied Materials & Interfaces, 2018, 10 (17): 14614-14621.

[3] Aurbach D, Zinigrad E, Cohen Y, et al. A short review of failure mechanisms of lithium metal and lithiated graphite anodes in liquid electrolyte solutions [J]. Solid State Ionics Diffusion & Reactions, 2002, 148 (3): 405-416.

[4] Lou X W, Wang Y, Yuan C, et al. Template-free synthesis of SnO_2 hollow nano-structures with high Lithium storage capacity [J]. Advanced Materials, 2006, 18 (17): 2325-2329.

[5] Ng S H, Wang J, Wexler D, et al. Highly reversible lithium storage in spheroidal carbon-coated silicon nanocomposites as anodes for lithium-ion batteries [J]. Ange-wandte Chemie International Edition, 2006, 45 (41): 6896-6899.

[6] Wang G, Shen X, Yao J, et al. Graphene nanosheets for enhanced lithium storage in lithium ion batteries [J]. Carbon, 2009, 47 (8): 2049-2053.

[7] Yang Z, Choi D, Kerisit S, et al. Nanostructures and lithium electrochemical reactiv-ity of lithium titanites and titanium oxides: A review [J]. Journal of Power Sources, 2009, 192 (2): 588-598.

[8] Tu F, Han Y, Du Y, et al. Hierarchical nanospheres constructed by ultrathin MoS_2 nanosheets braced on nitrogen-doped carbon polyhedra for efficient Lithium and Sodium storage [J]. ACS Applied Materials & Interfaces, 2019, 11 (2): 2112-2119.

[9] 胡连仁. 二硫化钼（MoS_2）基复合纳米材料的制备及其电化学储锂性能研究 [D]. 郑州：郑州大学, 2015.

[10] 常志晓. 基于空心石墨烯球/二硫化钼复合材料的制备及其电化学性能的研究 [D]. 西安：西北大学, 2019.

[11] Ren W, Zhang H, Guan C, et al. Ultrathin MoS_2 nanosheets@metal organic frame-work-derived N-doped carbon nanowall arrays as Sodium ion battery anode with superi-or cycling life and rate capability [J]. Advanced Functional Materials, 2017, 27 (32): 1702116.

[12] Cong Z, Shoji O, Kasai C, et al. Activation of wild-type cytochrome P450BM3 by the next generation of decoy molecules: enhanced hydroxylation of gaseous alkanes and crystallographic evidence [J]. ACS Catalysis, 2014, 5 (1): 150-156.

[13] Yu X Y, Hu H, Wang Y, et al. Ultrathin MoS_2 nanosheets supported on N-doped carbon nanoboxes with enhanced Lithium storage and electrocatalytic properties [J]. Angewandte Chemie International Edition, 2015, 54 (25): 7395-7398.

[14] Zhang S, Chowdari B V, Wen Z, et al. Constructing highly oriented configuration by few-layer MoS_2: toward high-performance Lithium-Ion batteries and hydrogen evo-lution reactions [J]. ACS Nano, 2015, 9 (12): 12464-12472.

[15] Dong Y, Jiang H, Deng Z, et al. Synthesis and assembly of three-dimensional MoS_2/rGO nanovesicles for high-performance lithium storage [J]. Chemical Engi-neering Journal, 2018, 350: 1066-1072.

[16] Hwang H, Kim H, Cho J. MoS_2 nanoplates consisting of disordered graphene-like layers for high rate lithium battery anode materials [J]. Nano Letter, 2011, 11 (11): 4826-4830.

[17] Wang J, Luo C, Gao T, et al. An advanced MoS_2/carbon anode for high-perform-ance sodium-ion batteries [J]. Small, 2015, 11 (4): 473-481.

[18] Hu X, Li Y, Zeng G, et al. Three-dimensional network architecture with hybrid

nanocarbon composites supporting few-layer MoS$_2$ for Lithium and Sodium storage [J]. ACS Nano, 2018, 12 (2): 1592-1602.

[19] Wang C, Wan W, Huang Y, et al. Hierarchical MoS$_2$ nanosheet/active carbon fiber cloth as a binder-free and free-standing anode for lithium-ion batteries [J]. Nanoscale, 2014, 6 (10): 5351-5358.

[20] Cao X, Shi Y, Shi W, et al. Preparation of MoS$_2$-coated three-dimensional graphene networks for high-performance anode material in lithium-ion batteries [J]. Small, 2013, 9 (20): 3433-3438.

[21] Hu L, Ren Y, Yang H, et al. Fabrication of 3D hierarchical MoS$_2$/polyaniline and MoS$_2$/C architectures for lithium-ion battery applications [J]. ACS Applied Materials & Interfaces, 2014, 6 (16): 14644-14652.

[22] Wang X, Guan Z, Li Y, et al. Guest-host interactions and their impacts on structure and performance of nano-MoS$_2$ [J]. Nanoscale, 2015, 7 (2): 637-641.

[23] Wang H, Jiang H, Hu Y, et al. 2D MoS$_2$/polyaniline heterostructures with enlarged interlayer spacing for superior lithium and sodium storage [J]. Journal of Materials Chemistry A, 2017, 5 (11): 5383-5389.

[24] Jiang H, Ren D, Wang H, et al. 2D monolayer MoS$_2$-carbon interoverlapped superstructure: engineering ideal atomic interface for Lithium ion storage [J]. Advanced Material, 2015, 27 (24): 3687-3695.

[25] Xiong F, Cai Z, Qu L, et al. Three-dimensional crumpled reduced graphene oxide/MoS$_2$ nanoflowers: A stable anode for Lithium-ion batteries [J]. ACS Applied Materials & Interfaces, 2015, 7 (23): 12625-12630.

[26] Zhao C, Wang X, Kong J, et al. Self-assembly-induced alternately stacked single-layer MoS$_2$ and N-doped graphene: A novel van der waals heterostructure for Lithium-ion batteries [J]. ACS Applied Materials & Interfaces, 2016, 8 (3): 2372-2379.

[27] Jiao Y, Mukhopadhyay A, Ma Y, et al. Ion transport nanotube assembled with vertically aligned metallic MoS$_2$ for high rate Lithium-ion batteries [J]. Advanced Energy Materials, 2018, 8 (15): 1702779.

[28] Park S K, Lee J, Bong S, et al. Scalable synthesis of few-layer MoS$_2$ incorporated into hierarchical porous carbon nanosheets for high-performance Li-ion and Na-ion battery anodes [J]. ACS Applied Materials & Interfaces, 2016, 8 (30): 19456-19465.

[29] Lv C, Huang Z, Yang Q, et al. Few-layer tiny nanoflakes of molybdenum sulfide loaded on porous carbon as an efficient electrocatalyst for hydrogen generation [J]. Journal of Alloys and Compounds, 2018, 750: 927-934.

[30] Mutyala S, Kinsly J, Sharma G V R, et al. Non-enzymatic electrochemical hydrogen peroxide detection using MoS$_2$-Interconnected porous carbon heterostructure [J]. Journal of Electroanalytical Chemistry, 2018, 823: 429-436.

第 3 章

硫化镍的合成、机理及性能研究

3.1 硫化镍链式管及海胆状结构的合成及机理研究

3.1.1 引言

作为金属硫化物半导体的一员，硫化镍由于其丰富的相构成一直受到人们的关注，常见诸报道的有 $Ni_{3+X}S_2$、Ni_3S_2、Ni_4S_{3+X}、Ni_6S_5、Ni_7S_6、Ni_9S_8、NiS、Ni_3S_4、NiS_2。由于其丰富的相组成，硫化镍纳米材料在催化、电学和颜料等诸多方面都有很重要的应用。

在硫化镍众多的组成中，NiS 被研究得最为广泛，硫化镍（NiS）主要有两种物相：低温下容易得到斜方相（β-NiS），高温下（620K）容易得到六方相（α-NiS）（如图 3.1 所示）。NiS 有特殊的磁学性质，当温度降至临界温度（260K）时，高温相 NiS 由顺磁性的导体转变为反铁磁性的半导体。除了有优异的磁学性质外，NiS 还被广泛地用于红外探测器、太阳能存储装置、加氢脱硫催化反应中，以及用作光电导材料和充电锂电池的阴极材料等，另外李金培等人发现硫化镍纳米粒子可以作为卤化银感光材料的增感剂，只需要硫化镍纳米粒子的浓度为 0.00001~0.1mol/L，就可以用作卤化银微晶乳剂的增感剂，或与水溶性金盐溶液协同用作卤化银微晶乳剂的增感剂，可以减少潜影分散，提高感光度，提高反差，降低灰雾等。吴新明等人研究发现，活性硫化镍还可以作为除铜剂在镍电解工业中用于净化除铜，并且效果很好。

因此，探索一种简单、温和且具有普遍适用性的方法实现对硫化镍纳米材料的形貌调控，对其可能出现的独特性质进行研究，这在硫化镍纳米材料的基

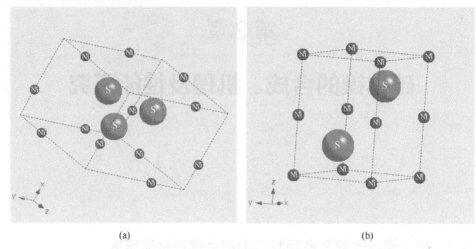

(a)   (b)

图 3.1 (a) 斜方六面体相（β-NiS）晶体结构
示意图和（b）六方相（α-NiS）晶体结构示意图

础研究和实际应用方面都具有十分重要的意义。目前，对于硫化镍纳米结构的
制备，国际上已经取得了一些进展，如：

    Y. Hu 等人利用 γ 射线照射，室温环境下在含有 $NiSO_4 \cdot 6H_2O$ 的 PM-
MA-CS$_2$-乙醇体系中合成了 NiS 的直径 500nm 球壁宽 20nm 的空心球 [图 3.2
(a)]，由于其使用 γ 射线照射使其在工业应用上面临困难；另外 X. C. Jiang 等
人在 $NH_3 \cdot H_2O$-CS$_2$ 体系中 60℃ 环境下合成了卷层状 NiS [图 3.2 (b)]，并
且提出了 NiS 纳米管的层状卷曲生长机制，合成得到的卷层状 NiS 的紫外吸
收较之体相有明显蓝移，但是产物的尺寸分布不均；W. Zhang 等人在反应釜
中乙二胺溶剂环境中由乙酸镍和双硫脲在 220～240℃ 下制备出了海胆状 NiS
[图 3.2 (c)]；D. Chen 等人使用微乳液法在 CTAB/正戊醇/正己烷/水体系中
合成了 NiS 的枝状纳米棒 [图 3.2 (d)]；G. Shen 等人以水热合成法在水和
肼/氯化镍/硫代硫酸钠体系中合成了 NiS 的纳米棒；A. Ghezelbash 等人在制
备出前驱体硫醇镍后，利用其热分解制备出了三角状 NiS 及 NiS 的纳米棒
[图 3.2 (e)、(f)]。

    在本章中，我们介绍了一种温和的湿化学法，以 PVP 为高分子修饰剂，
在成形的 Ni 纳米链的基础上，以 Ni 为牺牲模板，首次制备出形貌独特的 NiS
链式管，并以此为基础，通过对实验条件的调控，制备出海胆状 Ni_3S_2 样品，
并对产品形貌的演变及生长机理作了探讨。

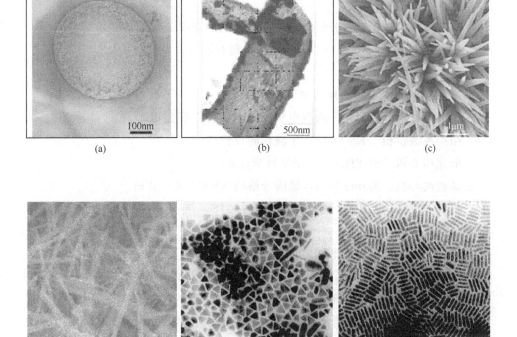

(a)　　　　　　　　　　(b)　　　　　　　　　　(c)

(d)　　　　　　　　　　(e)　　　　　　　　　　(f)

图 3.2　（a）以 γ 射线照射方式获得 NiS 空心球；（b）卷层状 NiS；
（c）以溶剂热方式合成出的海胆状 NiS；（d）微乳液法合成的 NiS 纳米棒；
（e）硫醇镍热分解而获得的 NiS 三角结构；（f）硫醇镍热分解而获得的 NiS 纳米棒

3.1.2　实验方案

（1）实验试剂

本章所用的主要试剂如下：

$NiCl_2 \cdot 6H_2O$：水合氯化镍，分析纯，Acros Organics，US

$C_2H_4OH_2$：乙二醇，分析纯，Atoz Fine Chemicals Co. Ltd

PVP（Mw 40000）：聚乙烯吡咯烷酮，分析纯，Acros Organics，US

$N_2H_4 \cdot H_2O$：水合肼，肼含量 80%，分析纯，天津市化学试剂一厂

C_2H_5OH：无水乙醇，分析纯，Atoz Fine Chemicals Co. Ltd

CS（NH$_2$）$_2$：硫脲，分析纯，天津化学试剂有限公司（现天津渤化资产经营管理有限公司）

NaOH：氢氧化钠　分析纯，天津化学试剂有限公司

H$_2$SO$_4$：硫酸　分析纯，天津化学试剂有限公司

（2）实验仪器

本书所用的主要实验仪器如下：

磁力搅拌器：JB-3，上海仪电科学仪器股份有限公司

超声波清洗机：KS-500D，宁波科胜仪器厂

低速离心机：80-2B，上海安亭科学仪器厂

高速离心机：Sigma 2-16，德国希格玛（SIGMA）公司

集热式恒温加热磁力搅拌器：DF-101S，巩义市予华仪器有限责任公司

精密天平：GT2A，北京光学仪器厂

电热真空干燥箱：ZK35，天津市华北实验仪器有限公司

（3）检测仪器及样品制备

① 产物 X 射线衍射测定（XRD）所用仪器为日本理学公司 X 射线衍射仪（Rigaku，Dmax2200，Cu-Kα），所用波长为 1.5406Å（1Å＝0.1nm）。

样品制备：将粉末样品装在一个有凹槽的平板玻璃片上，压平后进行测试。

② 产物扫描电镜测试（SEM）所用的设备为 JSM-5800 扫描电子显微镜，所用加速电压为 15kV。

样品制备：将一小片 5mm×5mm×2mm 的玻璃片在无水乙醇中超声清洗并干燥后，将待测的粉末样品在无水乙醇中超声分散后滴在干净的玻璃片上，室温下晾干后进行喷金，处理完毕后即可进行测试。

③ 产物的低倍和高倍透射电镜测试（TEM、HRTEM）在型号为 Tecnai F30（Tecnai Company）的透射电子显微镜下进行，该高分辨电镜装有场发射枪，加速电压为 300kV。

样品制备：将待测粉末用无水乙醇进行超声分散 20min 后，将其滴在镀有碳膜的铜质微栅上，在室温下干燥后进行测试。

④ 磁性质用超导量子干涉磁强计（SQUID）进行测定。

样品制备：粉末样品直接进行测试。

3.1.3　NiS 链式管制备及表征

3.1.3.1　实验设计及制备方法

2004 年 Y. Sun 等人报道了在 $HAuCl_4$ 溶液中以 Ag 纳米线为硬模板，在 Ag 纳米线表面置换出 Au，形成 Au 纳米管。我们工作组在 2004 年报道了 Ni 纳米链的合成，受此启发以 Ni 纳米链为前驱物硬模板，对 Ni 单质进行硫化，应该存在 NiS 以纳米链为形貌基础，在纳米链表面生长而形成链式管的结构（实验结果证明了这一思路的正确性）。

我们工作组以乙二醇为溶剂，水合肼为还原剂，在高分子 PVP 的修饰下通过回流合成了 Ni 纳米链。所以在 Ni 纳米链的硫化体系的选择中，我们选择直接在原体系中引入硫源以硫化，这样就避免了将纳米链分离及再分散等中间过程。因此对于硫源的引入，需要尽量减少其他物质的引入，尽量降低体系的复杂性。

在硫源的选择上，众所周知常用的硫源有硫单质、H_2S、Na_2S、NaHS，以及硫脲、硫代乙酰胺等。

硫单质作为可直接与金属单质反应生成金属硫化物的硫源，在硫化物的制备上有着重要的应用，如 J. Joo 等人在油酰胺体系中以硫单质为硫源合成出了一系列的金属硫化物纳米粒子，但是硫单质作为非极性分子不溶于水，稍溶于乙醇和乙醚，溶于二硫化碳、四氯化碳和苯等，查资料可知 H_2O 的电偶极矩为 1.84D，而乙二醇的电偶极矩为 2.20D，乙二醇的极性明显大于 H_2O，所以硫单质不能直接溶解于乙二醇体系中。要使其作为硫源进入乙二醇体系参与反应，就必须引入其它的辅助性溶剂如乙醇等，但是这势必就将增加体系及合成复杂性。这并不符合我们尽量降低体系复杂性的要求。

对于 H_2S 气体作为硫源来说，可以直接通入反应体系来合成硫化物，以前也曾有过这方面的报道，但是 H_2S 气体有较大的毒性，对实验体系的密闭性，及废气的处理有着较高的要求。同时，如果在液相中通入 H_2S 气体，存在精确计量气体流量、流速及如何均匀参与液相反应等问题，目前研究者已经倾向于不再使用 H_2S 气体作为硫源，而是寻求其他可以间接分解出 H_2S 气体或硫离子的物质如硫脲、硫代乙酰胺等来代替。

Na_2S 及 NaHS 作为可以直接与金属粒子产生沉淀反应的基团，在硫化物的合成上有着广泛的应用,在第 1 章第 3 小节已有简介,这里不再赘述,由于其在液体中直接以离子态存在,因此在硫化物的制备中有着反应迅速等特性,但是我们的目的是在 Ni 纳米链上形成以原形貌为基础的链式管,这就需要 NiS 在 Ni 纳米链的表面上逐步生长,这需要一个循序渐进的过程。因此恰恰是 Na_2S 及 NaHS 的沉淀反应过于迅速,这将为我们带来困扰,并且由于体系合成时的温度较高,使得 Na_2S 及 NaHS 的水解反应也将加快,使得体系的废气增多,降低硫源的利用率,增加尾气回收的压力。

近年来,分析化学上逐步用硫代乙酰胺(TAA)代替了传统的 H_2S 气体。硫代乙酰胺的水溶液在常温时水解很慢。加热则很快水解。硫代乙酰胺在不同的介质中加热时发生不同的水解反应:在酸性溶液中水解产生 H_2S,可代替 H_2S;在氨性溶液中水解生成 HS^-,相当于 $(NH_4)_2S$ 的作用;在碱性溶液中水解生成 S^{2-},可代替 Na_2S 使用。但是同上考虑,我们选择的体系合成温度较高(150~193℃),因此硫代乙酰胺的分解将会过于快速,不适合我们的体系。

相对来说,硫脲作为水解可以释放出硫化氢的硫源,所需的温度较高,通过实验可以认为硫脲在 130℃以下不会发生分解或水解,因此在乙二醇体系中分解速度适中,符合我们的要求,并且常温稳定,其溶液易于长时间保存,对环境无污染。

因此实验的体系最终确定为以乙二醇为溶剂,$NiCl_2 \cdot 6H_2O$ 为反应物,$N_2H_4 \cdot H_2O$ 为还原剂,PVP 为高分子修饰剂,硫脲作为硫源,选择不同的镍离子溶度,及 PVP、硫脲用量来进行实验。具体实验步骤如下:

首先配置水合肼/乙二醇溶液。用移液管准确量取 20mL 水合肼(80%)倒入 50mL 的容量瓶中,然后向容量瓶中加入乙二醇至容量瓶的刻度线以下。水合肼与乙二醇混合时,会有热量的释放并伴随有少量气泡的生成。这里需要注意放热及生成的小气泡会影响配比的准确性,在配制时,需加入不足量的乙二醇,将其混合均匀后,在室温下放置大约 30min 待溶液温度降至室温并设法除去容量瓶瓶壁的气泡后,加入乙二醇至容量瓶的刻度线,混合均匀后备用。

将研磨成细粉的 0.5mmol 的 $NiCl_2 \cdot 6H_2O$ 加入三口烧瓶中,用量筒取 40mL 乙二醇(EG)溶剂,加入三口烧瓶,然后按照单体摩尔比 30:1 的比例加入 PVP(Mw 40000)1.66g,将三口烧瓶固定在磁力搅拌器上,放入磁搅拌子搅拌约 30min,直到所有溶质都溶解,得到透明均匀的草绿色液体。量取 6.6mL 水合肼/乙二醇加入恒压分液漏斗中，将恒压分液漏斗装在三口烧瓶的一个口上，将其他口用磨口塞封好。室温下在搅拌过程进行的同时将水合肼溶液缓慢逐滴滴加到溶液中，溶液变得浑浊并变为天蓝色。在滴加过程结束之后，取下恒压分液漏斗，继续搅拌 1h 以上，以使反应能进行完全。

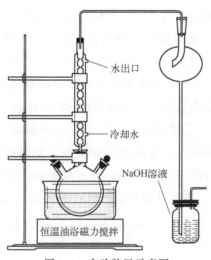

水出口

冷却水

NaOH溶液

恒温油浴磁力搅拌

图 3.3　实验装置示意图

随后将三口烧瓶置于恒温加热磁力搅拌器中继续搅拌，将恒温温度保持在158℃，并且在三口烧瓶中间口装上回流管，接上冷水，以冷凝挥发的溶剂气体。在这个过程中水合肼将会还原 Ni^{2+}，此时会有大量的气体产生，同时溶液颜色由天蓝色变为灰黄色，同时有黑色沉淀生成，保持恒温 3h。与此同时称取 1.5mmol 的硫脲，溶于 16mL 乙二醇中，在超声波清洗机中进行超声分散，待溶解均匀后，倒入恒压分液漏斗中待用。等到恒温 3h 的过程结束后，在三口烧瓶的另外一个口上，接上恒压分液漏斗，将硫脲/乙二醇溶液缓慢滴加入溶液中。滴加完全后，取下恒压分液漏斗，继续保持恒温 158℃，并且缓慢搅拌 7h。在这个过程中会有少量的气体生成，一部分为反应的副产物——氢气，另一部分是逸出的由硫脲分解作为硫源的 H_2S 气体，因此此过程应当严格注意反应装置的密闭性，同时对生成的尾气进行回收。需要注意由于反应体系对于温度及体系内部气氛气压较为敏感，所以实验装置上需要加装防止倒抽的装置，如图 3.3 所示。

实验完毕体系自然冷却后，得到黑色沉淀产物，使用离心机以 4000r/min

的速度将固体沉淀从溶液中分离出来。将沉淀用无水乙醇和去离子水洗涤，以除去多余的杂质，经过多次的洗涤、离心后，将沉淀在80℃的条件下进行干燥，得到的粉末以备测试结构和性能。

3.1.3.2　产物形貌及成分分析

为了清晰地说明前驱物的形貌与产物形貌的关联性，同时验证实验设计是否合理，我们需要对前驱物的形貌特征进行研究。为此，在同样的实验条件（0.5mmol的$NiCl_2 \cdot 6H_2O$、PVP：Ni^{2+} = 30：1，6.6mL水合肼/乙二醇，反应温度158℃）下，对于实验体系在加入水合肼恒温3h后，停止实验，将获得的黑色沉淀进行分离清洗，获得前驱物的粉末样品。

图3.4是实验所得前驱物的XRD谱图，经标定与Ni标准PDF卡片（JCPDS♯04-0850）相吻合，为面心立方结构，空间群为Fm3m，晶格常数$a = 3.523$Å。可以看到图中在44.5°和51.8°处有两个明显衍射峰，分别属于（111）和（200）晶面。没有其他杂质衍射峰的出现。

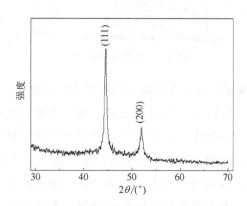

图3.4　前驱物Ni的XRD谱图

图3.5是经硫化后实验样品的XRD谱图，经过标定，谱中所有的衍射峰均属于斜方NiS，与NiS标准卡片（JCPDS♯75-0612）相一致，谱中所有衍射峰都已标定，所有的衍射峰都能和卡片上的峰位置很好地对应，且没有任何其他杂质相，如前驱物的衍射峰的存在。通过谱中（-110）、（110）两个晶面计算可得斜方NiS的晶格参数为$a = 5.56$Å，$\alpha = 116.54°$，与文献报道的晶面参数（$a = 5.64$Å，$\alpha = 116.64°$）非常接近。可知NiS链式管属于NiS的低温相结构。其空间群为R3m。

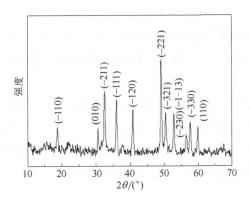

图 3.5　链式管 NiS 样品的 XRD 谱图

3.1.3.3　透射电子显微镜（TEM）和扫描电子显微镜（SEM）形貌研究

首先我们对前驱物的形貌使用透射电子显微镜进行了研究，如图 3.6 所示。由图可见，前驱物的形貌明显为有分枝结构的 Ni 纳米链，纳米链由直径 150～300nm 的微球自组装而成，链长约有 20μm。同时可以发现，组成纳米链的纳米颗粒尺寸分布并不是太均匀，均匀度略低于我们工作组以前的报道，这是因为反应条件有了略微的差别，比如说 PVP 的用量不同，以及温度低于回流温度（乙二醇的沸点 197℃）。

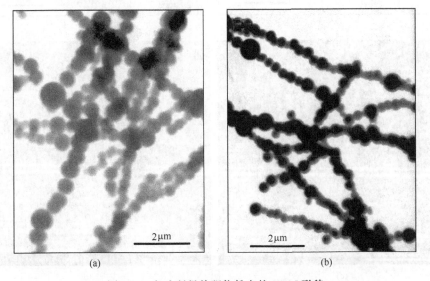

图 3.6　实验所得前驱物粉末的 TEM 形貌

我们对前驱物——Ni 纳米链硫化后的产物——NiS 的形貌进行了表征，图 3.7 是 NiS 的低分辨透射及扫描电镜照片：(a)、(b) 为 NiS 链式管的整体形貌 TEM 图像；(c)、(d) 为 NiS 链式管的整体形貌 SEM 图像；(e)、(f) 为 NiS 链式管的部分开口末端细节，及管体本身形貌细节。由图可以明显看出前驱物 Ni 纳米链转变成了空心的链式管结构，并且与图 3.6 中 Ni 纳米链的形貌呈互补的态势。透射电镜图像 [图 3.7 (a)、(b)] 中由厚度不同导致的质厚衬度清楚地展示了 NiS 产物的中空结构，有明显的链式外表，尺寸均匀，均呈现出良好的链式管结构。NiS 主链长度可达 $20\mu m$，管的直径约 $280\sim$

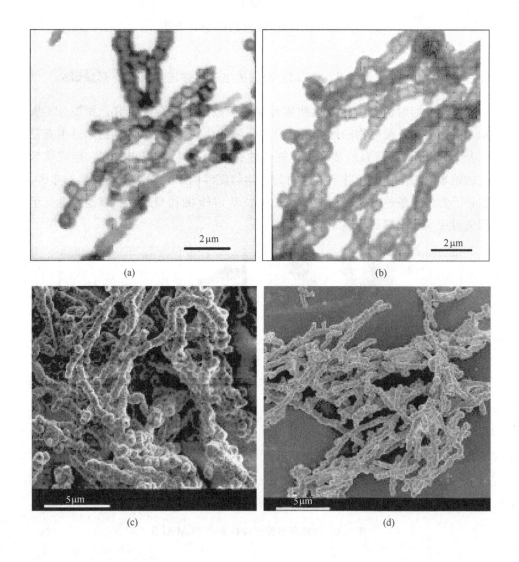

(a)

(b)

(c)

(d)

(e)　　　　　　　　　　　　　　　(f)

图 3.7　实验所得 NiS 样品的 TEM、SEM 图片，呈现出明显的链式
管形貌。(a)～(d) NiS 链式管的整体形貌；
(e)、(f) NiS 链式管的部分开口末端细节及管体本身形貌

320nm，管壁厚大约 80～100nm，这肯定了我们实验设计思路的正确性，表明我们以 Ni 纳米链为前驱物模板，成功实现了对 Ni 的硫化，并且以纳米链为形貌模板，生成与纳米链形貌互补的链式管结构。对于这种链式管结构，目前学术界还鲜有报道。

　　从 NiS 链式管扫描电镜图片［图 3.7 (c)～(f)］我们可以得到更多的形貌细节。图 3.7 (c)、(d) 更加形象地展示了 NiS 链式管的外貌，可以看到大部分链式管的末端处于封闭状态，只有少量的链式管可以观察到末端的开口。图 3.7 (e)、(f) 是较高倍数的 SEM 图片，展示了末端开口的链式管的细节，可以明显看到管的表面并不光滑，同时呈现了由于包覆在纳米链表面生长，而在表面整体上出现的球状弧度变化。

　　图 3.8 是 NiS 链式管的高分辨电镜照片，为我们提供了 NiS 详细的内部结构。图 3.8 (a) 是一个典型的 NiS 链式管。我们对其不同地方的管壁进行了观察，如图 3.8 (b)、(c) 所示，可以观察到明显的晶格条纹，经测量均为 0.48nm，对应于 NiS 的 (－110) 晶面。表明链式管结晶较好。同时可以看到图 3.8 (b)、(c) 虽然位于同一管，但是两个晶面取向并不相同，且并不符合属于 {－110} 晶面族的晶面间夹角 (120°)。同时我们对链式管中的对应于原链的两个颗粒弧形相交处进行了分析，如图 3.8 (d) 所示，明显看到不同的

晶粒取向，清楚地表明链式管是多晶结构，图像的 FFT 变换也说明了这一点。
由图可知，两者的衍射矢量夹角为 43°，并不符合同一晶面族的面夹角，清楚
表明参与衍射的（−110）晶面分属于不同的 NiS 晶粒，这也解释了图 3.8
（b）、（c）的晶面取向的不一致。

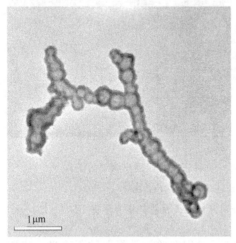

(a) 典型的NiS链式管低倍TEM

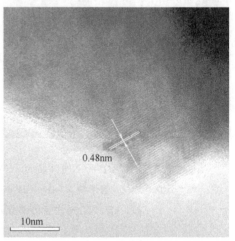

(b) 管壁(−110)晶面的高分辨图像，
显示出良好的结晶效果

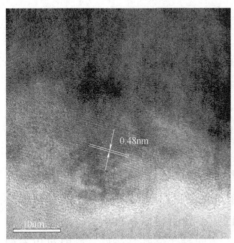

(c) 另一处管壁(−110)晶面的高分辨图像

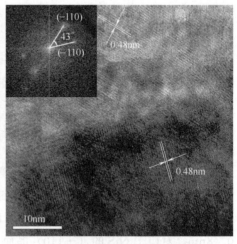

(d) 在两个晶粒相交处的高分辨图像，
插图是FFT变换图片，显示出不同于
(b)的晶体取向

图 3.8　典型 NiS 链式管高分辨晶体图像

3.1.4　Ni₃S₂ 海胆状结构的制备及表征

为了研究不同实验条件对硫化镍产物的影响，选取了不同的药品用量进行了实验作为对比。

如将 NiCl₂ · 6H₂O 用量增加为 0.6mmol，PVP 与 Ni 离子的比例仍然为 30：1，然后溶入 40mL 乙二醇溶液中，在经过一段时间搅拌后，所有溶质都溶解，然后取 8mL 水合肼/乙二醇溶液，在室温下用恒压分液漏斗逐滴加入 NiCl₂/PVP/乙二醇混合溶液中，加完后继续搅拌 1h，然后进行恒温油浴，在反应完全后，即获得了 Ni 纳米链的前驱物体系。然后取 0.147mol/L（2mmol 硫脲溶入 16mL 乙二醇中）的硫脲/乙二醇溶液 16mL，缓慢滴加入前驱物体系中，继续恒温 7h，并且快速搅拌。最后将所得产物使用高速离心机进行分离，洗涤，然后在真空干燥箱干燥。

在该合成条件下，生成的硫化物不再是 NiS 的链式管，而是成了 Ni₃S₂ 海胆状结构，产物的 XRD 结果如图 3.9 所示。

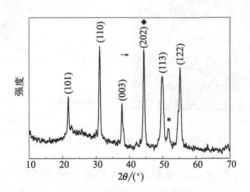

图 3.9　海胆状结构 Ni₃S₂ 的 XRD 谱图

结果显示除了标记星号的位于 $2\theta = 51.8°$ 的衍射峰外，其余衍射峰分别与斜方的 Ni₃S₂（JCPDS♯44-1418）的（101）、（110）、（003）、（202）、（113）和（122）衍射峰相吻合。根据（101）和（003）的衍射峰计算出 Ni₃S₂ 的晶格参数为 $a = 5.76Å$，$c = 7.14Å$，与文献报道的结果（$a = 5.745Å$，$c = 7.135Å$）基本吻合，其空间群为 R32。但是与标准谱对比，（202）的衍射峰明显得到了强化，成了样品的次强峰［标准谱中（202）晶面的衍射强度与最强衍射峰的（101）晶面的衍射强度比为 0.33，而此样品的衍射强度比为

0.97]。对于标记星号的位于 $2\theta = 51.8°$ 的衍射峰，可以认为是来自于未反应完全的前驱物 Ni（JCPDS♯04-0850）的（200）晶面的衍射峰。而 Ni 的最强衍射峰——（111）晶面的衍射峰位于 $2\theta = 44.5°$，恰好与样品 Ni_3S_2 的（202）晶面的衍射峰（$2\theta = 44.3°$）的位置相叠加。这便导致了 Ni_3S_2 的（202）晶面的衍射峰的强化。

我们使用扫描电镜对样品形貌进行了详细的研究，如图 3.10 所示，从图中明显可以看到 Ni_3S_2 样品呈海胆状，即以团簇为核心，形成纳米线放射状伸展，可以看到，每个"海胆"的"触须"个数不等，但是尺寸分布均匀，与 Y. Qian 等人报道的海胆状结构相比，触须较少，但是触须明显更细，触须的顶端约有 20nm，而触须的底部约有 40nm，长度为 500nm～1μm。

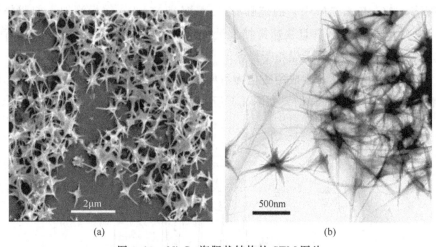

(a)　　　　　　　　　　　　　　　　(b)

图 3.10　Ni_3S_2 海胆状结构的 SEM 图片

高分辨电镜揭示了 Ni_3S_2 海胆状结构的进一步细节，如图 3.11 所示。我们选取了一个典型的 Ni_3S_2 海胆状结构如图 3.11（a）所示，并对其触须进行了详细的表征，图 3.11（b）为触须中部的高分辨结构，（c）是其相应的 FFT 变换图片，整条触须的晶格条纹清晰可见，经计算晶面间距为 0.41nm，对应于 Ni_3S_2 的（101）晶面，表明其结晶良好。可以发现触须有一定的弯曲变形，从其相应的 FFT 变换图可以清楚地发现由于晶体点阵的扭曲导致了其衍射点的宽化，测量触须的弯曲变形可达约 12°。向我们展示了海胆状 Ni_3S_2 样品的柔韧性。图 3.11（d）是接近触须顶端部分的高分辨结构，显示了样品的完美结晶。我们还发现了由于触须的扭曲而发生断裂的情况，图 3.11（e）是其中一个触须发生断裂的情况，从图中可见观察到（003）晶面的晶格条纹，结合

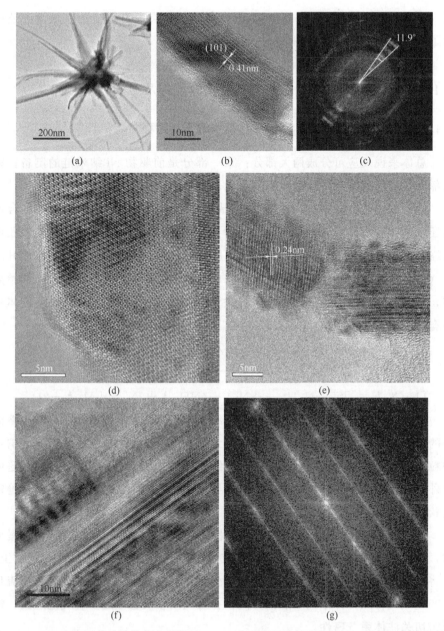

图 3.11　Ni_3S_2 海胆状结构的高分辨图片：（a）典型的海胆状结构；（b）触须中部的高分辨结构显示出良好的结晶，对应 Ni_3S_2 的（101）晶面；（c）为与图（b）对应的 FFT 变换，显示出触须衍射点阵有明显的扭曲，表明触须本身有约 12°的扭曲变形；（d）接近触须顶端的高分辨结构，显示了良好的结晶状态；（e）折断的触须的高分辨结构，可以明显观察到（003）晶面；（g）触须的高分辨图片，结果表明触须上存在层错结构

图（b）可以认为是垂直于（101）晶面发生的断裂。另外在一些触须上还出现了明显的层错结构，如图 3.11（g）所示。

3.1.5 NiS 链式管及 Ni₃S₂ 海胆状结构的反应及形成机理研究

3.1.5.1 NiS 链式管及 Ni₃S₂ 海胆状结构的反应过程

总体来说反应可分成两大部分：第一部分是前驱物 Ni 纳米链的制备；第二部分是加入硫脲后导致前驱物的硫化。

第一部分是前驱物 Ni 纳米链的生成，在这部分里，水合肼扮演着络合剂与还原剂的双重作用，首先过量的水合肼与溶液中的 Ni^{2+} 反应，形成天蓝色的络合物 $[Ni(N_2H_4)_2]Cl_2$，这种物质在空气中十分稳定。但是当温度升高时（158℃），体系颜色开始从天蓝色变成灰橘色，$[Ni(N_2H_4)_2]Cl_2$ 开始分解，同时被肼所还原，伴随着反应有大量气体放出。回流 3h 之后，反应体系中有黑色沉淀生成。

整个过程可以用下述化学方程式表示：

$$Ni^{2+} + N_2H_4 \longrightarrow [Ni(N_2H_4)_3]^{2+}$$

$$[Ni(N_2H_4)_3]^{2+} + N_2H_4 \longrightarrow Ni\downarrow + 4NH_3\uparrow + 2N_2\uparrow + H_2\uparrow + 2H^+$$

在反应初期时，生成未成链的球形纳米颗粒，随着反应时间的延长，溶液中的磁性镍纳米颗粒发生了扩散聚集形成较大的颗粒，在 PVP 的作用下纳米颗粒进行自组装排列形成了分形生长的纳米链。在生长过程中，纳米颗粒趋向于外延取向聚集生长，以尽量多地减少界面和表面能，使体系能量达到最稳定的状态。

第二部分是 Ni 前驱物纳米链的硫化，硫脲在加入实验体系后开始缓慢分解，在此过程中生成硫化氢分子，生成的硫化氢吸附在 Ni 纳米链的表面上，并将其缓慢硫化，而此时体系内部由于生成硫化氢气体，及 Ni 纳米链被硫化后产生氢气释放，体系内压逐渐升高，在尾气回收装置上逐步有气泡逸出，需要密切关注体系气密性。

整个过程可以用如下方程式来表示：

$$NH_2CSNH_2 + 2H_2O \longrightarrow 2NH_3\uparrow + H_2S\uparrow + CO_2\uparrow$$

对于 NiS 链式管的生成，方程式应为：

$$Ni + H_2S \longrightarrow NiS + H_2\uparrow$$

而对于 Ni_3S_2 海胆状结构的生成，反应方程式应为：

$$3Ni + 2H_2S \longrightarrow Ni_3S_2 + 2H_2 \uparrow$$

3.1.5.2　Ni 纳米链前驱物的必要性

首先对于硫化镍的合成来说，Ni 前驱物纳米链的合成至关重要，这是合成独特纳米结构——链式管、海胆状结构的基础，没有纳米链作为牺牲模板，特殊结构的合成也就无从谈起了。为了对比我们做了相应的对比实验，即不通过前驱物而直接由硫脲来与 Ni 离子反应，制备 NiS 样品，具体过程如下。

取 0.178g $NiCl_2 \cdot 6H_2O$ 溶入 25mL 乙二醇中，然后加入 0.5gPVP，超声搅拌均匀后，取 0.0225mol/L 硫脲/乙二醇溶液 10mL，缓慢滴加入 Ni^{2+}/乙二醇体系中，然后放置入恒温集热式油浴搅拌器中，保持恒温 158℃，此过程中会生成一些气体，同时有黑色沉淀生成，5h 后，结束反应，将生成的样品洗涤并测试。

不通过生成 Ni 纳米链前驱物而直接合成的样品同样属于斜方 NiS（图3.12），与 NiS 标准卡片（JCPDS♯75-0612）相一致，但是与我们前面合成的 NiS 纳米管的 XRD 相比，明显信噪比较差。图 3.12 是经过去除背景后的结果，并且一些较弱的衍射峰如（021）、（104）等已被淹没在背景信号中了，说明此方法合成的 NiS 结晶较差，这也从侧面反映了该方法的一个弱点，即由于样品是在 158℃的温度下合成，并没有达到体系的沸点，因而导致晶体生长较为缓慢，且结晶效果不是很好，所以需要适当地延长反应的时间。

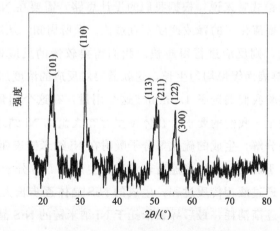

图 3.12　不经过前驱物直接合成的硫化镍样品的 XRD

　　图 3.13 是不经过前驱物直接合成的硫化镍样品的 TEM 图片，不使用前驱物作为模板的话，仅有 PVP 作为软模板，我们仅能合成出球状颗粒，并且颗粒的尺寸较大，约有 50nm，形状不是很规则。表明在该实验环境下，由于体系倾向于均匀形核，并且体系中并没有可以供 NiS 吸附生长的模板，为了满足降低体系能量的需求，产物倾向于向球形纳米粒子生长。

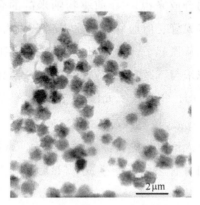

图 3.13　不经过前驱物直接合成的硫化镍样品的 TEM 图片

3.1.5.3　NiS 链式管及 Ni₃S₂ 海胆状结构的形成机理

　　对于一个体系来说，产物的形貌与反应体系的条件息息相关，要实现对产物形貌的调控，就要尝试改变不同的反应条件，对于该体系来说，硫脲的浓度、PVP 的用量对形貌的控制起到了关键的作用。

　　首先从 NiS 链式管来说，根据我们的设计思路，需要在 Ni 纳米链表面缓慢硫化，所以需要硫化氢的释放速度不宜过快。众所周知，从动力学来讲，反应物的浓度越大，则反应进行得越快。我们需要较慢的反应速度，以使 NiS 能够在 Ni 纳米链表面缓慢均匀生长，这就需要对反应的浓度加以控制。

　　通过多次实验我们确定了 1.5mmol 这个用量，在这个用量下，硫脲的分解速度较好地满足了我们的要求。在体系里存在大量的 Ni 纳米链，在加入硫脲后，硫脲缓慢分解，生成的硫化氢分子吸附在 Ni 纳米链表面，与 Ni 原子发生置换反应。由于硫化氢的生成速度较温和，生成的 NiS 分子会附着在 Ni 纳米链表面生长，通过液相传质过程，生成的 NiS 晶体逐步长大，而 Ni 纳米链作为牺牲模板，逐渐消耗，最后导致依托于 Ni 纳米链的 NiS 晶体的形貌与 Ni 纳米链呈互补状态，即形成了空心链式管结构。与 Y.Xia 等人报道的机理基本相似。

具体生长示意图如图 3.14。

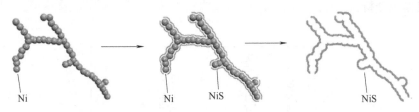

图 3.14　NiS 链式管的生长示意图

我们还在其中一个 NiS 链式管上发现了管内包含有纳米颗粒的现象，见图 3.15，在整个链式管中清晰可见地包括了两个纳米颗粒，剩余的颗粒仍然有较大的尺寸，而包裹着两个颗粒的球壳粒径接近 $1\mu m$。推测这是由于组成 Ni 纳米链前驱物的这两个粒子的粒径较大，接近 $1\mu m$，在加入硫脲硫化后，由于粒子半径较大，导致在其他粒子已经完全被硫化的情况下，这两个粒子尚未消耗完，而此时链式管已经成形，使得液相传质过程受到了局限，导致这两个粒子无法再进行硫化，这也从侧面证明了我们推测的生长机理。

$2\mu m$

图 3.15　包裹有未完全反应颗粒的链式管

当实验条件发生变化后，如 Ni 离子的用量由原来的 0.5mmol 提高到 0.6mmol，PVP 和水合肼的用量也相应按比例提高，硫脲的用量由原来的 1.5mmol 提高到 2mmol 后，硫化物的产物形貌发生了明显的变化，即从链式管转变到了海胆状结构。这是一个非常惊讶的结果，我们补充了其他的实验，来研究 NiS 链式管到海胆状结构之间可能的演变过程，探讨中间的试剂用量对硫化物产物形貌的影响。

为此，将 Ni 离子的用量定为 0.56mmol，而 PVP 和水合肼的用量也相应按比例提高，硫脲的用量提高到 1.8mmol，合成了硫化物产物，并对其成分形貌作了分析。

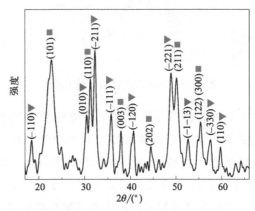

图 3.16　中间试剂用量合成出的硫化镍产物 XRD 谱图

中间产物的 XRD 图谱见图 3.16，可见生成的产物为 NiS 与 Ni_3S_2 的混合物，在图 3.16 中，在晶面指数上方加注了"■"的属于 Ni_3S_2 的衍射峰，与 Ni_3S_2 标准卡片（JCPDS♯44-1418）相一致；而剩余的标注了"▶"的则属于 NiS 的衍射峰，与 NiS 标准卡片（JCPDS♯75-0612）相一致，谱中所有衍射峰都已标定，所有的衍射峰都能和卡片上的峰位置很好地对应。需要指出的是产物的成分较为复杂，而衍射峰的信噪比并不是很好，图 3.16 是经过扣除衍射背景后的结果。Ni_3S_2 的（122）、（300）两个晶面的衍射峰分别位于 $2\theta=$55.3°和 $2\theta=55.4°$，由于衍射峰信噪比较差以及衍射峰自身的宽化导致这两个晶面的衍射峰发生了重叠，而无法区分。其他晶面的衍射峰能够较好地区分，至于 NiS 和 Ni_3S_2 的其他 2θ 大于 60°的晶面的衍射峰由于衍射强度过低，完全湮没在了衍射背景里而无法分辨。

利用透射电镜及扫描电镜对产物的形貌进行了对比观察（图 3.17），结果表明在反应试剂的浓度介于 NiS 链式管和 Ni_3S_2 海胆状结构的浓度之间时，反应所得的产物是链式管与海胆状结构的混合形貌见图 3.17（a）、（b），从图中可以看到在整个产物中既有链式管，又有触须较少而且短的海胆状结构，海胆状结构明显不规则，同时又有一些不规则的颗粒。从图 3.17（b）中链式管的右端可以发现链式管表面生成了一些绒絮状结构。图 3.17（c）是这一链式管绒絮部分的放大 TEM 图，为了观察方便而将整个视场做了逆时针 90°的旋转，从放大图发现链式管的表面并非如图 3.6、图 3.7 显示的那样表面虽然不平整，但是整体并没有绒絮状突出。图 3.17（d）同样是一个链式管，表面布满了大量的绒絮状突出。这提示我们中间存在着从 NiS 链式管生长成为海胆状结构的可能性，于是更详细地测试了试剂用量对产物成分及形貌的影响。

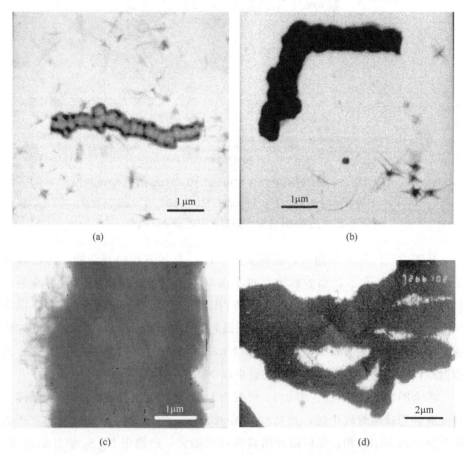

图 3.17 增加试剂用量后生成的硫化镍混合物的形貌

（a）、（b）样品中链式管与海胆状结构共存；

（c）、（d）从链式管的表面可以观察到絮状物的突起生长结构

如图 3.18 是 Ni 离子的用量分别为 0.53mmol、0.56mmol、0.58mmol，而硫脲的用量分别是 1.65mmol，1.8mmol，1.9mmol 时测得的 XRD 谱图，谱中三条曲线分别对应：A——Ni 离子的用量为 0.53mmol，而硫脲的用量为 1.65mmol；B——Ni 离子的用量为 0.56mmol，而硫脲的用量为 1.8mmol，

即图 3.16 对应的 XRD 谱图；C——Ni 离子的用量为 0.58mmol，而硫脲的用量为 1.9mmol。

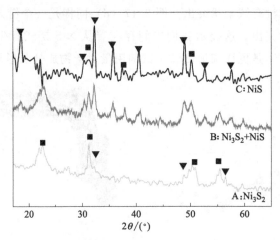

图 3.18　Ni 离子的用量为 0.53mmol、0.56mmol、0.58mmol，
而硫脲的用量分别是 1.65mmol、1.8mmol、1.9mmol 时
测得的 XRD 谱图，分别对应谱线 A、B、C

从图中发现对于 B 曲线，很明显是 Ni_3S_2 与 NiS 相的混合物，这已经在前面的图 3.16 作了详细的标定；对于曲线 C，则是以 NiS 相的衍射峰为主（以"▼"来标识），同时存在有较弱的 Ni_3S_2 的衍射峰（以■来标识），说明 NiS 相的含量居多；当试剂的用量分别提高到 0.58mmol（Ni）、1.9mmol（硫脲）后，就得到了曲线 A，曲线 A 以 Ni_3S_2 相为主，同时伴有极弱的 NiS 的衍射峰，这是硫化物产物的成分已经由以 NiS 为主转变为以 Ni_3S_2 为主了。

综合图 3.5、图 3.9、图 3.16 和图 3.18 可以得出如下结论，即在 Ni 离子和硫脲的用量相对较少时，产物首先是 NiS 相，随着试剂用量的增加，产物中开始出现 Ni_3S_2 相，然后随着用量的再次加大，产物中 Ni_3S_2 相开始增多，随着用量的增大，Ni_3S_2 相开始占据硫化物产物的主要成分，最后，则完全是 Ni_3S_2 相了。

此外，还通过扫描电镜对这些产物的形貌进行了进一步的观察，图 3.19（a）是初步提高试剂的用量后（Ni 离子由 0.5mmol 提高到 0.53mmol，硫脲为 1.65mmol），产物的形貌以链式管为主，同时可以发现在链式管上有少量的片层状结构，也可以观察到已经成形的触须较短较粗的海胆状结构。当最终 Ni 的用量提高到 0.58mmol 后（硫脲 1.9mmol），产物的形貌转变为以大量的成形的海胆状结构为主 ［图 3.19 （b）］，但是从扫描电镜上仍然可以观察到海胆状结构是依附于链式管生长的。

　　综合图 3.7、图 3.10、图 3.17、图 3.19，可以发现在 Ni 离子和硫脲的用量相对较少时，产物的形貌是链式管 （图 3.19），随着试剂用量的增加，产物中开始出现片层状结构，同时也有少量的海胆状结构 ［图 3.19 （a）］，随着用量的再次加大，产物中链式管的比重减小，而海胆状结构增多 （图 3.17），再随着用量的增大，海胆状结构开始成为硫化物产物的主要形貌 ［图 3.19 （b）］，最后增大用量，则是完全成为 Ni$_3$S$_2$ 海胆状结构。

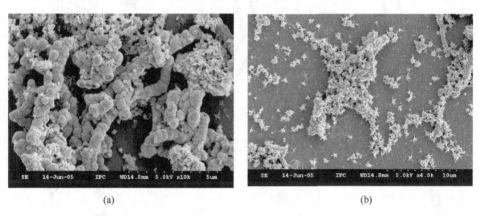

(a)　　　　　　　　　　　　　　　(b)

图 3.19　（a）0.53mmol Ni、1.65mmol 硫脲合成得到的以链式管为主要形貌的硫化物；
（b）0.58mmol Ni、1.9mmol 硫脲得到的产物，海胆状结构
成为主要形貌，但是仍然存在残存的链式管结构

　　对于逐步提高的 Ni 离子的用量来说，硫脲的用量同时也在增加，并且增加的速度大于 Ni 离子的增加速度。初始 NiS 链式管合成中硫脲与 Ni 离子的摩尔比为 3，随后增加为 3.11、3.21、3.27，最后合成 Ni$_3$S$_2$ 海胆状结构的试剂的摩尔比增加为 3.33。

　　通过对上述实验条件的变化造成硫化镍的形貌及成分变化的分析推测海胆状结构的生长机理如下。

　　以体系里大量存在的 Ni 纳米链为模板，硫脲分解生成的硫化氢分子吸附在 Ni 纳米链表面，与 Ni 原子发生置换反应，生成 NiS 分子附着在 Ni 纳米链表面，NiS 晶体逐步长大，而 Ni 纳米链逐渐消耗，就会形成空心链式管结构。但是由于硫脲的用量增加，根据反应动力学原理可知同样的温度条件下，硫脲的分解速度将会加快，导致硫化氢迅速生成，覆盖在纳米链上的硫化镍生长速

度增加，在链式管的局部形成了硫化氢的富集而使得链式管的沿纳米链颗粒的粒径方向的生长速度不再平衡，转变为在链式管表面的多个活性点定向生长，形成我们所看到的图 3.17 结构。但是由于链式管表面富集了大量的"触须"，因此链式管稳定性变差，也就易于被外力（如溶液中的机械搅拌力）破坏，同时也有可能被自身的应力所破坏而塌陷，这类似于 Y. Qian 等人报道的 CdX（X＝Te 或 Se）三维纳米结构的层状生长塌陷理论，整个生长过程的示意图见图 3.20。

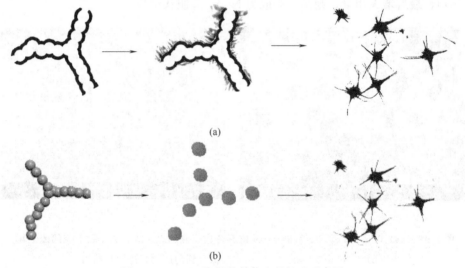

(a)

(b)

图 3.20　Ni_3S_2 海胆状结构生长机理示意图

但是应该注意到这里还有一种可能，就是由于我们在 Ni_3S_2 海胆状结构的 XRD 样品中检测到了 Ni 衍射峰的存在，而在磁性的检测中样品由原来的 Ni 纳米链的铁磁性转化为了 Ni_3S_2 的顺磁性，而使得在 Ni 纳米链表面包覆一层硫化镍后 Ni 纳米粒子的自组装力大大降低，Ni 纳米链有可能分裂出纳米粒子，使得硫化镍以 Ni 纳米颗粒为中心生长成为海胆状结构。

而样品的海胆状结构极有可能是在这两种生长模式的竞争作用下形成的，但是晶体的生长过程是一个非常复杂的过程，并且镍化物的相组成多种多样，为硫化镍的生长研究带来一些阻力，需要长期深入探讨。

对于一个反应体系来说，实验条件对最终产物的影响举足轻重，而体系反应的多样性也对实验条件的调控提出了更高的要求。从通常的角度来说，常压湿化学法合成纳米结构的体系对于产物形貌的调控不外乎从反应物的浓度、修

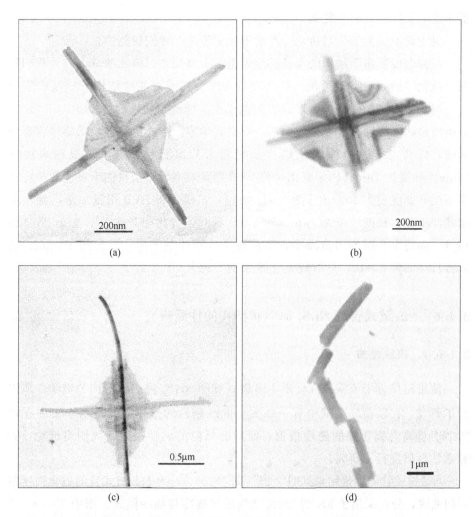

图 3.21　提高回流温度后产物形貌变为十字架结构：（a）十字架宽 40nm，长 1μm；

（b）降低 PVP 用量后，十字架长度基本不变，宽度为 100nm；

（c）提高 PVP 用量后，十字架宽度不变，长度增加为 2μm；

（d）不改变 PVP 用量，降低水合肼的用量后，获得了分散的纳米棒

饰剂的用量、体系的温度，及反应的时间等方面来入手。而对于该体系来说，影响因素要更复杂一些，体系合成过程涉及的反应主要分为两部分：一是 Ni 离子的还原，二是 Ni 单质的硫化。我们把主要精力放在了对第二部分的探讨上，而对于 Ni 纳米链的硫化来说，由于硫化镍相组成的多样性（$Ni_{3+x}S_2$，Ni_3S_2，Ni_4S_{3+x}，Ni_6S_5，Ni_7S_6，Ni_9S_8，NiS，Ni_3S_4，NiS_2），导致体系的

反应及生长过程也颇为复杂。

对于其他实验条件对硫化镍产物形貌的影响，我们研究发现：

在将合成海胆状结构的实验的恒温温度提高到乙二醇的沸点以后，我们得到了硫化镍的如十字架形貌，表明随着温度的提升海胆状结构的触须趋于长大，但是结构的触须减少，形成了类似于十字架的形貌［图 3.21（a）］。十字架由两根纳米线互相垂直搭建而成，并且在十字架中心都有颗粒状物体包裹纳米线，推测可能是由海胆状结构演变而来的海胆状中心，每根纳米线宽40nm，长度为 1μm；作为对比，将 PVP 用量减半后，获得的十字架的长度基本不变而宽度变为 100nm［图 3.21（b）］；同样若将 PVP 用量加倍，则十字架宽度不变，长度增加为 2μm［图 3.21（c）］。与此相对比，不改变 PVP 的用量，而将水合肼的用量减半，则获得了较粗的纳米棒，直径约 100nm，纳米棒长径比为 5～10，分散较大［图 3.21（d）］。

3.1.6 NiS 链式管及 Ni$_3$S$_2$ 海胆状结构的性质研究

3.1.6.1 磁性性质

使用超导量子干涉磁强计对 NiS 链式管和 Ni$_3$S$_2$ 海胆状结构的磁学性质进行了研究，在以前的文献中有一些关于 NiS 磁性的报道，但是基本集中在六方 NiS 即高温硫化镍的磁性报道，而鲜有低温的磁性报道，我们对低温 NiS 相磁学性质进行了研究。

NiS 链式管的测量结果见图 3.22。图 3.22（a）为 NiS 链式管的磁化强度与时间曲线，分别采用了 5K 到 350K 之间的零场冷与场冷模式。图中"—·—"为样品的零场冷曲线，首先在零外场情况下将样品冷却至 5K，然后在升温的过程中施加 90Oe 的磁场；"—。—"则为样品的场冷曲线，是在样品冷却过程中施加 90Oe 的外加磁场获得的。

测试结果表明在零场冷与场冷曲线中磁化强度均随着温度的降低而增大，表明样品具有顺磁性。图 3.22（b）为样品在 5K 温度下的磁滞回线，从曲线可以看到即使外加磁场到了 0.9 特斯拉，样品磁化强度也没有饱和的迹象，表明样品在高场强区存在明显的顺磁行为；在 M-H 曲线中通过外推法，可以推断样品的饱和磁化强度 M_s 约为 0.14emu/g，而从图 3.22（b）中的插图可以得到样品的矫顽力为 45Oe。

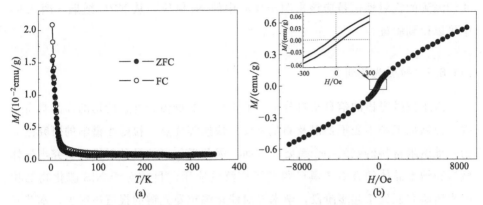

图 3.22　NiS 链式管的磁性测量曲线：（a）NiS 链式管的零场冷和
场冷曲线，测量范围为 5K 到 350K；（b）NiS 链式管在 5K 下的磁滞回线

图 3.23 为海胆状 Ni_3S_2 结构的磁性测量场冷及零场冷曲线。两条曲线升温过程中外加磁场为 90Oe，对于场冷曲线，在降温过程中外加磁场为 20000Oe，测量温度范围同样为 5K～300K。从图中两条曲线可以看到海胆状 Ni_3S_2 结构同样表现出顺磁性。但是在升温到 300K 过程中两条曲线的磁化强度出现差异，说明样品中存在铁磁性成分。插图 a 为样品在 100K 下的磁滞回线，样品的磁化强度随外加磁场的增加而呈线性变化，为明显的顺磁性特征。插图 b 为低场强区的磁滞回线，可以看到样品的矫顽力为 30Oe，并且与场冷及零场冷的结果相一致：样品主要表现出顺磁性，但是有较弱的铁磁性信号。

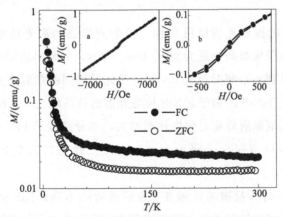

图 3.23　Ni_3S_2 海胆状结构的场冷及零场冷曲线，两条曲线升温过程中外加
磁场为 90Oe，对于场冷曲线，在降温过程中外加磁场为 20000Oe。插图 a 为
在 100K 下样品的磁滞回线；插图 b 为插图 a 曲线的低场强阶段的放大

我们测到的铁磁性信号应该来源于样品中的 Ni 单质,从 XRD 结果（图 3.9）中可以得到验证。

3.1.6.2 拉曼光谱研究

由于拉曼光谱的信息来自分子或纳米尺度的物体,并且所用的样品具有量少、无须加工和不受损伤以及测量方便、快速等优点,拉曼光谱学的研究已成为一维纳米材料研究的一个重要的方面。因此近年来拉曼散射作为研究半导体微米和纳米晶体的有效工具已得到了广泛的应用。目前对于 NiS 硫化物的拉曼光谱研究还处于起步阶段,学术界对硫化镍拉曼光谱的报道还很少,本节对 NiS 链式管及 Ni_3S_2 海胆状结构的拉曼光谱进行了初步的研究,并且发现了样品对高功率激光的敏感性,推测可能存在光降解行为。

拉曼光谱的测量是使用 Jobin Yvon 公司的 HR800 型显微共焦拉曼光谱仪,其配备有共焦显微镜及三维微动平台,激发光为氦氖激光,波长为 633nm,输出功率为 30mW,采用背散射收集,使用 100×光学物镜。

拉曼光谱的斯托克斯谱线测试范围为 $100\sim1200cm^{-1}$,使用单晶硅的拉曼谱线（$520cm^{-1}$）校准拉曼光谱仪。结果的精确性好于 $\pm1cm^{-1}$。

实验样品载体为直径 2cm 的石英片。使用乙醇将样品分散,并将其放入超声波分散器中均匀分散,然后将样品/乙醇的混合液均匀滴至石英片上,待乙醇挥发完毕后,再重复滴加以获得足够的样品厚度。待石英片完全干燥后,保存备测。

NiS 链式管的拉曼光谱见图 3.24,投射到样品的激光功率均为 0.5mW,三条曲线的信号采集时间分别为 20s、50s、100s,分别对应图中的 a、b、c 三条曲线。可以看到在采集时间为 20s 时,最先采集到的散射峰为位于 $244cm^{-1}$ 的散射峰,这是 β-NiS 区别于 α-NiS 拉曼光谱的特征峰之一,随着采集时间的增加,样品的其他散射峰相对强度逐渐增大,如分别位于 $141cm^{-1}$、$349cm^{-1}$ 的散射峰,而其他 β-NiS 区别于 α-NiS 的特征峰也得以显现,如 $300cm^{-1}$ 和 $371cm^{-1}$。

而与 Bishop 等人报道的体相 β-NiS 的散射峰不同,NiS 链式管的拉曼散射峰中并没有出现在体相中相对强度最强的位于 $174cm^{-1}$ 的散射峰,并且在体相中相对强度最弱的 $244cm^{-1}$ 的散射峰在 NiS 链式管的散射峰中是最易于分辨和相对强度最大的,表 3.1 列出了 NiS 链式管各个散射峰的相对强度以及

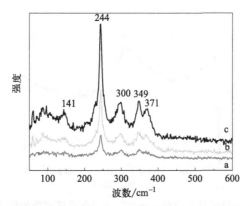

图 3.24　NiS 链式管的拉曼光谱，投射到样品的激光功率为 0.5mW，
三条曲线的信号采集时间分别为：a—20s，b—50s，c—100s

体相 NiS 的散射峰的相对强度对比。经对比可知，位于 $349cm^{-1}$ 的散射峰相对于体相材料弱化了，$222cm^{-1}$ 的散射峰被弱化而无法探测，$244\ cm^{-1}$ 的散射峰得到了明显的强化，$300cm^{-1}$ 和 $371cm^{-1}$ 的峰相对强度没有明显改变。但是由于目前学术界对于 β-NiS 的拉曼散射研究处于起步阶段，相关的报道较少，至于链式管引起不同散射峰强度变化的原因，还需要专业人员的深入探讨。

表 3.1　NiS 链式管各个散射峰的相对强度以及体相 NiS 的散射峰的相对强度

β-NiS 链式管		体相 β-NiS	
拉曼峰波数$/cm^{-1}$	相对强度	拉曼峰波数$/cm^{-1}$	相对强度
141	1	142	2
		174	10
		181	2
		222	5
244	5.6	246	1
		283	3
300	1.3	301	3
349	1.8	350	7
371	1.6	372	3

研究人员的研究结果表明在高功率的激光的照射下，PbS 样品会发生光降解行为（详见第 8.5 节：六足状硫化铅拉曼光谱研究），因此我们也对 NiS 在

较强激光功率下的拉曼光谱进行了研究，见图 3.25。

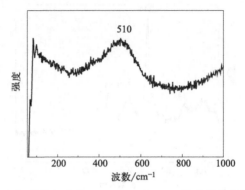

图 3.25　较强激光功率（5mW）下 β-NiS 链式管的拉曼光谱，
表明 β-NiS 同样在强光下存在光氧化行为，采集时间为 20s

当激光功率增加到 5mW，采集时间为 20s 时测得的 β-NiS 链式管拉曼光谱如图 3.25，可以发现拉曼光谱中不再有明显的属于 β-NiS 的散射峰的出现，取而代之的是一个半高宽较大约为 $150cm^{-1}$ 的位于 $510cm^{-1}$ 的散射峰。经对比可知，此拉曼光谱与 Dharmaraj 等人报道的 NiO 的拉曼光谱完全相符，这个明显的位于 $510cm^{-1}$ 的散射峰是由 Ni—O 键伸缩（stretching mode）引起的散射峰。而与 PbS 样品的光降解过程（见 8.5 节）相似，我们同样在样品表面上发现了被激光照射后出现的黑斑。

这表明 β-NiS 在较强的激光功率下同样存在光降解的行为，可用如下方程式描述：

$$\beta\text{-NiS} \xrightarrow{hv, O_2} NiO + SO_2 \uparrow$$

图 3.26 为 Ni_3S_2 海胆状结构的拉曼光谱，与 β-NiS 拉曼光谱的测试相同，首先我们测试低功率下 Ni_3S_2 海胆状结构的拉曼光谱，投射到样品的激光功率均为 0.5mW，三条曲线的信号采集时间分别为 20s、50s、100s，对应图中的 a、b、c 三条曲线。

与 β-NiS 链式管的拉曼光谱不同的是，在信号采集时间达到 100s 后在 $50\sim100cm^{-1}$ 间的拉曼散射峰非常明显，可以清楚地区分出位于 $58cm^{-1}$、$88cm^{-1}$、$120cm^{-1}$ 的散射峰，而在此前的研究中，由于仪器测量范围的限制，很少有研究者关注位于 $50\sim100cm^{-1}$ 的散射峰。我们的结果证明 Ni_3S_2 海胆状结构拉曼信号在 $50\sim100cm^{-1}$ 非常强烈，充分表明研究者需要关注在 $50\sim100cm^{-1}$ 的拉曼信号。

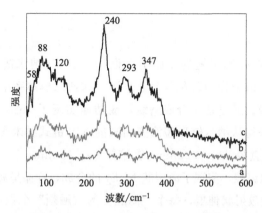

图 3.26　Ni_3S_2 海胆状结构拉曼光谱，投射到样品的激光功率为 0.5mW，
三条曲线的信号采集时间分别为：a—20s，b—50s，c—100s

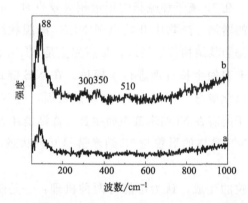

图 3.27　较强激光功率（5mW）下 Ni_3S_2 海胆状结构的拉
曼光谱，表明 Ni_3S_2 海胆状结构在较强光下较为稳定，
无明显光降解行为。采集时间为：a—20s，b—100s

　　同样我们对 Ni_3S_2 海胆状结构在较强激光功率下的拉曼光谱进行了测量，
如图 3.27。激光的功率均为 5mW。信号采集时间分别为 20s 和 100s。结果清
楚地表明 Ni_3S_2 海胆状结构在较强的激光功率下，位于 $88cm^{-1}$ 的散射峰得到
了极大的增强，但是并没有明显地出现位于 $510cm^{-1}$ 的属于 NiO 的散射峰，
而 5mW 已经是仪器的最大功率，这说明 Ni_3S_2 海胆状结构对于激光的功率并
不敏感，没有出现较强的光降解行为。相对于 β-NiS 链式管来说，Ni_3S_2 海胆
状结构较为稳定。

3.1.7 小结

在现有的合成 Ni 纳米链的基础上，设计了以 Ni 纳米链为前驱物，PVP 为高分子修饰剂，硫脲作为硫化氢分解来源，在乙二醇体系中制备硫化镍纳米材料这一合成路线。通过这一合成路线，成功地实现了 NiS 在 Ni 纳米链表面包覆生长，从而获得从纳米链形貌演变而来的 NiS 链式纳米管。NiS 主链长度可达 $20\mu m$，管的直径 $280\sim320nm$，管壁厚 $80\sim100nm$。

通过进一步的调控，实现了海胆状 Ni_3S_2 的合成，样品呈海胆状，以团簇为核心，形成纳米线放射状伸展，每个"海胆"的"触须"个数不等，尺寸均匀，触须的顶端约有 20nm，而触须的底部约有 40nm，长度有 500nm$\sim1\mu m$。

对反应条件的调控研究表明，硫化镍样品的形貌及组成相对 Ni 离子和硫脲的用量较为敏感：在 Ni 离子和硫脲的用量相对较少时，获得的是 NiS 链式管；随着试剂用量的增加，产物中开始出现 Ni_3S_2 海胆状结构；随着用量加大，产物中 Ni_3S_2 海胆状结构开始增多，最后完全是 Ni_3S_2 海胆状结构。

对两种硫化镍形貌的生长机理进行了探讨。在 NiS 链式管的形成中，硫脲缓慢分解生成的硫化氢分子吸附在 Ni 纳米链表面，与 Ni 原子发生置换反应，生成的 NiS 分子附着在 Ni 纳米链表面生长，逐渐消耗 Ni 纳米链，最后依托于 Ni 纳米链的 NiS 晶体的形貌与 Ni 纳米链呈互补状态，形成空心链式管结构。

对于海胆状形貌的生成，认为可能有两种机理：一是随着硫脲的用量增加，硫脲的分解速度加快，覆盖在纳米链上的硫化镍生长速度增加，在链式管的局部形成了硫化氢的富集，导致在链式管表面富集了大量的"触须"，因此产物的形貌稳定性变差而塌陷，最后形成海胆状结构；二是推测在产物的形成中产物由原来 Ni 纳米链的铁磁性转化为了 Ni_3S_2 的顺磁性，使得在 Ni 纳米链表面包覆一层硫化镍后 Ni 纳米粒子的自组装力大大降低，导致 Ni 纳米链可能分裂出纳米粒子，使得硫化镍以 Ni 纳米颗粒为中心生长成为海胆状结构。

NiS 链式管和 Ni_3S_2 海胆状结构的磁性测试表明两种硫化镍相均存在明显的顺磁行为。NiS 链式管的样品的饱和磁化强度 M_s 约为 0.14emu/g，矫顽力为 45Oe，而样品 Ni_3S_2 海胆状结构的矫顽力为 30Oe。NiS 链式管和 Ni_3S_2 海胆状结构的拉曼测试表明，NiS 链式管散射峰的相对强度明显不同于体相 NiS 的散射峰。高功率测试表明：NiS 链式管同样对激光敏感，在 5mW 激光下有明显的光降解现象；而 Ni_3S_2 海胆状结构较为稳定，在 5mW 激光下无明显的光降解行为。

3.2 硫化镍的合成、改性及电化学性能研究

3.2.1 引言

目前，在能量储存和转化的领域中，国内外的研究涉及多种硫镍化学计量比不同的硫化镍。相比于所对应的氧化物，金属硫化物不仅具有更好的导电性，更优异的热稳定性和力学性能，而且来源丰富，成本、毒性低，理论容量大，是目前锂离子电池负极材料的候选者之一。但在实际应用中，硫化镍负极材料展现出来的低电导率和结构粉碎问题会导致锂离子电池不尽如人意的循环稳定性和倍率性能。目前关于硫化镍负极材料的研究相对较少，尤其是采用简单湿化学法制备硫化镍负极材料的研究。

为改善目前硫化镍电极存在的问题，减轻 Li^+ 插入和提取时造成的机械应变，提高硫化镍负极材料的电化学性能，学者们的研究方向主要集中在两个方面：①将作为电极材料的硫化镍尺寸缩小到纳米范围，因为纳米结构的电极材料不仅可以提供更多的活性位点，而且可以为 Li^+ 的插入和提取提供便捷的通道；②将硫化镍锚定在具有导电基质的先进新型柔性碳基板上，以形成具有缓冲空隙的三维结构，或将一定厚度的碳材料涂覆在硫化镍结构上来增加导电性，缓解电极材料的体积膨胀。

作为一种新颖的二维碳结构，石墨烯可以使活性材料与电解质之间的有效相互作用增强。当硫化镍均匀分布在石墨烯上时一方面可以增加 Li^+ 的插入通道，另一方面可以很大程度上使电荷载体的扩散长度缩短，是用于改善复合材料电导率的理想二维（2D）衬底。但目前已有研究中采用的实验方法成本高昂，而且对环境不友好。

所以在本节实验中，主要采用简单的湿化学法，通过调控部分实验条件来合成不同形貌的硫化镍并对其物相组成、形貌等进行表征，对其电化学性能进行测试分析。之后为缓解金属硫化镍固有属性对电极材料造成的影响，实验过程中使用氧化石墨烯对硫化镍进行碳改性，并探究这种改性方法对硫化镍电极材料电化学性能的影响。

3.2.2　实验方案

首先需要说明硫化镍制备中还原过程的必要性。若直接选用单质镍或泡沫镍作为反应原料，由于反应物为金属固体，在湿化学法反应的过程中很难硫化得到产物，或者需要更长的反应时间；如果直接对 $NiCl_2 \cdot 6H_2O$ 进行硫化，在预实验中发现反应产物很难分离出来。

在预实验中还发现，还原剂和表面活性剂的种类对产物的性能、形貌等影响较大，因而本章主要对这两个实验条件进行调控。值得说明的是，为了保证产物的质量，本实验为乙二醇体系，而且整个实验过程一直保持高速磁力搅拌状态。

本节实验采用一步合成的简单湿化学法得到硫化镍，实验原料主要为：六水合氯化镍（$NiCl_2 \cdot 6H_2O$）、聚乙烯吡咯烷酮（PVP）、还原剂和硫脲（CH_4N_2S）。如图 3.28 所示为硫化镍合成实验的具体流程。

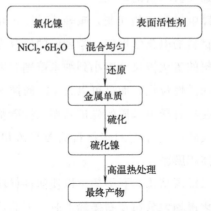

图 3.28　硫化镍合成实验流程图

3.2.3　还原剂的优化、表征和电化学性能分析

本实验主要通过改变还原剂的种类来确定该实验条件对产物的物相、形貌以及电化学性能的影响。经过文献阅读，找到了两种适合本实验的还原剂，即①水合肼、②次磷酸钠，其中次磷酸钠对氯化镍的还原只有在碱性条件下才能进行。

水合肼作为还原剂的实验主要步骤：

① 配置水合肼溶液：准确用移液管量取 20mL 水合肼（80%），移入容量瓶（50mL），之后向容量瓶中加入乙二醇至刻度线下，待容量瓶中乙二醇与水合肼混合均匀放热完毕，气泡消失后继续添加乙二醇至刻度线。

② 将 1.75g $NiCl_2 \cdot 6H_2O$、1.5g 聚乙烯吡咯烷酮（PVP）与 80mL 乙二醇一同加入 250mL 三口烧瓶中，磁力搅拌 8h 以上，使体系中的溶液混合均匀成为透明浅绿色溶液。

③ 将配好的 50mL 水合肼溶液倒入恒压分液漏斗中，使水合肼溶液缓慢（≤3mL/min）滴加进体系中，待滴加完毕溶液逐渐变为粉紫色保持 20min后，将体系的温度加热到 150℃并保持 4h，实验过程中溶液逐渐变为黑色。

④ 将体系温度升高到 200℃，向恒压分液漏斗中加入 4mL 溶解在乙二醇中的硫脲溶液（0.5mol/L），使其缓慢滴加进入体系，保持 3h 后停止加热，待冷却到室温后离心收集产物，收集到黑色产物后在 60℃下的鼓风干燥箱中干燥 12h。

⑤ 干燥得到的黑色产物在 Ar 气氛中 500℃热处理 4h 得到最终产物（记为 HY-1）备用。

次磷酸钠作为还原剂的实验主要步骤：

① 将 1.75g $NiCl_2 \cdot 6H_2O$、1.5g 聚乙烯吡咯烷酮（PVP）、0.1g NaOH与 80mL 乙二醇一同加入 250mL 三口烧瓶中，磁力搅拌 8h 以上使体系中的溶液混合均匀成为透明浅绿色溶液。

② 将体系温度升高到 200℃，并向恒压分液漏斗中加入 15mL 次磷酸钠溶液（0.1mol/L），使其缓慢（≤3mL/min）滴加进体系，这个过程保持 4h，溶液逐渐变为黑色。

③ 保持体系温度不变，再向恒压分液漏斗中加入 4mL 溶解在乙二醇中的硫脲溶液（0.5mol/L），使其缓慢滴加进入体系，保持 3h 后停止加热，待冷却到室温后离心收集产物，待收集到黑色产物后在 60℃下的鼓风干燥箱中干燥 12h。

④ 干燥得到的黑色产物在 Ar 气氛中 500℃热处理 4h 得到最终产物（记为 HY-2）备用。

3.2.3.1　实验结果表征

（1）物相分析

以水合肼作为还原剂时得到的产物的 XRD 结果如图 3.29 所示，从图谱中可以看出该样品的结晶度较好。经过标定后发现，所有衍射峰都可以与六角斜方 Ni_3S_2（$a=5.745Å$，$c=7.135Å$）的标准卡片（JCPDS♯44-1418）很好地对应，其中位于 21.7°、31.2°、37.8°、38.2°、44.3°、49.7°和 55.2°的峰位分别与六角斜方 Ni_3S_2 的（101）、（110）、（003）、（021）、（202）、（113）和（122）晶面相对应。这样的结果说明实验制得的样品较纯，而 28°峰位的出现可能是在实验离心清洗步骤中清洗不够彻底，一部分残留的聚乙烯吡咯烷酮（PVP）有机物经过热处理后生成了碳。

整个实验过程中发生的反应如下：

$$Ni^{2+} + 3N_2H_4 \longrightarrow [Ni(N_2H_4)_3]^{2+}$$

$$[Ni(N_2H_4)_3]^{2+} + N_2H_4 \longrightarrow Ni\downarrow + 4NH_3\uparrow + H_2\uparrow + 2H^+$$

$$NH_2CSNH_2 + 2H_2O \longrightarrow 2NH_3\uparrow + H_2S\uparrow + CO_2\uparrow$$

$$3Ni + 2H_2S \longrightarrow Ni_3S_2\downarrow + 2H_2\uparrow$$

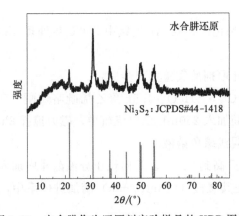

图 3.29　水合肼作为还原剂实验样品的 XRD 图谱

当次磷酸钠作为还原剂时，所得产物的 XRD 结果如图 3.30 所示。从检测结果中的宽峰可以看出样品的结晶度不够高，但出现在 30.2°、34.6°、60.9°和 72.6°四处的峰位都可与 NiS 的标准卡片（JCPDS♯03-1149）里的四个峰位完美对应，没有其他杂峰的出现也进一步说明了本实验的 NiS 产物纯度比较高。

推测这个过程发生的化学反应如下：

$$Ni^{2+} + H_2PO_2^- + H_2O \longrightarrow Ni\downarrow + H_2PO_3^- + 2H^+$$

$$NH_2CSNH_2 + 2H_2O \longrightarrow 2NH_3\uparrow + H_2S\uparrow + CO_2\uparrow$$

$$Ni + H_2S \longrightarrow NiS\downarrow + H_2\uparrow$$

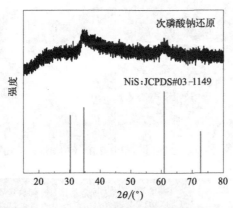

图 3.30 NaHPO$_2$ 作为还原剂实验样品的 XRD 图谱

（2）微观形貌和 EDS 分析

通过 XRD 检测结果可以发现：采用相同的湿化学法制备硫化镍实验中，改变实验方案中某一个实验条件（还原剂的种类），得到的产物也会有所不同。

在接下来的表征中，为进一步观测各样品的微观形貌，本节主要对各个样品进行了 SEM 分析。如图 3.31 所示为水合肼作为还原剂时所得样品的 SEM 图像与 EDS 结果。

当使用水合肼作为还原剂时，在放大倍数为 10000 的电镜下［图 3.31 (a)］可以观察到产物主要是由大小均匀的微米球组成。结合更大放大倍数（30000 倍）的电镜图像，图 3.31 (b) 可观察到这些微米球为空心结构，大小均匀，直径约为 1μm。这些微米空心球存在严重的团聚，推测该样品出现团聚现象的主要原因是实验过程中反应物浓度太大而导致的产物分散不均。

为了进一步确定样品的元素分布，在电镜下选择了产物的随机区域进行 EDS 分析，样品上 Ni 元素和 S 元素的分布情况如图 3.31 (d) 和 (e) 所示，可见水合肼作为还原剂时所得样品检测到 Ni 元素的位置也可以检测到 S 元素，这个结果很好地与 XRD 结果相吻合。

而图 3.32 所示为使用次磷酸钠作为还原剂反应生成样品的微观形貌。当在扫描电镜下将样品放大 20000 倍时，可观察到整个样品主要是由不规则 NiS 纳米片堆叠形成的微米级大块状产物。同时也可以观察到，本实验制备出的样品形貌在不规则的同时还存在部分区域粉碎的现象，这说明当该材料作为电极材料时，在充放电过程中很可能出现微观结构的粉碎现象。

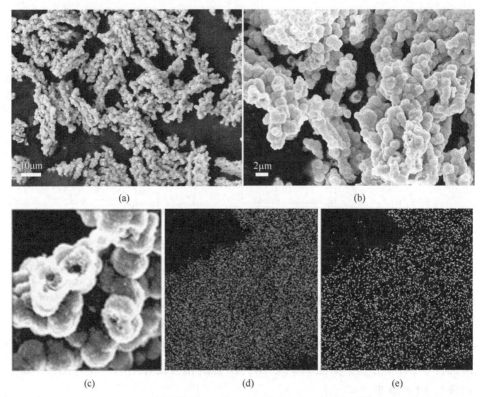

图 3.31 样品 HY-1 的 SEM 图和 EDS 元素分布图

(a)~(c) SEM 图；(d)、(e) EDS 元素分布图

图 3.32 样品 HY-2 的 SEM 图

3.2.3.2 电化学性能分析

如图 3.33 为水合肼作为还原剂所得实验样品的各电化学性能测试结果。

在 0.1mV/s 的扫描速率，0.05～3V 的电压窗口下测试得到的循环伏安曲线如图 3.33（a）所示，图中显示了该样品充放电前三个周期的 CV 曲线。在第 1 个周期中，还原峰出现在 1.0V，氧化峰出现在 2.0V，出现在 1.0V 的还原峰可以归因于锂离子的插入和活性材料表面 SEI 膜的形成，出现在 2.0V 的氧化峰则为锂离子的脱出过程。还原峰在第 2、3 周期移到 1.4V 和 1.7V 附近，氧化峰的位置没有发生改变，这样的结果与之前文献报道的一致。第 2、3 个周期中，还原峰和氧化峰很好地重合也说明了该电极材料的良好可逆性。

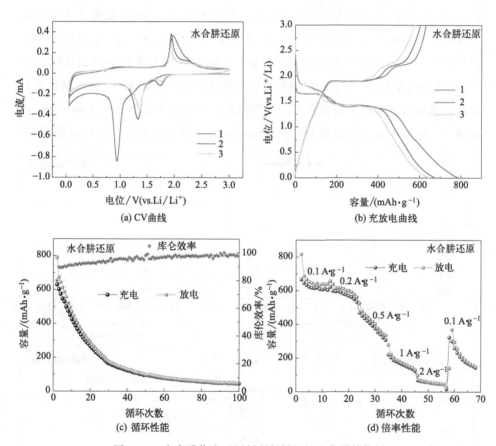

图 3.33　水合肼作为还原剂所得样品的电化学性能图

图 3.33（b）所示为水合肼作为还原剂所得实验样品在 0.1A · g^{-1} 电流密度下前三个周期的充放电曲线。其中首圈充放电分别为 640mAh · g^{-1} 和 789mAh · g^{-1}，在这个过程中由于生成 SEI 膜造成的不可逆损失导致了较低的库仑效率（81%）。而且随后两个循环的库仑效率有所增高但不稳定，说明

这种材料的可逆性不够好。

所以为了进一步探究这种负极材料的电化学性能,接下来对该材料的电化学循环性能和倍率性能进行了测试,结果如图 3.33(c)、(d)所示。当在 $0.1A\cdot g^{-1}$ 的电流密度下充放电时,水合肼作为还原剂所得实验样品的容量在前 30 周由最初的 $629mAh\cdot g^{-1}$ 急剧下降到 $150mAh\cdot g^{-1}$,接下来的循环中,容量继续下降,但下降速度变得缓慢,直到 100 周时,可逆容量降到 $50mAh\cdot g^{-1}$ 左右。由倍率性能图 3.33(d)也可以看出,这种电极材料在 $0.1A\cdot g^{-1}$、$0.2A\cdot g^{-1}$、$0.5A\cdot g^{-1}$、$1A\cdot g^{-1}$ 和 $2A\cdot g^{-1}$ 的电流密度下充放电时分别可提供 $622.7mAh\cdot g^{-1}$、$578.9mAh\cdot g^{-1}$、$388.3mAh\cdot g^{-1}$、$167.1mAh\cdot g^{-1}$ 和 $52.2mAh\cdot g^{-1}$ 的平均放电容量。当经过深度放电后再回到最初 $0.1A\cdot g^{-1}$ 的电流密度后,该负极材料的平均可逆容量为 $193.5mAh\cdot g^{-1}$。测试过程中出现这种容量急剧下降现象的主要原因是,作为典型金属硫化物的 Ni_3S_2 负极材料,锂离子的脱嵌过程会直接造成材料的体积膨胀最终坍塌粉碎的现象,

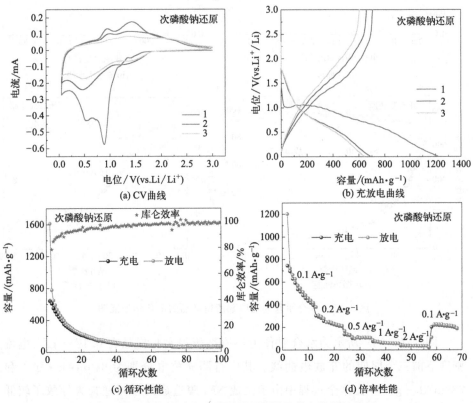

(a) CV曲线 (b) 充放电曲线

(c) 循环性能 (d) 倍率性能

图 3.34 次磷酸钠作为还原剂所得样品的电化学性能图

而且 HY-1 样品的空心结构会加剧这种结构的粉碎。

在图 3.34 （a）中以 0.1mV/s 的扫描速率在 0.05～3V 的电压窗口中检测该电极的循环伏安曲线时，可以观察到，在第 1 个循环中，分别在 0.52V 和 0.9V 处出现了两个还原峰，对应地，氧化峰出现在 1.0V 和 1.9V 附近，还原峰可以归因于 Li^+ 的插入（$4Li^+ + 4e^- + Ni_3S_2 \rightleftharpoons 3Ni + 2Li_2S$），而氧化峰可以认为是 Li^+ 的脱出（$3Ni + 2Li_2S \rightleftharpoons 4Li^+ + 4e^- + Ni_3S_2$）过程。但是，位于 0.9V 附近的不可逆还原峰主要与活性电极材料表面 SEI 膜的形成有关。整体来看循环伏安曲线 [图 3.34 （a）] 前 3 周的形状差距较大，进一步结合这种电极材料的循环性能测试 [图 3.34 （c）] 可以看到，当以 $0.1A \cdot g^{-1}$ 的电流密度进行连续充放电时，该电极材料在前 40 个循环中容量从最初的 $644mAh \cdot g^{-1}$ 持续下降至 $50mAh \cdot g^{-1}$。而且它的倍率性能 [图 3.34 （d）] 在测试中可逆容量下降迅速，当以 $2A \cdot g^{-1}$ 的电流密度深度放电时，电池的可逆容量所剩无几。出现这样的结果主要也是由电极材料在充放电过程中的粉碎导致。

所以为将这种材料作为锂离子电池负极材料，需要对其进行进一步的改性来提高电化学性能。

3.2.4 表面活性剂的选择和表征

在本实验中所选还原剂为次磷酸钠（$NaH_2PO_2 \cdot H_2O$），主要实验步骤如下：

① 准备四个编号为 1、2、3、4 的三口烧瓶（250mL），分别将①1.75g $NiCl_2 \cdot 6H_2O$ 和 1.5g 十二烷基胺酸钠、②1.75g $NiCl_2 \cdot 6H_2O$ 和 1.5g 十六烷基三甲基溴化铵、③1.75g $NiCl_2 \cdot 6H_2O$ 和 1.5g 十二烷基苯磺酸钠、④1.75g $NiCl_2 \cdot 6H_2O$ 和 1.5g 聚乙烯吡咯烷酮（PVP）先加入各三口烧瓶中，再向各烧瓶中加入 0.1g NaOH 和 80mL 乙二醇，磁力搅拌 8h 以上使各个体系中的溶液混合均匀成为透明浅绿色溶液。

② 将各体系温度升高到 200℃，并向恒压分液漏斗中加入 15mL 次磷酸钠溶液（0.1mol/L），使其缓慢（≤3mL/min）滴加进体系中，溶液逐渐变为黑色，整个还原过程保持 4h。

③ 保持各体系 200℃的温度不变，再向恒压分液漏斗中加入 4mL 硫脲溶液（0.5mol/L），使其缓慢滴加进入体系，硫化过程保持 3h 后停止加热，待

体系冷却到室温后离心收集产物，待收集到黑色产物后在 60℃ 下的鼓风干燥箱中干燥 12h。

④ 将干燥得到的四个黑色产物标记后，置于 Ar 气氛中 500℃ 热处理 4h 得到最终产物，分别标记为 HX-1、HX-2、HX-3、HX-4 备用。

3.2.4.1 物相分析

如图 3.35 是本节实验所得四个产物的 XRD 图谱。

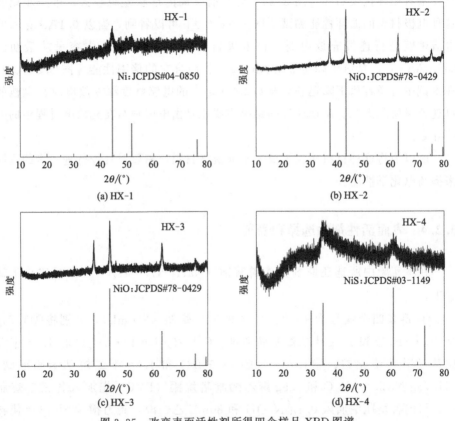

图 3.35　改变表面活性剂所得四个样品 XRD 图谱

图 3.35（a）所示为十二烷基胺酸钠作为表面活性剂时实验所得样品。经过标定后可得，位于 44.5°、51.8°、76.4° 的峰位分别与纯相镍（JCPDS♯04-0850）的（111）、（200）、（220）晶面相对应。出现这种现象的主要原因是将实验原料搅拌时，十二烷基胺酸钠逐渐转变为气泡并将体系中的 $NiCl_2 \cdot 6H_2O$ 包裹在气泡中漂在体系溶液上方，由于次磷酸钠为强还原剂，容易将气

泡中的 NiCl$_2$·6H$_2$O 还原为 Ni 单质，但硫脲的分解较温和，所得 H$_2$S 难以进入十二烷基胺酸钠气泡中导致硫化过程不能进行，因而最终产物为镍单质。

而十六烷基三甲基溴化铵 [图 3.35 (b)] 和十二烷基苯磺酸钠 [图 3.35 (c)] 作为表面活性剂时，这两个实验所得样品经过标定后发现位于 37.2°、43.3°、62.9°、75.4° 和 79.4° 的峰位分别与 NiO（JCPDS♯78-0429）的 (111)、(200)、(311)、(222) 和 (220) 晶面相对应。推测出现这种现象的原因主要是还原过程中生成的 Ni 单质硫化完成后在高温（200℃）下容易被空气中的氧气氧化生成 NiO。而具体氧化过程及机理需要进一步深入探索。

图 3.35（d）所示为聚乙烯吡咯烷酮（PVP）作为表面活性剂时的产物，该产物位于 30.2°、34.6°、60.9° 和 72.6° 四处的峰位可与 NiS（JCPDS♯03-1149）完美对应。所以聚乙烯吡咯烷酮（PVP）作为表面活性剂时可得到纯相 NiS。

3.2.4.2　形貌分析

本实验四个样品的典型形貌如图 3.36 所示。

(a) HX-1　　　　　　　　　　　　(b) HX-2

(c) HX-3　　　　　　　　　　　　(d) HX-4

图 3.36　改变表面活性剂所得四个样品 SEM 图

样品 HX-1［图 3.36（a）］主要由大小均匀的直径在 1.5μm 左右的 Ni 单质球组成，这些微米球的表面上布满了纳米级的鳞片。样品 HX-2［图 3.36（b）］是由不规则的大块组成，每个大块都是疏松的质地。图 3.36（c）所示为 HX-3 的微观形貌，通过观察可发现这个样品的微观结构不够均匀，主要是由细小的纳米级鳞片状物质组合而成，样品的表面上也不均匀分布着直径大约为 20nm 的孔。而图 3.36（d）所示的 HX-4 样品是由不规则 NiS 纳米片堆叠形成的大微米级块状物，该样品存在部分区域粉碎的现象。

3.2.5 石墨烯改性、表征和电化学性能分析

3.2.5.1 实验方案

本节使用的氧化石墨烯主要是通过简化的 Hummers 法制备，整个改性实验的主要流程如图 3.37 所示。

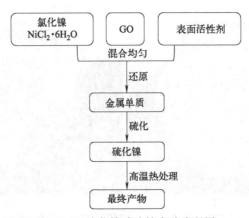

图 3.37 硫化镍碳改性实验流程图

硫化镍的碳改性主要步骤如下：

① 取 0.05g 氧化石墨烯（GO）于 80mL 乙二醇中，超声 2h 直到 GO 完全均匀分散于乙二醇中。

② 将 1.75g NiCl$_2$·6H$_2$O、1.5g 聚乙烯吡咯烷酮（PVP）、0.1g NaOH、80mL 的 GO 乙二醇溶液一同加入 250mL 三口烧瓶中，磁力搅拌 8h 以上使体系中的溶液混合均匀成为黑色溶液。

③ 将体系温度升高到 200℃后，向恒压分液漏斗中加 15mL 次磷酸钠溶液（0.1mol/L），使其缓慢（≤3mL/min）滴加进体系中，整个高温还原过程保

持 4h，这个实验过程中溶液仍为黑色。

④ 保持体系温度不变，再向恒压分液漏斗中加入 4mL 溶解在乙二醇中的硫脲溶液（0.5mol/L），使其缓慢滴加进入体系，该硫化过程保持 3h 后停止加热，待整个体系冷却到室温后离心收集产物，将收集到的黑色产物置于 60℃下的鼓风干燥箱干燥 12h。

⑤ 干燥得到的黑色产物在 Ar 气氛中 500℃热处理 4h 得到最终产物（记为 Ni_3S_2/GO）备用。

3.2.5.2　实验结果表征及电化学性能分析

（1）物相结构分析

为确认所制备材料的物相，通过 X 射线衍射（XRD）对其进行测试，结果如图 3.38 所示。Ni_3S_2/GO 的主峰与 Ni_3S_2 的标准卡片 JCPDS♯44-1418 相匹配。可在 $2\theta = 21.75°$，$2\theta = 31.10°$，$2\theta = 37.78°$、$2\theta = 44.33°$、$2\theta = 49.73°$、$2\theta = 55.16°$观察到六个峰，每个所述峰分别对应于特定的晶面 [米勒指数分别为 （101）、（110）、（003）、（202）、（113）、（122）]，其中 $2\theta = 31.10°$对应的 （110）晶面间距为 0.27nm。与此同时，GO 的衍射峰在 $2\theta = 26°$处能明显观察到，这能够表明 Ni_2S_3 纳米颗粒成功长在了氧化石墨烯上。除此之外，由于强度太弱，Ni_3S_2/GO 在 $60°\sim80°$范围内没有其他与 JCPDS♯44-1418 明显对应的峰，这与大多数实验结果相同。XRD 图谱中没有多余衍射峰表明本实验所制备的 Ni_3S_2/GO 样品纯度较高。

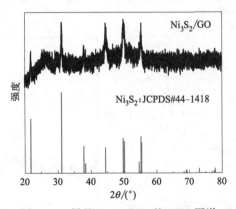

图 3.38　样品 Ni_3S_2/GO 的 XRD 图谱

（2）元素价态分析

为了进一步确认 Ni_3S_2/GO 的化学组成和各元素化合价，实验中对该产物进行了 XPS 检测。在结果中可以清晰地显示出该产物只存在 C、O、Ni、S 四种元素，这四种元素的元素状态如图 3.39（a）～（d）所示。图 3.39（a）中所示的 C 1s 光谱中位于 284.84eV 处的峰可归因于单键碳（C—C）或双键碳（C＝C），而位于 285.78eV、289.15eV 的衍射峰可对应于碳氧（C—O）或碳硫（C—S）单键和双键（C＝O）的碳。Ni_3S_2/GO 的 O 1s 谱图如图 3.39（b）所示，它分为三个峰，分别在 531.18eV、532.31eV、533.77eV 处，并且这三个峰可能分别对应于 C＝O 或 P＝O、—OH、O＝P—O。其中，除了通过添加还原剂次磷酸钠引入次磷酸根离子（$H_2PO_2^-$）外，其他均来自溶剂（EG）和氧化石墨烯（GO）。Ni 2p 光谱中有五个峰 [图 3.39（c）]，Ni $2p_{3/2}$ 的 853.35 eV 和 856.29 eV 的两个峰归因于 Ni^{3+} 和 Ni^{2+}。Ni $2p_{1/2}$ 在 874.19eV 的峰可以分配给 Ni^{2+}。图 3.39（d）中通过高斯拟合可知 S 2p 光谱

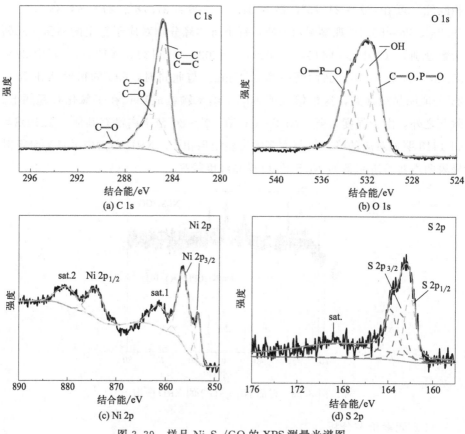

图 3.39　样品 Ni_3S_2/GO 的 XPS 测量光谱图

主要有四个分别位于 220.16eV、162.83eV、163.73eV 和 168.45eV 的峰，它们可以归因于样品中含有的 S^{2-}。该 XPS 的分析结果与 XRD 结果一致。

（3）微观形貌和 EDS 分析

图 3.40（a）～（d）为扫描电子显微镜（SEM）下 Ni_3S_2/GO 的外部形态图。图中显示了不同放大倍数下的 Ni_3S_2/GO 的典型表面形貌。从图 3.40（a）中，可以观察到 GO 的卷曲和皱缩结构（圆圈处），它们与 Ni_3S_2 纳米颗粒形成附聚物。这些粒径范围为 20～40nm 的 Ni_3S_2 纳米颗粒均匀地分散在褶皱的柔性 GO 片上 [图 3.40（b）、（d）]。图 3.40（c）可以显示出 GO 的分层结构。在这

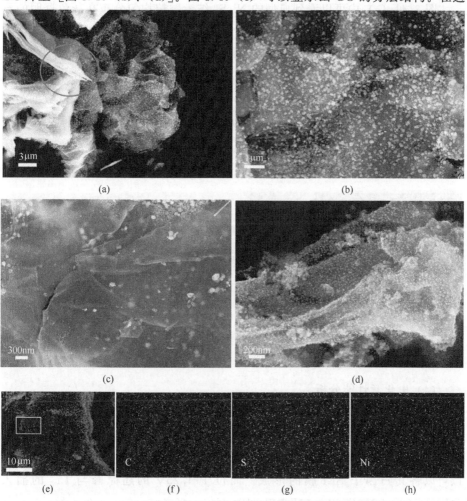

图 3.40　样品 Ni_3S_2/GO 的低分辨和高分辨 SEM 图和 EDS 元素分布图

（a）～（d）SEM 图；（e）～（h）EDS 元素分布图

样的结构中，GO 不仅可以作为电极材料导电的核心，提供有效的电子传输，而且也可以作为缓冲基质来缓冲硫化镍长期循环过程中产生的局部体积膨胀。

为进一步验证合成样品的化学组成，EDS 用来检测 Ni_3S_2/GO 的元素分布，如图 3.40（e）～（h）所示，产物主要由三种化学元素组成：C [图 3.40（f）中的颗粒]，S [图 3.40（g）中的粒子] 和 Ni [图 3.40（h）中的粒子]。它们对应于 XRD 分析数据。

为进一步探索 Ni_3S_2/GO 的微观结构，实验中使用透射电子显微镜（TEM）进行了进一步表征。

图 3.41（a）中可以看到典型的 Ni_3S_2 纳米颗粒均匀分布在灰色透明的石墨烯片上，这些 Ni_3S_2 纳米颗粒的尺寸约为 $20\sim40nm$。而图 3.41（b）和（c）可以清楚地观察到这些 Ni_3S_2 纳米颗粒和 GO 片，并且进一步确认 Ni_3S_2 纳米颗粒的尺寸约为 30nm。此外，Ni_3S_2/GO 的 HRTEM 图像中 0.27nm 的层间距晶格可对应于 Ni_3S_2（110）平面的晶面间距。该结果与 XRD 数据结果一致。GO 包裹的 Ni_3S_2 纳米颗粒作为电极材料时可以在充放电过程中提供充足的电化学位点，而弹性 GO 可以在 Li^+ 嵌入/脱嵌过程中缓冲电极材料的体积膨胀，从而实现稳定的循环性能。

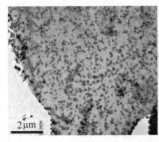 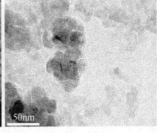 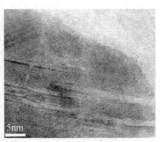

（a）低分辨TEM　　　　　　（b）高分辨TEM　　　　　　（c）高分辨TEM

图 3.41　样品 Ni_3S_2/GO 的 TEM 图

（4）电化学性能分析

如图 3.42 显示了 Ni_3S_2/GO 电极材料的电化学性能。

图 3.42（a）是该电极材料在 $0.05\sim3V$ 的电压窗口以 0.1mV/s 扫速扫描的 CV 结果。出现在第一个循环中 0.75V 的还原峰在之后的循环中消失，所以可以将其归因于 SEI 膜的形成。而位于 1.25V 的还原峰与 Li^+ 的插入（$4Li^+ + 4e^- + Ni_3S_2 \rightleftharpoons 3Ni + 2Li_2S$）有关。与之对应的，2.0 V 附近的氧化峰为 Li^+ 的脱出（$3Ni + 2Li_2S \rightleftharpoons 4Li^+ + 4e^- + Ni_3S_2$）。第二周和第三周的

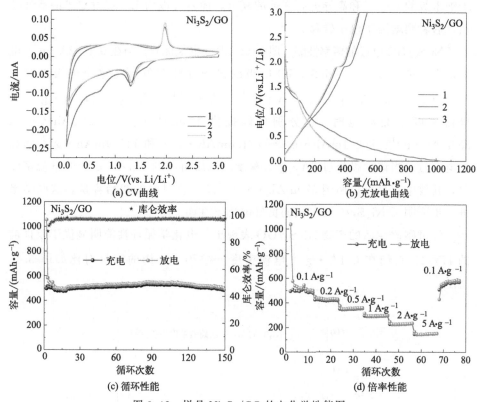

图 3.42　样品 Ni_3S_2/GO 的电化学性能图

CV 曲线良好地吻合，这说明 Ni_3S_2/GO 电极材料对于锂储存具有良好的可逆性。

在图 3.42（b）中显示的 Ni_3S_2/GO 电极在 $0.1A \cdot g^{-1}$ 的低电流密度下的前三个恒流充电/放电曲线中，可以看到第 1 周充电和放电容量分别为 $542.9mAh \cdot g^{-1}$ 和 $1036mAh \cdot g^{-1}$，库仑效率为 52.4%，造成如此大的可逆容量损失的主要原因是 SEI 膜的形成。而从第 2 周以后，充放电曲线的变化就不再明显，库仑效率保持在 97% 以上，这表明该电极在第 2 周以后的循环过程一直处于稳定状态。这样的结果通过恒流充放电测试也可证明。

当在 $0.05 \sim 3V$ 的电压窗口中以 $0.1A \cdot g^{-1}$ 电流密度测试该电极的循环性能时，它展示出高的可逆容量。如图 3.42（c）所示，Ni_3S_2/GO 电极在第一个循环中可逆容量为 $542mAh \cdot g^{-1}$，经过 150 个循环以后可逆容量仍能保持 $485.2mAh \cdot g^{-1}$，容量保持率高达 89.5%，即使是循环 150 周后该电极材料的可逆容量还是高于原始 Ni_3S_2 的理论容量。如此优异的循环性能主要得益

于纳米级的 Ni_3S_2 和高导电石墨烯的复合,前者可以为 Li^+ 提供更多的活性位点,后者则增强了电子转移。

Ni_3S_2/GO 电极的倍率性能 [图 3.42 (d)] 也很优异。当在 $0.1\sim2A \cdot g^{-1}$ 电流密度下进一步评估 Ni_3S_2/GO 电极的倍率性能时发现将这个电极连续在 $0.1A \cdot g^{-1}$、$0.2A \cdot g^{-1}$、$0.5A \cdot g^{-1}$、$1A \cdot g^{-1}$、$2A \cdot g^{-1}$ 和 $5A \cdot g^{-1}$ 的电流密度下充放电时,它分别可以提供 $485mAh \cdot g^{-1}$、$421mAh \cdot g^{-1}$、$350mAh \cdot g^{-1}$、$292.1mAh \cdot g^{-1}$、$221.8mAh \cdot g^{-1}$ 和 $145.9mAh \cdot g^{-1}$ 的高放电容量。当该电极经过 $5A \cdot g^{-1}$ 深度放电后再回到 $0.1A \cdot g^{-1}$ 的电流密度时,其放电容量可以回到 $570mAh \cdot g^{-1}$,高于该材料的初始容量。这些结果进一步证明了 Ni_3S_2/GO 电极的良好电化学性能。

经过碳改性后的产物 Ni_3S_2/GO 表现出的电化学循环性能明显优于改性前的 HY-2,它们在 $0.1A \cdot g^{-1}$ 电流密度下循环 100 周的容量对比如图 3.43 所示。

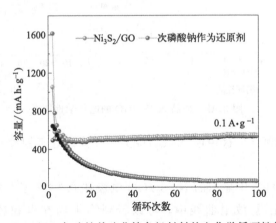

图 3.43 Ni_3S_2/GO 与改性前硫化镍负极材料的电化学循环性能对比图

经过 100 周的循环,未改性硫化镍负极材料的可逆容量从最初的 $644mAh \cdot g^{-1}$ 持续下降至 $50mAh \cdot g^{-1}$ 左右后保持稳定,容量保持率仅为 7.8%。而 Ni_3S_2/GO 电极的可逆容量十分稳定,从 $542mAh \cdot g^{-1}$ 仅降到 $508.8mAh \cdot g^{-1}$,容量保持率高达 93.9%。Ni_3S_2/GO 有如此优异的电化学性能的主要原因有两点:①均匀分布的纳米化 Ni_3S_2 材料增加活性位点的同时也为 Li^+ 的插入和提取提供便捷的通道;②GO 更有利于导电,提供有效的电子传输,而且也可以作为缓冲基质来缓冲硫化镍长期循环过程中产生的局部体积膨胀。

3.2.6　小结

主要采用简单的湿化学法，通过调控还原剂种类，制备出两种不同形貌的硫化镍：微米级空心球状 NiS 和层片状 Ni_3S_2。作为典型的金属硫化物，这两种硫化镍都存在金属硫化物电化学性能衰减快速的特点。所以为了改善本实验所得硫化镍的电化学性能，本章实验中采取氧化石墨烯对其进行碳改性，具体结果如下：

① 对于微米级空心球状 NiS 和层片状 Ni_3S_2，这两种微米级的结构可以提供的活性位点较少，而且当作为锂离子电池的电极材料时，由 Li^+ 重复插入和提取引起的机械应变会造成这种材料体积膨胀，从而引起结构粉碎的后果，而这种结构的粉碎会直接造成电极材料差的电化学性能。

② 氧化石墨烯对提高硫化镍电极材料电化学性能有益。采用湿化学法对硫化镍碳改性后得到的 20～40nm 纳米级 Ni_3S_2 均匀生长在石墨烯上。改性后的电极材料活性位点增加，石墨烯可以很好地适应硫化镍体积膨胀。当在 $0.1A \cdot g^{-1}$ 的电流密度下恒流充放电时，首圈可逆容量为 $542mAh \cdot g^{-1}$，经过 150 周后可逆容量仍高达 $485.2mAh \cdot g^{-1}$。

本章参考文献

[1] Rao C N R, Pisharody K P R. Transition metal sulfides [J]. Progress in Solid State Chemistry, 1976, V10: 207-270.

[2] McWhan D B, Marezio M, Remeika J P, et al. Pressure-temperature phase diagram and crystal structure of NiS [J]. Physical Review B, 1972, V5: 2552-2555.

[3] Bishop D W, Thomas P S, Ray A S. Raman spectra of nickel (Ⅱ) sulfide [J]. Materials Research Bulletin, 1998, V33: 1303-1306.

[4] Sartale S D, Lokhande C D. Preparation and characterization of nickel sulphide thin films using successive ionic layer adsorption and reaction (SILAR) method [J]. Materials Chemistry and Physics, 2001, V72: 101-104.

[5] Pramanik P, Biswas S. Deposition of nickel chalcogenide thin films by solution growth techniques [J]. Journal of Solid State Chemistry, 1986, V65: 145-147.

[6] Welters W J J, Vorbeck G, Zandbergen H W, et al. HDS activity and characterization of zeolite-supported nickel sulfide catalysts [J]. Journal of Catalysis, 1994, V150:

155-169.

[7] Han S C, Kim K W, Ahn H J, et al. Charge-discharge mechanism of mechanically alloyed NiS used as a cathode in rechargeable lithium batteries [J]. Journal of Alloys and Compounds, 2003, V361: 247-251.

[8] 李金培, 许春华, 唐旻骜, 等. 硫化镍纳米粒子增感剂及其制备方法和用途 [P]. 中国专利: CN1459663, 2003.12.03.

[9] 古国榜, 吴新明, 程飞. 超细粒子在化工分离上的应用——活性硫化镍特性研究 [J]. 华南理工大学学报, 1996, V24: 96-100.

[10] Hu Y, Chen J, Chen W, et al. Synthesis of nickel sulfide submicrometer-sized hollow spheres using a γ-irradiation route [J]. Advanced Functional Materials, 2004, V14: 383-386.

[11] Hu Y, Chen J, Chen W, et al. Synthesis of novel nickel sulfide submicrometer hollow spheres [J]. Advanced Materials, 2003, V15: 726-729.

[12] Jiang X, Xie Y, Lu J, et al. Synthesis of novel nickel sulfide layer-rolled structures [J]. Advanced Materials, 2001, V13: 1278-1281.

[13] Zhang W, Xu L, Tang K, et al. Solvothermal synthesis of NiS 3D nanostructures [J]. European Journal of Inorganic Chemistry, 2005, V2005: 653-656.

[14] Chen D L, Gao L. Novel morphologies of nickel sulfides: nanotubes and nanoneedles derived from rolled nanosheets in a w/o microemulsion [J]. Journal of Crystal Growth, 2004, V262: 554-560.

[15] Shen G Z, Chen D, Tang K B, et al. Phase-controlled synthesis and characterization of nickel sulfides nanorods [J]. Journal of Solid State Chemistry, 2003, V173: 227-231.

[16] Ghezelbash A, Sigman M B, Korgel B A. Solventless synthesis of nickel sulfide nanorods and triangular nanoprisms [J]. Nano Letters, 2004, V4: 537-542.

[17] Sun Y, Xia Y. Multiple-walled nanotubes made of metals [J]. Advanced Materials, 2004, V16: 264-268.

[18] Liu C M, Guo L, Wang R M, et al. Magnetic nanochains of metal formed by assembly of small nanoparticles [J]. Chemical Communications, 2004, V2-3: 2726-2727.

[19] Joo J, Na H B, Yu T, et al. Generalized and facile synthesis of semiconducting metal sulfide nanocrystals [J]. Journal of The American Chemical Society, 2003, V125: 11100-11105.

[20] Brorson M, Hansen T W, Jacobsen C J H. Rhenium (IV) sulfide nanotubes [J]. Journal of The American Chemical Society, 2002, V124: 11582-11583.

[21] 艾汉华, 黄新堂. 硫化钨花形二维纳米晶的控制生长研究 [J]. 材料科学与工程学报, 2005, V23: 560-563.

[22] Zhang H T, Wu G, Chen X H. Synthesis and magnetic properties of NiS_{1+x} nanocrystallines [J]. Materials Letters, 2005, V59: 3728-3731.

[23] Bonet F, Elhsissen K T, Sarathy K V. Study of interaction of ethylene glycol/PVP phase on noble metal powders prepared by polyol process [J]. Bulletin of Materials

Science，2000，V23：165-168.

[24] Luo Z X，Yan F，Zhang P X. Surface enhanced Raman scattering of gold/C-60 (/C-70) nano-clusters deposited on AAO nano-sieve [J]. Vibrational Spectroscopy，2006，V41：37-41.

[25] Roy D，Chhowalla M，Wang H，et al. Characterisation of carbon nano-onions using Raman spectroscopy [J]. Chemical Physics Letters，2003，V373：52-56.

[26] Hogan H. Nano-Raman images on the nanoscale with a light touch [J]. Photonics Spectra，2006，V40：128-129.

[27] Khan I，Cunningham D，Littleford R E，et al. From micro to nano：Analysis of surface-enhanced resonance Raman spectroscopy active sites via multiscale correlations [J]. Analytical Chemistry，2006，V78：224-230.

[28] Wang X M，Xu B S，Liu X G，et al. The Raman spectrum of nano-structured onion-like fullerenes [J]. Physica B-Condensed Matter，2005，V357：277-281.

[29] Niu Z Q，Fang Y. A new surface-enhanced Raman scattering system for C60 fullerene：Silver nano-particles/C60/silver film [J]. Vibrational Spectroscopy，2007，V43：415-419.

[30] Hong L V，Le N T H，Thuan N C，et al. Observation of the phase formation in TiO_2 nano thin film by Raman scattering [J]. Journal of Raman Spectroscopy，2005，V36：946-949.

[31] Wu D，Fang Y. Surface-enhanced Raman scattering of a series of n-hydroxybenzoic acids (n = P，M and O) on the silver nano-particles [J]. Spectrochimica Acta Part a-Molecular and Biomolecular Spectroscopy，2004，V60：1845-1852.

[32] Ding S，Liu J Q，Liu Y L. Enhanced Raman scattering from nano-SnO_2 grains [J]. Chinese Physics，2004，V13：1854-1856.

[33] Choi S，Park K H，Lee S，et al. Raman spectra of nano-structured carbon films synthesized using ammonia-containing feed gas [J]. Journal of Applied Physics，2002，V92：4007-4011.

[34] Wadayama T，Oishi M. Surface-enhanced Raman spectral study of Au nano-particles/alkanethiol self-assembled monolayers/Au (111) hetero structures [J]. Surface Science，2006，V600：4352-4356.

[35] Kawata S，Verma P. Optical nano-imaging of materials：Peeping through tip-enhanced Raman scattering [J]. Chimia，2006，V60：770-776.

[36] Bishop D W，Thomas P S，Ray A S. Micro Raman characterization of nickel sulfide inclusions in toughened glass [J]. Materials Research Bulletin，2000，V35：1123-1128.

[37] Dharmaraj N，Prabu P，Nagarajan S，et al. Synthesis of nickel oxide nanoparticles using nickel acetate and poly (vinyl acetate) precursor [J]. Materials Science and Engineering B-Solid State Materials for Advanced Technology，2006，V128：111-114.

[38] 宋晓胜. Ni_3S_2 纳米结构的设计及储锂/钠性能的研究 [D]. 北京：中国地质大学，2018.

[39] Guan X, Liu X, Xu B, et al. Carbon wrapped Ni₃S₂ nanocrystals anchored on graphene sheets as anode materials for Lithium-ion battery and the study on their capacity evolution [J]. Nanomaterials (Basel), 2018, 8 (10): 760.

[40] Zhang Y H, Guo L, He L, et al. Controlled synthesis of high-quality nickel sulfide chain-like tubes and echinus-like nanostructures by a solution chemical route [J]. Nanotechnology, 2007, 18 (48): 485609.

[41] Zhao B, Fan B, Shao G, et al. Facile synthesis of novel heterostructure based on SnO₂ nanorods grown on submicron Ni walnut with tunable electromagnetic wave absorption capabilities [J]. ACS Applied Materials & Interfaces, 2015, 7 (33): 18815-18823.

[42] Wang Y, Niu Y, Li C M. The effect of the morphologies of Ni₃S₂ anodes on the performance of Lithium-Ion batteries [J]. ChemistrySelect, 2017, 2 (16): 4445-4451.

[43] Zhang L, Huang Y, Zhang Y, et al. Flexible electrospun carbon nanofiber @ NiS core/sheath hybrid membranes as binder-free anodes for highly reversible Lithium storage [J]. Advanced Materials Interfaces, 2016, 3 (2): 1500467.

[44] Yu H, Zhang B, Bulin C, et al. High-efficient synthesis of graphene oxide based on improved hummers method [J]. Scientific Reports, 2016, 6: 36143.

[45] Chen J, Yao B, Li C, et al. An improved hummers method for eco-friendly synthesis of graphene oxide [J]. Carbon, 2013, 64: 225-229.

[46] Li Z, Li B, Liao C, et al. One-pot construction of 3-D graphene nanosheets/Ni₃S₂ nanoparticles composite for high-performance supercapacitors [J]. Electrochimica Acta, 2017, 253: 344-356.

[47] Dong Q, Zhang Y, Dai Z, et al. Graphene as an intermediary for enhancing the electron transfer rate: A free-standing Ni₃S₂@graphene@Co₉S₈ electrocatalytic electrode for oxygen evolution reaction [J]. Nano Research, 2018, 11 (3): 1389-1398.

[48] Zhou W, Zheng J L, Yue Y-H, et al. Highly stable rGO-wrapped Ni₃S₂ nanobowls: Structure fabrication and superior long-life electrochemical performance in LIBs [J]. Nano Energy, 2015, 11: 428-435.

[49] Zhang Z, Zhao C, Min S, et al. A facile one-step route to RGO/Ni₃S₂ for high-performance supercapacitors [J]. Electrochimica Acta, 2014, 144: 100-110.

[50] Rozada R, Paredes J I, Villar-Rodil S, et al. Towards full repair of defects in reduced graphene oxide films by two-step graphitization [J]. Nano Research, 2013, 6 (3): 216-233.

[51] Yu P, Wang L, Wang J, et al. Graphene-like nanocomposites anchored by Ni₃S₂ slices for Li-ion storage [J]. RSC Advances, 2016, 6 (53): 48083-48088.

[52] Yan S X, Luo S H, Feng J, et al. Rational design of flower-like FeCo₂S₄/reduced graphene oxide films: Novel binder-free electrodes with ultra-high conductivity flexible substrate for high-performance all-solid-state pseudocapacitor [J]. Chemical Engineering Journal, 2020, 381: 122695.

[53] Song X, Li X, Bai Z, et al. Rationally-designed configuration of directly-coated Ni₃S₂/Ni

electrode by RGO providing superior sodium storage [J]. Carbon，2018，133：14-22.

[54]　Zhu J，Li Y，Kang S，et al. One-step synthesis of Ni_3S_2 nanoparticles wrapped with in situ generated nitrogen-self-doped graphene sheets with highly improved electrochemical properties in Li-ion batteries [J]. Journal of Materials Chemistry A，2014，2（9）：3142-3147.

第4章

Cu₂S和CuS的合成、改性及电化学性能研究

4.1 Cu₂S 的合成、改性及电化学性能研究

4.1.1 引言

随着锂离子电池负极材料的发展，商业化石墨基负极材料的容量被提升至大约 $330mAh \cdot g^{-1}$，已经非常接近其理论容量（$372mAh \cdot g^{-1}$），因此，石墨基材料的提升空间不大，这就使研究方向集中到那些具有更大理论容量的材料中。过渡族金属硫化物（TMSs）就是其中一种，它具有较高的理论容量、低廉的成本、合适的放电平台及安全环保等优点，使其在电化学储能领域中被广泛研究与开发。其中，硫化亚铜由于独特的物理性能、平坦的充放电平台、环境友好以及较高的安全系数被认为是一种具有发展前景的储能材料。但是作为过渡族金属硫化物一部分，硫化亚铜也具有较低的电导率和在充放电过程中严重的体积膨胀效应，使其在电化学循环过程中出现严重的容量衰减，这限制了硫化亚铜在储能方面的实际应用。因此，需要寻找合适的改性方法去解决硫化亚铜导电性差和体积膨胀的问题。研究表明，材料的纳米化、微结构和表面包覆处理能够一定程度上克服上述问题，并改善硫化亚铜的循环稳定性。

本节主要是通过低温前驱体硫化法和直接硫化法合成硫化亚铜负极材料，注重探究合成温度和表面活性剂等变量对硫化亚铜物相、微观形貌和电化学性能的影响。采用多巴胺为碳源，通过热处理对硫化亚铜进行碳包覆处理，并研究多巴胺含量对硫化亚铜负极材料电化学性能的影响规律。

4.1.2　不同温度对 Cu₂S 合成及电化学性能的影响

4.1.2.1　Cu₂S 材料的制备

本节实验所用到的原料有：铜源为二水合氯化铜（$CuCl_2 \cdot 2H_2O$），表面活性剂为聚乙烯吡咯烷酮（PVP K30）、十六烷基三甲基溴化胺（CTAB）和十二烷基苯磺酸钠（$C_{18}H_{29}NaO_3S$），还原剂为水合肼（80%），硫源为硫脲（CH_4N_2S）和硫代乙酰胺（C_2H_5NS）。溶剂为乙二醇$[(CH_2OH)_2]$。

前驱体硫化法实验主要分为两部分：第一部分 $CuCl_2 \cdot 2H_2O$ 被还原成铜单质前驱体，第二部分是硫脲高温分解成硫化氢气体与 Cu 单质反应生成硫化亚铜。如图 4.1 所示，为低温前驱体硫化法的实验过程示意图。

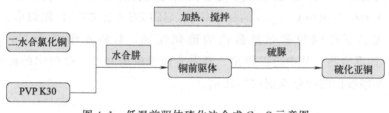

图 4.1　低温前驱体硫化法合成 Cu₂S 示意图

水合肼/乙二醇溶液的配制：将 20mL 的水合肼（80%）使用 30mL 的乙二醇进行稀释。首先使用量筒量取 20mL 的水合肼（80%），然后加入乙二醇，由于在稀释的过程中会有大量的小气泡和热量产生，因此，应该缓慢地加入乙二醇，待气泡消失后，加入到 50mL 刻度线处，完成水合肼/乙二醇溶液的配置。

低温前驱体硫化法实验具体方案：称取 3mmol 的二水合氯化铜（$CuCl_2 \cdot 2H_2O$）和 2g 聚乙烯吡咯烷酮（PVP K30）加入到 250mL 的三口烧瓶中。加入 100mL 的乙二醇溶剂和磁力搅拌子，随后将三口烧瓶放到磁力搅拌器上搅拌 30min，使二水合氯化铜和 PVP K30 完全溶解，然后开始加热，将温度设置为 160℃。当温度升到 160℃时，将 25mL 的水合肼/乙二醇溶液通过恒压分液漏斗滴加到体系中，滴加速率为 1mL/min，反应 2h。然后使用恒压分液漏斗将 24mL 硫脲（0.25mol/L）滴加到反应体系中，滴加速率也是 1mL/min，硫化 2h，停止加热，持续搅拌冷却至室温。最后通过高速离心机离心，使用去离子水洗涤三次，放入到 60℃恒温干燥箱中干燥 8h 得到 Cu₂S 纳米材料。

在此实验基础上，为了探究不同温度对硫化亚铜物相、形貌及电化学性能的影响，并考虑到乙二醇溶剂的沸点为 197℃，实验过程设置三个反应体系温度，分别为低温（120℃）、中温（160℃）和高温（190℃）来合成硫化亚铜纳米材料。

4.1.2.2　不同温度下 Cu$_2$S 物相分析

如图 4.2 所示，对于低温（120℃）下合成的硫化亚铜样品的 XRD 图，其峰位与图中 Cu$_2$S 标准峰位（JCPDS♯83-1462）相对应，且没有其他的杂峰出现，衍射峰强度高，说明低温（120℃）下合成的硫化亚铜材料纯度高、结晶度好。对于中温（160℃）和高温（190℃）下合成的硫化亚铜材料的 XRD 图，可以看出物相由两种不同的硫化亚铜混合而成，它们的各个峰位相似，主峰位都与 Cu$_{7.2}$S$_4$ 标准峰位（JCPDS♯72-1966）相对应，且峰比较尖锐，说明结晶度良好。但是在 XRD 图中还有些相对较弱的小峰，通过分析其峰位分布，结果峰位与图中 Cu$_{1.96}$S 的标准峰位（JCPDS♯29-0578）相对应。因此，在中、高温下得到的是非整数比的硫化亚铜，且物相组成为 Cu$_{7.2}$S$_4$ 与 Cu$_{1.96}$S 的混合物。从中可以得出，随着合成温度的升高，整数比的硫化亚铜材料向非整数比的硫化亚铜材料转化。

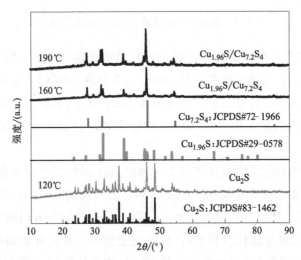

图 4.2　不同温度下合成的硫化亚铜样品的 XRD 图

4.1.2.3　不同温度下 Cu$_2$S 形貌分析

如图 4.3 所示，（a）、（b）为低温（120℃）下合成的硫化亚铜材料的

SEM 图。从高倍率图 4.3（a）中可以看到其微观形貌为块状，并且块状结构表面有很多类似层状的直线条纹；在低倍率图（b）中可以看到，有少许的纳米片分布在块状结构中，并出现一定程度团聚现象。（c）和（d）是中温（160℃）下合成的硫化亚铜材料的 SEM 图。从高倍率图（c）中可以看到，实验产物主要为纳米片形貌，且纳米片之间相互交叉在一起；从低倍率图（d）中可以更完整地看到，相互交叉的硫化亚铜纳米片组成一个个相互独立的团状结构，团聚现象不严重。（e）和（f）是高温（190℃）下合成的硫化亚铜材料

(a) 120℃ 高倍率　　　　　　　　(b) 120℃ 低倍率

(c) 160℃ 高倍率　　　　　　　　(d) 160℃ 低倍率

(e) 190℃ 高倍率　　　　　　　　(f) 190℃ 低倍率

图 4.3　不同温度下合成的硫化亚铜材料的 SEM 图

的 SEM 图。从高倍率图（e）中可以看到尺寸在 100～200nm 的颗粒团聚在一起，在颗粒中间含有少许的纳米片结构；从低倍率图（f）中更清晰地看到纳米颗粒严重团聚在一起。

4.1.2.4 不同温度下 Cu$_2$S 电化学性能分析

不同温度下合成硫化亚铜材料的充放电曲线是在 $0.1A \cdot g^{-1}$ 的电流密度下进行测试的，如图 4.4 所示。图 4.4（a）为不同温度下合成的硫化亚铜首次充放电对比图。从图中可以看出，第一次放电时出现了两个平台，分别是在 2.05V 和 1.5V。在 2.05V 处的平台可能是由于样品中含有少量的 CuS（CuS 的理论容量为 $560mAh \cdot g^{-1}$，因此造成首次放电容量比较高）。CuS 的反应机理分为两步，如下式

$$CuS + Li \longrightarrow 0.5Cu_2S + 0.5Li_2S$$
$$0.5Cu_2S + Li \longrightarrow Cu + 0.5Li_2S$$

随着上述反应的进行，电极中少许的 CuS 逐渐转化为 Cu$_2$S，这个过程称之为"电化学活化过程"。而在 1.5V 处的电压平台主要是和 Li$_2$S 的形成有

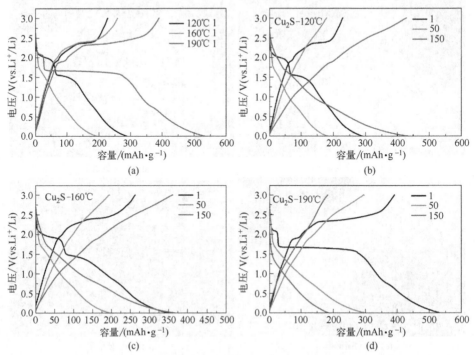

图 4.4　不同温度下合成的硫化亚铜材料的充放电图

关，在随后的循环中将会消失。

图 4.4（a）为不同温度下合成的硫化亚铜首次充放电对比图，可以看出高温（190℃）下合成的硫化亚铜的首次放电容量最高，其次为低温（120℃）下合成的硫化亚铜，而中温（160℃）下合成的硫化亚铜首次放电容量最低。从图中也可以计算出它们的首次库仑效率分别为 78.71％、75.19％ 和 73.17％，三种样品的首次库仑效率相差不大，且都比较低。这可能与 SEI 膜的形成和电解质的分解有关。

图 4.4（b）～（d）分别为不同温度下第 1 次、第 50 次和第 150 次的充放电曲线。从中可以看出首次放电容量为 421.9mAh·g⁻¹、349.8mAh·g⁻¹ 和 533.2mAh·g⁻¹，第 50 次放电容量分别为 202.3mAh·g⁻¹、198.1mAh·g⁻¹ 和 304.4mAh·g⁻¹，经过 150 次循环后容量分别为 501.6mAh·g⁻¹、365.8mAh·g⁻¹ 和 186.5mAh·g⁻¹。综上所述，三种样品的首次库仑效率很接近，但在随后的循环中容量的衰减是各不相同的，根据第 1 次、第 50 次和第 150 次的放电容量关系，大致推测出 1 和 2 号样品的放电容量先减后增，3 号样品的放电容量则持续降低。

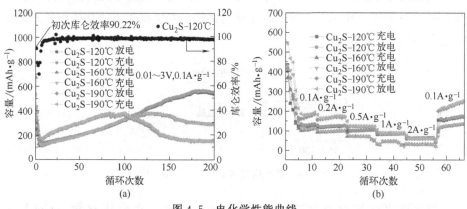

图 4.5 电化学性能曲线

图 4.5（a）是不同温度下合成的硫化亚铜材料在 0.1A·g⁻¹ 电流密度下，前 200 次电化学循环性能对比图。从图中可以看出，在前十次，三种样品的放电容量降低得都很快，容量下降到大约 120mAh·g⁻¹，原因主要与锂离子参与太多的副反应以及 SEI 膜的分解有关，这类现象在基于转换反应的电极中广泛存在。在随后的循环中，电池容量缓慢上升，这可能是由于在循环过程中锂离子的扩散被逐渐激活。从图中可以看出在 100 次循环前，高温下合成的硫化亚铜材料具有更高的容量，而在随后的循环中，高温下合成的硫化亚铜

容量开始递减，低温下合成的硫化亚铜容量持续上升。在 200 次循环后，三种样品的循环容量分别是 550.2mAh·g^{-1}、292.3mAh·g^{-1} 和 157.9mAh·g^{-1}。

图 4.5（b）中为三种样品在 0.1A·g^{-1}、0.2A·g^{-1}、0.5A·g^{-1}、1A·g^{-1}、2A·g^{-1} 和 0.1A·g^{-1} 的电流密度下的倍率性能图。低温下的硫化亚铜的容量分别为 134.9mAh·g^{-1}、120.8mAh·g^{-1}、100.8mAh·g^{-1}、83.5mAh·g^{-1}、64.3mAh·g^{-1} 和 162.2mAh·g^{-1}，中温下的硫化亚铜的容量分别为 116.8mAh·g^{-1}、96.0mAh·g^{-1}、72.7mAh·g^{-1}、46.8mAh·g^{-1}、31.6mAh·g^{-1} 和 127.1mAh·g^{-1}，高温下的硫化亚铜的容量分别为 187.0mAh·g^{-1}、165.5mAh·g^{-1}、124.3mAh·g^{-1}、89.3mAh·g^{-1}、61.6mAh·g^{-1} 和 218.3mAh·g^{-1}。

4.1.3 不同表面活性剂对 Cu$_2$S 合成及电化学性能的影响

4.1.3.1 Cu$_2$S 材料的制备

直接硫化法实验比低温前驱体硫化法要更简便，省去了还原的部分，直接加入硫源与铜源进行反应，得到硫化亚铜材料。直接硫化法的具体实验方案如图 4.6 所示。

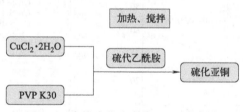

图 4.6 直接硫化法合成 Cu$_2$S 示意图

直接硫化法实验具体方案：称取 3mmol 的二水合氯化铜（CuCl$_2$·2H$_2$O）和 2g 聚乙烯吡咯烷酮（PVP K30）加入到 250mL 的三口烧瓶中，然后加入 100mL 的乙二醇溶剂和磁力搅拌子，随后将三口烧瓶放到磁力搅拌器上搅拌 30min，使二水合氯化铜和 PVP K30 完全溶解，然后开始加热，将温度设置为 160℃。当温度升到 160℃ 时，使用恒压分液漏斗将 20mL 硫脲（0.15mol/L）滴加到反应体系中，滴加速率为 1mL/min，硫化反应 2h，停止加热，持续搅拌冷却至室温。最后通过高速离心机离心，使用去离子水洗涤三次，放入到 60℃ 恒温干燥箱中干燥 8h 得到 Cu$_2$S 纳米材料。

在此实验基础上，通过使用不同的表面活性剂（分别为 PVP K30、CTAB 和 SDBS），在 160℃的温度下合成硫化亚铜材料，并讨论不同的表面活性剂对硫化亚铜材料的物相、微观形貌和电化学性能的影响。

4.1.3.2　不同表面活性剂下 Cu₂S 物相分析

如图 4.7 所示，从上到下所使用的表面活性剂依次为 SDBS、CTAB 和 PVP K30，三种硫化亚铜样品主峰都与 $Cu_{7.2}S_4$ 标准卡片（JCPDS♯24-0061）上的峰位相对应。其中，表面活性剂为 PVP K30 的样品没有其他杂质峰出现，且峰比较尖锐，说明产物的结晶度比较高。而对于表面活性剂为 CTAB 和 SDBS 的样品的 XRD 图，在大约 29°和 42°有小的杂质峰，通过分析对其峰位进行匹配，得出了这两个小的杂质峰与 $Cu_{1.96}S$ 标准卡片（JCPDS♯26-0476）上的峰位相匹配，但主峰强且尖锐，说明结晶度高。

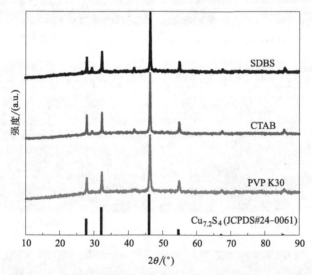

图 4.7　不同表面活性剂下合成的硫化亚铜样品的 XRD 图

4.1.3.3　不同表面活性剂下 Cu₂S 形貌分析

如图 4.8 所示，图 4.8（a）和（b）是 PVP K30 作为表面活性剂合成的硫化亚铜材料的 SEM 图。从图中可以看出，硫化亚铜为纳米片状，片与片相互交叉形成团状形貌，团状物的大小在 2～3μm，且相互独立。

图 4.8（c）和（d）是 CTAB 作为表面活性剂合成的硫化亚铜材料的

SEM 图。从图中可以看出，硫化亚铜有两种微观形貌：一种是纳米片，一种是 200～300nm 的小颗粒。纳米片与颗粒分布在一起，相互不独立，在低倍率电镜下，更能清楚地看到纳米片与小颗粒之间的分布情况。

图 4.8（e）和（f）是 SDBS 作为表面活性剂合成的硫化亚铜材料的 SEM 图。从图中可以看出，硫化亚铜材料的微观形貌为尺寸在 200～300nm 的纳米颗粒，这些纳米颗粒大小均匀，但团聚现象严重。

(a) PVP K30   (b) PVP K30

(c) CTAB   (d) CTAB

(e) SDBS   (f) SDBS

图 4.8　不同表面活性剂下合成的硫化亚铜的 SEM 图

4.1.3.4　不同表面活性剂下 Cu_2S 电化学性能分析

图 4.9 是不同表面活性剂下合成的硫化亚铜材料的充放电曲线图。图 4.9（a）为三种不同的表面活性剂合成的硫化亚铜样品第一次充放电曲线对比图，可以看出表面活性剂为 PVP K30 时合成的硫化亚铜首次放电容量最高，片状形貌有利于活性物质的充分利用。在首次放电过程中出现两个平台，分别为 2.05V 和 1.7V，如前所述，2.05V 出现的放电平台与合成产物中有少许的硫化铜有关。在首次充电过程中，出现了一个较高的平台（2.3V），该平台与硫化锂的形成有关，在随后的充放电曲线中，该平台消失不见。

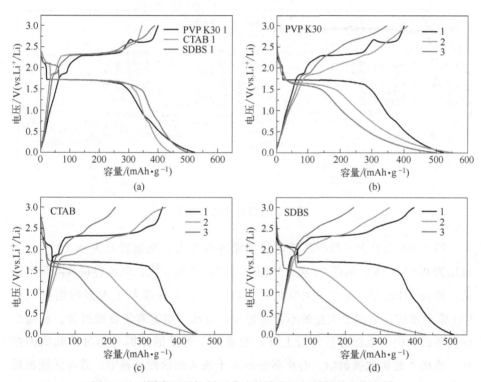

图 4.9　不同表面活性剂下合成的硫化亚铜材料的充放电图

图 4.9（b）～（d）分别为不同表面活性剂下合成的硫化亚铜样品的第 1 次、第 2 次和第 3 次充放电曲线图。对于不同表面活性剂下合成的硫化亚铜材料的首次库仑效率从图中可以计算得出，分别为 76.1%、77.7% 和 77.5%，首次库仑效率比较低，这可能与 SEI 膜的形成和电解质的分解有关。第二次库仑效率分别为 74.3%、79.6% 和 75.5%，第三次库仑效率分别为 69.1%、

56.6％和 59.9％。从前三次的库仑效率中可以看出，硫化亚铜衰减得比较快，不可逆容量较多，说明硫化亚铜材料的可逆性比较差。从图中还可以得到，三种样品的首次放电容量分别为 524.2mAh・g^{-1}、452.2mAh・g^{-1} 和 510.7mAh・g^{-1}，第二次的放电容量分别是 552.3mAh・g^{-1}、452.3mAh・g^{-1} 和 432.1mAh・g^{-1}，第三次的放电容量分别为 498.4mAh・g^{-1}、380.9mAh・g^{-1} 和 372.9mAh・g^{-1}。从三组放电容量可以看出放电容量减少得比较慢，而从图中可以看到充电容量下降的速率要明显高于放电容量下降的速率，这说明锂离子嵌入量要大于脱出量，原因可能是锂离子在负极发生了太多的副反应，且大多数副反应是不可逆的，因此，锂离子在副反应中被消耗，造成了容量的损失。

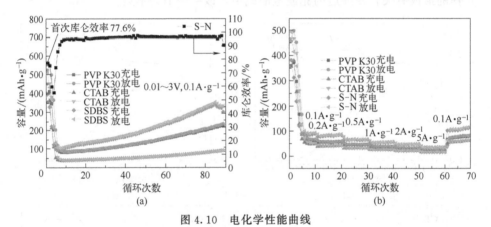

图 4.10　电化学性能曲线

图 4.10（a）为三种样品的电化学循环性能图，电流密度为 0.1A・g^{-1}，电压为 0.01～3V，循环 90 次。从图中看出，在前 5 次，电池容量就降到了最低，约为 110mAh・g^{-1}，主要是因为锂离子在负极参与了太多的副反应和 SEI 膜的形成，造成了大量的不可逆容量，造成了电池容量衰减过快。在随后的循环过程中，电池容量缓慢上升，造成这一现象的原因为通过前几次的循环，锂离子的扩散被激活，有更多的锂离子嵌入到活性材料中，并与活性物质发生可逆反应。从图中看出表面活性剂为 SDBS 的硫化亚铜材料有着更好的循环性能，而表面活性剂为 CTAB 的硫化亚铜材料的循环性能最差。在循环 90 次后，三种样品的充/放电容量分别为 227.5mAh・g^{-1} 和 235.8mAh・g^{-1}、91.7mAh・g^{-1} 和 93.5mAh・g^{-1} 以及 299.5mAh・g^{-1}、331.1mAh・g^{-1}。也可以得出 90 次的库仑效率，分别为 96.4％、98.1％和 90.5％。图 4.10（b）中为三种样品在 0.1A・g^{-1}、0.2A・g^{-1}、0.5A・g^{-1}、1A・g^{-1}、2A・g^{-1}、

$5A \cdot g^{-1}$ 和 $0.1A \cdot g^{-1}$ 的电流密度下的电化学倍率性能图。表面活性剂为 PVP K30 的硫化亚铜材料的放电容量分别为 $91.4mAh \cdot g^{-1}$、$57.9mAh \cdot g^{-1}$、$47.3mAh \cdot g^{-1}$、$38mAh \cdot g^{-1}$、$31.1mAh \cdot g^{-1}$、$23.6mAh \cdot g^{-1}$ 和 $78.6mAh \cdot g^{-1}$，表面活性剂为 CTAB 的硫化亚铜材料的放电容量分别为 $71.1mAh \cdot g^{-1}$、$41.7mAh \cdot g^{-1}$、$32.6mAh \cdot g^{-1}$、$27.0mAh \cdot g^{-1}$、$22.2mAh \cdot g^{-1}$、$16.7mAh \cdot g^{-1}$ 和 $59.4mAh \cdot g^{-1}$，表面活性剂为 SDBS 的硫化亚铜材料的放电容量分别为 $100.9mAh \cdot g^{-1}$、$84.7mAh \cdot g^{-1}$、$67.4mAh \cdot g^{-1}$、$54.4mAh \cdot g^{-1}$、$46.1mAh \cdot g^{-1}$、$34.7mAh \cdot g^{-1}$ 和 $108.6mAh \cdot g^{-1}$。虽然这三个样品的容量比较低，但通过倍率分析，其可逆性良好，尤其是表面活性剂为 SDBS 的硫化亚铜材料。

4.1.4　Cu₂S 的改性及电化学性能研究

4.1.4.1　Cu₂S 材料制备及碳包覆处理

采用低温前驱体硫化法合成硫化亚铜材料，实验药品为 $CuCl_2 \cdot 2H_2O$、PVP K30、水合肼、硫脲。还原 2h，硫化 2.5h，然后离心、洗涤三次，干燥 8 h 得到硫化亚铜材料。本节采用多巴胺作为碳源，对硫化亚铜材料进行碳包覆处理。具体步骤如下：

步骤一：调制 10mmol/L 缓冲溶剂（200mL），滴加 5～6 滴 1mol/L 盐酸将 pH 调节至 8～9。

步骤二：分别加入 0.16g 硫化亚铜样品，超声 1h。

步骤三：分别加入质量为硫化亚铜样品 0.5、1、1.5 倍的多巴胺，搅拌 5～6h。

步骤四：抽滤、洗涤后放入干燥箱中干燥 12h。

步骤五：将四个样品放入管式炉中，在氩气保护气氛下，500℃保温 2.5h 后备用。

为了方便书写，将不添加多巴胺的对比样品编号为 1 号样品，0.5 倍的多巴胺得到的样品编号为 2 号样品，1 倍多巴胺得到的样品编号为 3 号样品，1.5 倍的多巴胺得到的样品编号为 4 号样品。

4.1.4.2　Cu₂S 及碳包覆处理的物相分析

图 4.11 是不同多巴胺含量的硫化亚铜材料的 XRD 图，从图中可以看出，

初始样品的物相组成为 $Cu_{1.96}S$ 与 Cu_2S，这与标准卡片中的峰位相对应（$Cu_{1.96}S$：JCPDS♯29-0578 和 Cu_2S：JCPDS♯83-1462），其中 $Cu_{1.96}S$ 的峰强比 Cu_2S 的峰强更加尖锐，说明 $Cu_{1.96}S$ 的结晶度比较高。除了 $Cu_{1.96}S$ 和 Cu_2S 相的峰，没有发现其他杂峰，说明样品的纯度较高。第 2、3、4 号样品的峰位与初始样品的峰位相一致，只有大约在 46°和 47°的峰的相对强度发生了比较明显的变化。这可能是包碳的缘故。在图中没有出现碳的峰，这是因为多巴胺在煅烧后只形成无定形碳。

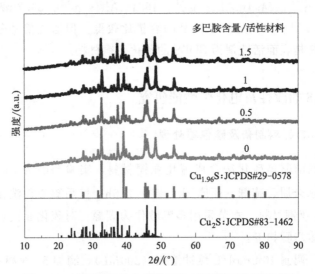

图 4.11 不同多巴胺含量的硫化亚铜材料的 XRD 图

4.1.4.3 Cu_2S 及碳包覆处理的形貌分析

通过使用扫描电镜对四种样品进行微观形貌分析，如图 4.12 所示。图 4.12（a）为 1 号样品的扫描电镜图，形貌为颗粒状，颗粒大小很不均一，尺寸在 100~300nm 之间。图 4.12（b）~（d）分别为 2 号、3 号和 4 号样品的扫描电镜图，形貌与 1 号样品的形貌差不多，都为颗粒状，且相互独立。但不同的是，颗粒经过煅烧后，表面变得比较光滑并有透明状物质存在，颗粒与颗粒之间由原先相互独立的形貌变得紧密团聚。

4.1.4.4 Cu_2S 及碳包覆处理的电化学性能分析

图 4.13（a）和（b）为 1 号和 4 号样品的 CV 曲线，扫描速率为 $0.1mV \cdot s^{-1}$。

(a)　　　　　　　　　　　　　(b)

(c)　　　　　　　　　　　　　(d)

图 4.12　不同多巴胺含量的硫化亚铜材料的 SEM 图

从图中可以看出，在第一次扫描期间都含有两个还原峰与两个氧化峰：还原峰都在 0.8V 和 1.5V 附近，其中 1.5V 对应硫化亚铜与锂离子反应生成铜和硫化锂；两个氧化峰分别在 1.9V 和 2.4V 附近，对应于硫化亚铜的生成。

图 4.13（c）和（d）分别为不同多巴胺含量的硫化亚铜材料首次 CV 曲线和首次充放电曲线，对比两图可以看出，充放电平台与氧化还原峰电位保持一致。图 4.13（d）中还可以得出各个样品的首次充放电容量，分别为 390.5mAh·g⁻¹ 和 515mAh·g⁻¹、429.0mAh·g⁻¹ 和 640.4mAh·g⁻¹、445mAh·g⁻¹ 和 612mAh·g⁻¹、507.4mAh·g⁻¹ 和 695.4mAh·g⁻¹。从上述数据中，可以看到 4 号样品的性能最好，其次为 3 号、2 号和 1 号样品，说明碳层改善了材料的首次充放电性能，且含碳量最高的样品改善最明显。从图中还可以计算出各个样品的首次库仑效率，分别为 75.8%、67%、72.7% 和 73%，碳包覆并没有改善材料的首次库仑效率。这是因为碳材料只是改善了材料的电导率，可以使更多的锂离子在电池负极发生反应，但由于碳层并不能有效地阻止锂离子参与副反应，因此，碳材料几乎不会对首次库仑效率产生影响。

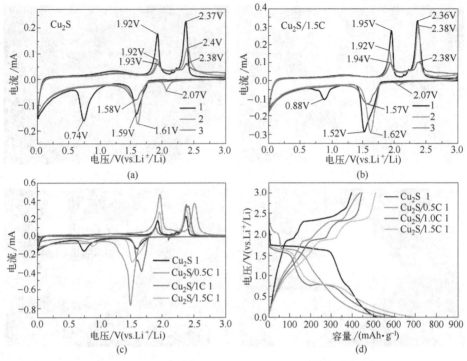

图 4.13 不同多巴胺含量的硫化亚铜材料的电化学性能

图 4.14 为 2 号、3 号、4 号样品与 1 号样品的电化学性能图。图 4.14 （a）为电化学循环性能对比图，电流密度为 0.1A·g^{-1}，电压为 0.01～3V，120次循环，从图中可以看出前 5 次，容量就降低到最低点，这是由于电池刚开始循环，锂离子在负极发生了太多的副反应，造成电池容量急速下降。在随后的循环中，容量逐渐上升。这是由于锂离子的扩散被激活，导致更多的锂离子嵌入到负电极中，与活性物质发生可逆反应。4 号样品的循环容量最好，2 号次之，这 3 个包碳的样品的循环性能都比初始样品要好，说明碳包覆改善了硫化亚铜的电化学性能。120 次循环后，四种样品的放电容量依次为 534.2mAh·g^{-1}、640.6mAh·g^{-1}、678.4mAh·g^{-1} 和 823.3mAh·g^{-1}，4 号样品的容量还有上升的趋势，但 1 号样品开始下降。

图 4.14 （b）是 2 号、3 号、4 号样品与 1 号样品电化学倍率性能的对比图，探究在电流密度依次为 0.1A·g^{-1}、0.2A·g^{-1}、0.5A·g^{-1}、1A·g^{-1}、2A·g^{-1} 和 0.1A·g^{-1} 下四种样品的电化学倍率性能。1 号样品在不同电流密度下的可逆容量分别为 150.3mAh·g^{-1}、122.1mAh·g^{-1}、99.2mAh·g^{-1}、

73.9mAh·g^{-1}、51.1mAh·g^{-1} 和 161.4mAh·g^{-1}，2 号样品在不同电流密度下的可逆容量分别为 331.1mAh·g^{-1}、243.4mAh·g^{-1}、215.8mAh·g^{-1}、192.8mAh·g^{-1}、159.3mAh·g^{-1} 和 337.1mAh·g^{-1}，3 号样品在不同电流密度下的可逆容量分别为 243.7mAh·g^{-1}、184.2mAh·g^{-1}、130.3mAh·g^{-1}、91.0mAh·g^{-1}、48.3mAh·g^{-1} 和 300.4mAh·g^{-1}，4 号样品在不同电流密度下的可逆容量分别为 398mAh·g^{-1}、296mAh·g^{-1}、245.4mAh·g^{-1}、198.9mAh·g^{-1}、154.3mAh·g^{-1} 和 401.8mAh·g^{-1}。从图中可以明显地看出 4 号样品的倍率性能最好，2 号次之，且都比 1 号样品要好，这说明碳包覆可以改善硫化亚铜材料的倍率性能，且含碳量最高的 4 号样品最好。

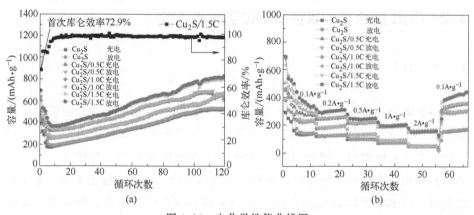

图 4.14　电化学性能曲线图

4.1.5　小结

本节主要采用低温前驱体硫化法对硫化亚铜进行合成。通过控制温度、表面活性剂的种类等变量对硫化亚铜的物相组成、形貌及电化学性能进行探究。选择多巴胺作为碳源对硫化亚铜进行碳包覆处理，研究碳含量对硫化亚铜物相、微观形貌和电化学性能的影响。主要得出以下结论：

① 在不同温度下合成的硫化亚铜材料，物相会随温度的升高而发生变化，主要是整数比硫化亚铜向非整数比转化，材料的形貌也会发生改变，在中温下得到了比较好的纳米片形貌。

② 不同的表面活性剂会影响产物的形貌，PVP K30 为纳米片状，CTAB

为纳米片加颗粒状，而 SDBS 为颗粒状。表面活性剂为 SDBS 的样品电化学性能最好，与它均一的颗粒形貌有关。

③ 对于不同碳含量的硫化亚铜材料，多巴胺含量为 0.24g 的样品（4 号样品）电化学性能最好。电化学数据显示：4 号样品在电流密度为 $0.1A \cdot g^{-1}$ 下的可逆容量为 $823.3mAh \cdot g^{-1}$，而纯相硫化亚铜的可逆容量为 $534.2mAh \cdot g^{-1}$。在不同电流密度 $0.1A \cdot g^{-1}$、$0.2A \cdot g^{-1}$、$0.5A \cdot g^{-1}$、$1A \cdot g^{-1}$、$2A \cdot g^{-1}$ 和 $0.1A \cdot g^{-1}$ 下，4 号样品的可逆容量分别为 $398.0mAh \cdot g^{-1}$、$296.0mAh \cdot g^{-1}$、$245.4mAh \cdot g^{-1}$、$198.9mAh \cdot g^{-1}$、$154.3mAh \cdot g^{-1}$ 和 $401.8mAh \cdot g^{-1}$。与纯相硫化亚铜样品相比表现出良好的电化学循环性能和倍率性能。

4.2 CuS 的合成、改性及电化学性能研究

4.2.1 引言

CuS 由于其较高的理论容量（$560mAh \cdot g^{-1}$）、丰富的来源、高的电子电导率（$10^3 \ S \cdot cm^{-1}$）、平坦的充放电平台以及安全无污染被认为是一种具有发展前景的阳极材料。但是 CuS 作为锂离子电池负极也有一些缺点，如巨大的体积变化和活性物质的损失，阻碍了其实际应用。这些问题主要与在重复充放电过程中多硫化物的 Li_2S_x（$2<x<8$）的形成与溶解有关。近年来，研究人员使用不同方法合成出各种形貌的 CuS 纳米材料，主要的形貌有纳米球、纳米线和纳米片等。由于纳米材料颗粒较小且空隙较多，可以用来缓冲体积的变化。研究表明，材料的纳米化、微结构和表面包覆处理不仅能够在一定程度上克服上述问题，而且可以提高材料的循环稳定性。

本节采用三种不同实验方案来合成不同形貌的 CuS 材料，并探究不同形貌对 CuS 电化学性能的影响。制备三维（网状）多孔碳材料，将其与 CuS 材料进行复合，探究三维多孔碳材料对 CuS 材料的电化学性能的影响。

4.2.2 CuS 的合成及电化学性能研究

4.2.2.1 不同实验方案制备 CuS 材料

方案一：采用直接硫化法，使用 3mmol 的二水合氯化铜（$CuCl_2 \cdot 2H_2O$）

与 1g PVP K30 混合后，加入到三口烧瓶中，然后加入乙二醇，放到磁力搅拌器中加热、搅拌，然后滴加 3mmol 的硫代硫酸钠，硫化 2h，冷却到室温，离心和去离子水洗涤 3 次，放到恒温干燥箱中干燥 12h 后备用。

　　方案二：将 3mmol 的二水合氯化铜（$CuCl_2 \cdot 2H_2O$）、1g PVP K30 和 3mmol 的硫代硫酸钠混合在 40mL 去离子水和 80mL 乙二醇中，搅拌 2h 后，将溶液放到三口烧瓶中，加热搅拌 2h 后，冷却至室温，离心、洗涤 3 次后，放入到恒温干燥箱中干燥 12h 后备用。

　　方案三：将 3mmol 的三水合硝酸铜 $[Cu(NO_3)_2 \cdot 3H_2O]$、1g PVP K30 和 6mmol 的硫脲混合在 100mL 的乙二醇溶液中，在磁力搅拌器上大力搅拌 2h，将混合溶液倒入到三口烧瓶中，加热、搅拌 2h 后，自然冷却到室温，然后离心、洗涤 3 次，放入到恒温干燥箱中干燥 12h 后备用。

4.2.2.2　三种 CuS 物相分析

　　如图 4.15 所示，三种不同的制备方案都成功地制备出 CuS 材料。1 号样品的衍射峰强度高，且峰较尖锐，说明所制备的 CuS 材料具有较高的结晶度，而 2 号和 3 号 CuS 样品的衍射峰强度小，峰比较宽，还有些峰的相对强度比较弱，说明所制备的 CuS 材料的结晶程度比较低。但三种样品的衍射峰都与 CuS 标准卡片（JCPDS＃78-2391）上的峰相对应。没有出现其他杂质峰，说明这三种合成方法得到的 CuS 材料具有比较高的纯度。

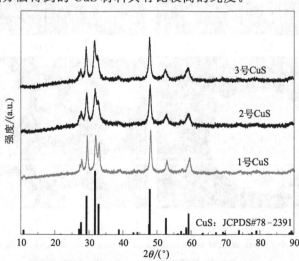

图 4.15　不同制备方法合成的 CuS 的 XRD 图

4.2.2.3 三种 CuS 形貌分析

如图 4.16 所示，(a) 和 (b) 为直接硫化法制得 CuS 材料的扫描电镜图，从图中可以看出，产物的形貌为颗粒状，颗粒的尺寸比较均一，尺寸在 100～200nm 之间，颗粒与颗粒之间团聚在一起，通过低倍率的图片 (b) 可以看到团聚不是很严重。图 4.16 (c) 和 (d) 的形貌比较独特，主要形貌为六边形

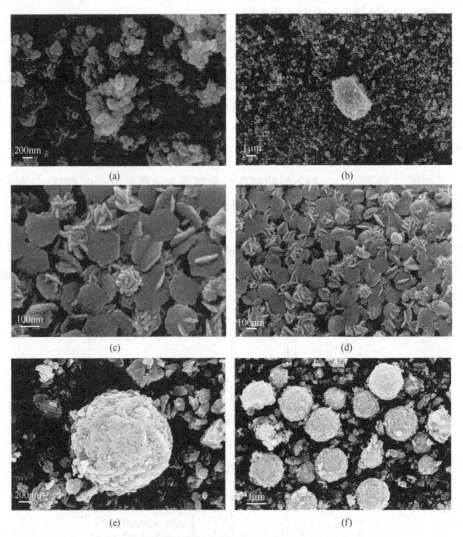

图 4.16　不同制备方法合成的 CuS 的 SEM 图：(a) 和 (b) 直接硫化法，
(c) 和 (d) 混合搅拌法，(e) 和 (f) 直接搅拌法

纳米片状，纳米片的形状和大小比较均匀，尺寸在 150nm 左右。在这些六边形纳米片中间，有一些纳米片组成的纳米花状的形貌，大小也比较均匀，尺寸在 100nm 左右。图 4.16（e）和（f）的形貌为球状，大小比较均匀，直径在 1～2μm 之间，通过高倍率图片（e）可以清晰地看出球是由颗粒与片交会组成的。在微球的周围有许多小的颗粒，尺寸不是很均一，在 100～300nm 之间。

4.2.2.4　三种 CuS 电化学性能分析

图 4.17 为不同制备方法合成的 CuS 的充放电曲线，从图中可以看出，在第一次放电曲线中有两个放电平台，分别是 2.0V 和 1.5V。2.0V 左右的放电平台对应着 CuS 的第一步放电反应，具体为 CuS 与锂离子反应，生成 Cu₂S 和 Li₂S。1.5V 左右的放电平台对应着 CuS 的第二步放电反应，具体为 Cu₂S 与锂离子反应，生成 Cu 和 Li₂S。在 2.3V 的平台对应着 Cu₂S 被氧化的过程。随着反应的进行，2.3V 的放电平台在第二次、第三次就消失了。在图中，比较容易地看到三种不同形貌的样品的初始放电容量，分别为 698.5mAh·g⁻¹、

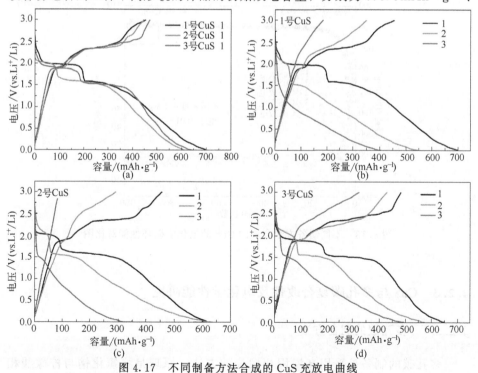

图 4.17　不同制备方法合成的 CuS 充放电曲线

621.7mAh・g^{-1} 和 655.7mAh・g^{-1}，它们的首次库仑效率分别为 64.8%、73.1%和73.2%。从图中可以看出 2 号样品在前三次的容量下降最快最多，可能是因为材料结晶度太差，活性物质结构在锂离子插入和脱插过程中体积变化较大，导致材料结构发生破坏。

图 4.18 为不同制备方法合成的 CuS 的电化学循环性能对比图，采用的电流密度为 0.1A・g^{-1}，电压为 0.01～3V。从图中可以看出，三个样品在前 10 次循环中，容量急剧下降，这是由于锂离子在负极发生了太多的副反应，造成了可逆容量的损失，在 10 次循环以后，CuS 材料的循环性能开始稳定，但容量已经损失太多。从这三个样品的电化学循环的对比可以看出，1 号样品的容量稍高于其他两个样品，这是由于其结晶度比较高，结构比较稳定。三个样品在 100 个循环后，放电容量分别为 109.9mAh・g^{-1}、54.5mAh・g^{-1} 和 97.62mAh・g^{-1}。相较于 CuS 的理论容量（560mAh・g^{-1}），这三种样品的容量保持率太低，因此，纯的 CuS 由于导电性差和体积变化较大导致可逆容量损失较多，形貌对 CuS 的电化学性能影响比较小。因此，需要寻找合适的改性方法去改善 CuS 的电化学性能。

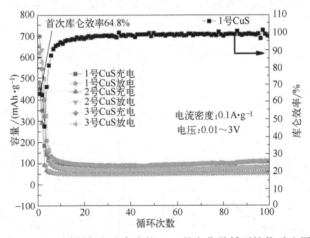

图 4.18 不同制备方法合成的 CuS 的电化学循环性能对比图

4.2.3 CuS 与多孔碳复合改性及电化学性能研究

4.2.3.1 多孔碳的制备方法

多孔碳的制备是采用高温固相煅烧的方法，原理是将氯化钠与柠檬酸相容，利用氯化钠的超高熔点和易溶于水的特性，使得在高温煅烧时，在柠檬酸碳化后，氯化钠依然保持不变，并在随后的清洗中，氯化钠也可以轻松地被洗掉。因此，实验简单易操作。其中，主要的实验药品有氯化钠（NaCl）和柠檬酸。具体的实验步骤如下：

称取 20.6g 的 NaCl 和 2.5g 的柠檬酸，再用量筒量取 75 mL 的去离子水，将称好的 NaCl 和柠檬酸加入到去离子水中，搅拌 10min，将溶液倒入培养皿中，并用保鲜膜封好，再将培养皿放入冰箱中冷冻 2 天。在这期间，需要将培养皿上的保鲜膜进行扎孔，为了使其更容易冻实。然后将冻好的培养皿放到真空冷冻干燥箱进行干燥，干燥 12h 后，将白色的粉末状样品刮下，放到坩埚中，对其进行高温煅烧，条件为：在氩气保护气氛下，升温至 600℃，升温速率 5℃/min，保温 2.5h。将得到的样品放入去离子水中进行搅拌，洗去里面的 NaCl 颗粒，然后通过使用抽滤机将去除 NaCl 的多孔碳滤出，将其放入 60℃恒温干燥箱中干燥 8h 得到多孔碳材料，备用。

如图 4.19 所示为上述实验方法所制备的多孔碳材料的 SEM 图，从图中可以看出多孔碳的形貌为三维网状结构，其中有很多的大孔，尺寸在 1～2μm 之间，且碳层很薄。

图 4.19　多孔碳的 SEM 图

4.2.3.2　CuS 与多孔碳复合的制备

通过直接硫化法制得 CuS@多孔碳（CuS@PC）材料，实验药品为：CuCl₂·2H₂O（3mmol）、PVP K30（1g）、多孔碳（45mg）和硫代硫酸钠（3mmol）。具体的实验步骤如下：

首先称取 45mg 的多孔碳材料加入到玻璃管中，然后加入 10mL 的乙二醇，进行超声处理 2h。将 CuCl₂·2H₂O、PVPK30 和多孔碳加入到三口烧瓶，加入 100mL 的乙二醇，然后放到磁力搅拌器上进行加热搅拌，并将硫代硫酸钠滴加到体系中，硫化 2h。停止加热，持续搅拌至室温，然后使用高速离心机进行离心，用去离子水或乙醇进行洗涤，重复离心、洗涤 3 次。将洗涤后的样品放入恒温干燥箱中，干燥 12h 后得到 CuS@多孔碳材料。为了与 CuS@多孔碳材料作对比，除了添加多孔碳，使用相同的方法与步骤，制得了 CuS 材料作为对比样品。

4.2.3.3 CuS@PC 物相分析

对 CuS@PC 和纯相 CuS 材料进行 XRD 测试，测试结果如图 4.20 所示。从图中可以看出，不管是纯相 CuS 材料，还是 CuS@PC 材料，其物相组成都是 CuS，其峰位与 CuS 的标准卡片（JCPDS♯06-0464）的峰位相对应，且衍射峰峰宽比较窄，衍射强度也比较高，从图中也没有发现其他的杂峰，说明制得的 CuS@PC 和 CuS 材料的纯度较高。通过对 CuS@PC 材料的 XRD 分析，其 XRD 图与纯相 CuS 的 XRD 图没有差别，说明多孔碳的加入并没有对 CuS 的晶格造成影响。

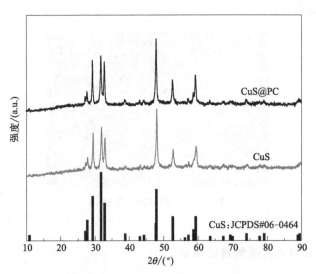

图 4.20　CuS 与 CuS@PC 的 XRD 对比图

4.2.3.4 CuS@PC 形貌分析

使用扫描电镜对 CuS@PC 和纯相 CuS 材料进行微观形貌分析，测试结果如图 4.21 所示。图 4.21（a）和（b）为纯相 CuS 材料的 SEM 图，从图中可以看出，样品主要为纳米块状形貌，大小不是很均一，尺寸在 $100\sim200nm$ 之间，从低倍率图（b）中可以清晰地看到，纳米块与纳米块相互团聚在一起，且团聚现象比较严重。图 4.21（c）和（d）为 CuS@PC 材料的 SEM 图，从图中可以清晰地看出 CuS 纳米块与多孔碳复合在一起。CuS 纳米块嵌入到多孔碳材料中，而且多孔碳的结构没有遭到破坏。说明该制备方法成功地将 CuS 材料与多孔碳结合在了一起。

图 4.21　硫化铜材料的 SEM 图

4.2.3.5　CuS@PC 电化学性能分析

图 4.22 为纯相 CuS 和 CuS@PC 材料的 CV 图。在 $0.01\sim3V$ 之间，扫描速率为 $0.5mVs^{-1}$ 的情况下，CuS@PC 材料在第一次阴极扫描时，在 $1.39V$ 出现了一个还原峰，对应着 CuS 发生了还原反应。在第二次时出现了两个还原峰，位置约在 $2.03V$ 和 $1.45V$，分别对应着 CuS 与锂反应生成 Cu₂S 与 Li₂S，Cu₂S 与锂反应生成 Cu 和 Li₂S。且第一次与第二次的放电平台电压不

一致，主要是由于不可逆的容量损失和固体电解质界面（SEI）膜的形成。在第一次阳极扫描时，在 2V 与 2.42V 可以发现两个氧化峰，这与 Cu 氧化为 CuS 有关。第二次与第三次扫描重合性不是很好，说明电极在首次充放电后依然不是特别稳定。对于纯相 CuS 来说，纯相 CuS 电极的 CV 曲线与 CuS@PC 电极的 CV 曲线类似，只是平台的电压有细微差别，说明电极反应机理与 CuS@PC 电极类似。纯相 CuS 电极的第二次与第三次扫描重合性不好，说明纯相 CuS 电极在首次充放电后依然不稳定。这可能是因为活性物质在首次充放电以后，依然有较多的副反应发生。

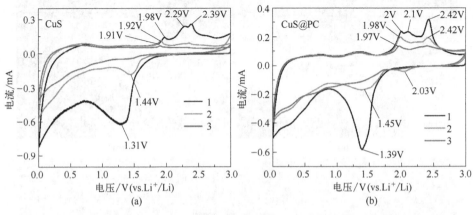

图 4.22　CV 曲线对比图

图 4.23 是纯相 CuS 和 CuS@PC 材料的充放电曲线图，电流密度为 $0.1A \cdot g^{-1}$，电压为 $0.01 \sim 3V$。从图中可以看出，两个样品的第一次放电出现了两个放电平台，约为 2.05V 和 1.7V，分别对应着 CuS 与锂反应生成 Cu_2S 与 Li_2S，Cu_2S 与锂反应生成 Cu 和 Li_2S。在随后的两次循环中，2.05V 的平台逐渐消失。在两个样品的第一次充电中也出现了两个平台，约在 1.8V 和 2.3V 处，对应着 Cu 被氧化成 CuS 的过程。

图 4.23 (a) 为纯相 CuS 的充放电曲线，从图中可以看到，前三次的充放电容量分别为 $423.4mAh \cdot g^{-1}$ 和 $624.5mAh \cdot g^{-1}$、$347.5mAh \cdot g^{-1}$ 和 $545.2mAh \cdot g^{-1}$、$105.8mAh \cdot g^{-1}$ 和 $337.3mAh \cdot g^{-1}$。相应的库仑效率分别为 67.8%、63.7% 和 31.4%。图 4.23 (b) 是 CuS@PC 材料的充放电曲线图，从图中可以看到，前三次的充放电容量分别为 $571.9mAh \cdot g^{-1}$ 和 $970.3mAh \cdot g^{-1}$、$482.6mAh \cdot g^{-1}$ 和 $718.5mAh \cdot g^{-1}$、$368.8mAh \cdot g^{-1}$ 和 $572.5mAh \cdot g^{-1}$，相应的库仑效率分别为 58.9%、67.2% 和 67.2%。从上述

数据中可以看出，纯相 CuS 比 CuS@PC 材料的前三次的充放电容量要差很多，这可能是因为多孔碳改善了 CuS@PC 电极材料的导电性，并提供更多的离子传输通道，使更多的锂离子插入到 CuS@PC 中，与活性物质发生反应。

从纯相 CuS 和 CuS@PC 材料的前三次库仑效率对比上看，CuS@PC 材料的前三次的库仑效率要比纯相 CuS 材料的前三次的库仑效率好一些，这可能是由于三维网状多孔碳的特殊结构，在充放电过程中，缓冲了锂离子插入和脱插所引起的体积变化，提高了 CuS@PC 电极材料的结构稳定性。但是纯相 CuS 和 CuS@PC 材料的库仑效率都不是很高，说明在前三次的充放电中，与活性物质发生了太多的副反应，使电池产生了更多的不可逆容量。因此，纯相 CuS 电极由第一次放电容量 $624.5mAh \cdot g^{-1}$ 下降到第三次放电容量 $337.3mAh \cdot g^{-1}$，容量损失了 $287.2mAh \cdot g^{-1}$，损失率为 46%。而 CuS@PC 电极由第一次放电容量 $970.3mAhg^{-1}$ 下降到第三次放电容量 $572.5mAh \cdot g^{-1}$，容量损失了 $397.8mAh \cdot g^{-1}$，损失率为 41%。可以看出，纯相 CuS 和 CuS@PC 材料容量损失比较严重。纯相 CuS 比 CuS@PC 材料多损失了 5%，说明三维多孔碳材料阻碍了一些不可逆容量的产生。

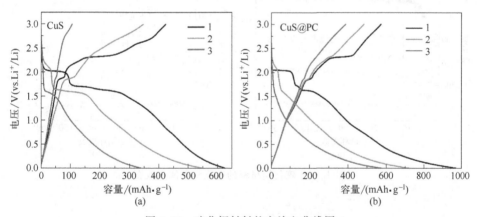

图 4.23　硫化铜材料的充放电曲线图

对纯相 CuS 和 CuS@PC 材料进行电化学测试，如图 4.24 所示。图 4.24（a）为纯相 CuS 和 CuS@PC 电极材料的电化学循环性能对比图，电流密度为 $0.1A \cdot g^{-1}$，电压为 $0.01 \sim 3V$，从图中可以看出，前 5 次循环，两个样品的容量下降很快。这是由于发生了许多副反应，并与 SEI 膜的形成有关。数据显示，CuS@PC 材料比纯相 CuS 材料的电化学循环性能好，在 55 次循环测试后，CuS@PC 材料的放电容量为 $336.4mAh \cdot g^{-1}$，而纯相 CuS 材料的放电容量仅剩 56.4mAh·g⁻¹。也可以看出 CuS@PC 材料的循环稳定性比较好。因此，三维网状多孔碳材料明显改善了 CuS 材料的循环性能。

图 4.24（b）为纯相 CuS 和 CuS@PC 电极材料的电化学倍率性能对比图，分别使用电流密度为 0.1A·g⁻¹、0.2A·g⁻¹、0.5A·g⁻¹、1A·g⁻¹、2A·g⁻¹、5A·g⁻¹ 和 0.1A·g⁻¹，电压为 0.01~3V，从图中可以明显看出，CuS@PC 材料比纯相 CuS 材料的电化学倍率性能好。纯相 CuS 材料在各个电流密度下的可逆容量分别为 50.5mAh·g⁻¹、39.5mAh·g⁻¹、32.1mAh·g⁻¹、27.5mAh·g⁻¹、22.2mAh·g⁻¹、18.6mAh·g⁻¹ 和 47.2mAh·g⁻¹。CuS@PC 材料在各个电流密度下的可逆容量分别为 430.2mAh·g⁻¹、306.2mAh·g⁻¹、234.1mAh·g⁻¹、166.1mAh·g⁻¹、130.0mAh·g⁻¹、89.0mAh·g⁻¹ 和 426.6mAh·g⁻¹。对于 CuS@PC 材料的倍率曲线，在电流密度回到 0.1A·g⁻¹ 时，可逆容量也回到了原先容量，说明 CuS@PC 材料的可逆性比较好。因此，三维网状多孔碳材料明显改善了 CuS 材料的倍率性能。

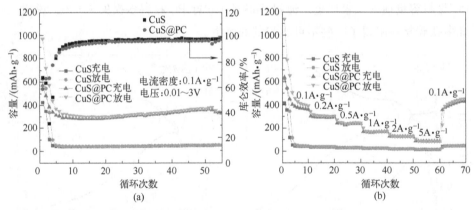

图 4.24 硫化铜材料的电化学性能曲线图

4.2.4 小结

本节主要采用三种实验方案制备出不同形貌的硫化铜材料，对它们进行了 XRD、SEM 和电化学测试。讨论不同形貌的硫化铜对其电化学性能的影响，并制备出三维网状多孔碳，使用直接硫化法将硫化铜与三维网状多孔碳进行复合，将纯相 CuS 与 CuS@PC 作对比，研究多孔碳材料对 CuS 电化学性能的影响。主要得出以下结论：

① 通过三种不同的实验方案合成出比较纯的 CuS 相，微观形貌有颗粒状、六边形纳米片、纳米花状和微球状。通过对它们进行电化学分析，方案一的样品的电化学性能最好，这是因为其结晶度比较高。在 100 次循环后，容量保持在 109mAh·g⁻¹。

② 通过使用三维多孔碳与 CuS 进行复合得到 CuS@PC 材料，并与纯相 CuS 进行对比分析，在 55 次循环后，CuS@PC 材料的放电容量保持在 336.4mAh·g⁻¹。而纯相 CuS 材料的放电容量仅剩 56.4mAh·g⁻¹。通过倍率测试，发现 CuS@PC 材料的可逆性比较好。因此，三维多孔碳材料的引入，明显改善了 CuS 材料的电化学性能。

4.3　山茶花状 CuS 的微波辅助合成、表征及储钠性能研究

4.3.1　引言

CuS 作为一种重要的 P 型半导体材料，带隙宽度在 1.2~2.0eV 之间。虽然其构成简单，但是独特的原子结构使其具有优异的光电和物理化学性能。CuS 在常温下呈六方结构，如图 4.25 所示，结构呈三明治状。在 CuS 中，Cu 通常以（Cu²⁺）（S₂²⁻）（Cu¹⁺）₂（S²⁻）两种价态共存，使其表现出多种优异的特性。因此，CuS 在光电、太阳能电池、微波吸收、化学传感器、催化、LIBs、超级电容器、铝离子电池及 SIBs 中受到广泛关注。

CuS 具有资源丰富、成本低、理论比容量高（561mAh·g⁻¹）和理论比能量高（961Wh·g⁻¹）等特点，而且与其他 MSs 相比具有较高的导电性（10³S·cm⁻¹）。此外，CuS 微纳米材料还具有制备方法多样、形貌易控等优势，如：软模板法合成中空纳米球、湿化学法制备的纳米片及溶剂热法制备的中空纳米球等。因此，CuS 被认为是很有前景的 SIBs 负极材料，通常基于转换反应机制表现出较高的比容量。

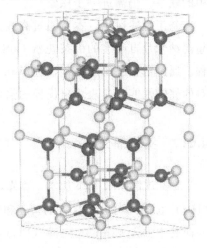

图 4.25　CuS 的晶体结构模型
（其中深色大球代表 Cu 原子，
浅色小球为 S 原子）

但是，其在充放电过程中的相变机制比较复杂。目前，研究认为 CuS 在放电过程中与 Na^+ 反应生成 Cu 和 Na_2S，且符合热力学要求，其反应机理如下所示：

$$CuS + 2Na^+ + e^- \longrightarrow Na_2S + Cu \qquad \Delta G = -296.2 kJ \cdot mol^{-1}$$

而且，也有报道称放电过程中 CuS 与 Na^+ 反应先生成 Cu_2S 和 Na_2S，Cu_2S 进一步与 Na^+ 反应生成 Cu 和 Na_2S，其热力学计算（$\Delta G = -nEF$）认为该过程符合热力学要求，反应如下所示：

$$2CuS + 2Na^+ + 2e^- \longrightarrow Cu_2S + Na_2S \qquad \Delta G = -166.4 kJ \cdot mol^{-1}$$

$$Cu_2S + 2Na^+ + 2e^- \longrightarrow 2Cu + Na_2S \qquad \Delta G = -131.8 kJ \cdot mol^{-1}$$

最近，关于 Cu_xS 体系在 SIBs 负极中基于嵌入和转换反应机理的研究取得了重大进展。普遍认为，CuS 与 Na^+ 插层反应形成 $Na_\alpha Cu_\beta S_\gamma$ 中间相，在随后的反应中形成 $Na(CuS)_4$、$Na_7(Cu_6S_5)_2$、$Na_3(CuS)_4$ 等中间相，在完全放电状态下形成金属 Cu 和 Na_2S，而且充电过程中 CuS 的结构可以在 Cu 与 Na_2S 的反应下重建。但是，CuS 基负极材料在储钠过程中形成的中间相众说纷纭，尚无定论，仍需进一步研究。而且，大多数的高容量是基于纳米材料获得的，但是纳米 CuS 较高的比表面积使其与有机电解液充分接触，产生较多的副反应。因此，构建一种合理的微纳米复合结构，研究复合结构在储钠过程中的联系，仍需进一步探索。

基于上述讨论，本章通过高效、经济、环保的微波辅助法制备了一种基于超薄纳米片自组装的山茶花状 CuS 微纳米复合结构，重点研究其结构演进过程。通过截止电压的优化，选择 0.4～2.6V 的电压范围评估山茶花状 CuS 材料的储钠性能，其表现出优异的倍率性能和超长的循环寿命。

4.3.2　实验部分

实验过程如图 4.26 所示。首先，将 0.3444g $CuCl_2 \cdot 2H_2O$、0.8191g $FeCl_3 \cdot 6H_2O$、0.5014g $Na_2S_2O_3 \cdot 5H_2O$ 和 1.0g PVP 分别倒入 100mL 的圆底烧瓶中，并向其中加入 45mL 乙二醇（EG）溶液。然后，将装有混合物的圆底烧瓶置于磁力搅拌器上剧烈搅拌约 30min，直至溶液变为橙色透明状。接下来，将含有均匀溶液的圆底烧瓶放置于型号为 WBFY-201 的微波化学反应器中，连接机械搅拌器均匀搅拌，并开启冷凝水。在 400W 的功率下反应 45min。待反应结束后，自然冷却至室温，通过离心分离获得深绿色沉淀物，并用去离子水和无水乙醇洗涤几次。最后，将产物分散在乙醇和去离子水的混合溶液中，在 60℃下干燥 12h。

为了进一步探索 CuS 微纳米复合结构的结构演进过程，综合考虑实验条件的影响，本实验重点探讨了辐照时间对产物形貌的影响。在上述其他反应条件不变的情况下，分别采用不同的辐照时间，如 5min、10min、15min、30min、60min，对得到的产物进行物相和形貌分析。

图 4.26　山茶花状 CuS 微纳米复合结构的合成过程图

4.3.3　物理表征分析

4.3.3.1　合成材料的物相分析

本节采用 XRD 分析技术研究了合成样品的物相及结构，如图 4.27 所示，所有样品的主要特征峰与六方相 CuS 的标准卡片（JCPDS♯06-0464）相对应。对应的晶胞参数为：$a=b=3.79\text{Å}$，$c=16.34\text{Å}$，空间点群为 P63/mmc。在 XRD 谱图中，样品的三强峰在 $2\theta=29.3°$，$2\theta=31.8°$，$2\theta=47.9°$ 处，对应 CuS 的（102）、（103）和（110）晶面，其晶面间距分别为 0.30nm、0.28nm 和 0.19nm。此外，主要的特征峰对应的晶面参数已在图中标出。从图中可以看见，微波辐照时间为 15min、45min 和 60min 时的三个样品对应的 XRD 的特征峰没有杂峰，而且强度较好，所以这三个样品具有较高的纯度和结晶度。

对于没有添加 FeCl₃·6H₂O 和辐照时间为 5min 及 10min 的样品，它们的特征峰在 23.1° 处出现了较弱的衍射峰，可能是样品中出现杂质所产生的，也有可能是反应不完全产生了新的物相。而且，这三个样品的结晶度均低于其他样品。辐照时间为 30min 时的样品在 11.6° 和 12.8° 处出现的衍射峰也可能是样品中生成的杂质导致的。

4.3.3.2 合成材料的形貌及结构分析

本节通过不同辐照时间下合成材料的 SEM 分析进一步研究合成材料的结构演进过程。如图 4.28 所示，当辐照时间为 5min 时，从图 4.28（a）中能清楚地观察到 CuS 纳米颗粒黏附在血小板状 CuS 纳米片上。因此可以推断，生成的 CuS

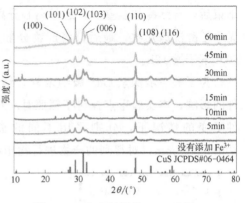

图 4.27 合成材料的 XRD 谱图

纳米晶体沿着不同的晶向生长，形成了不规则的纳米片。当辐照 10min 和 15min 后，图 4.28（b）和（c）中显示出了纳米片和球形结构的混合形貌。由此推测，由于各成核位点处的温差和其他一些因素的影响，产物沿不同晶向异常生长，部分 CuS 纳米晶体长成中心凹陷的球形结构，其余的 CuS 纳米晶体保持之前的片状结构。随着辐照时间增加到 30min，通过 SEM 图像［图 4.28（d）］观察到球形结构和山茶花状微结构共存，此时的球形结构开始向周围生长，有成为花状结构的趋势。由此推断，加热到 30min 后圆底烧瓶各处均匀受热，球形结构逐渐定向生长并形成类花状结构。如图 4.28（e）所示，当辐照时间为 45min 时，形成了均匀的基于纳米片自组装的山茶花状 CuS 微纳米复合结构。当继续增加辐照时间至 60min，如图 4.28（f）所示，呈现出不规则的纳米片，说明在继续加热的情况下山茶花状微结构已经被破坏。综上所述，通过定向生长 45min 可获得均匀的山茶花状 CuS 微纳米复合结构。

图 4.29（a）给出了山茶花状 CuS 微纳米复合结构在较低倍数下的 SEM 照片，可以清晰地观察到单分散的山茶花状 CuS 微结构，并显示出高度有序的纳米片错落堆叠，具有较大的空隙，花状结构的直径约为 2.5μm，如图 4.29（a）的嵌入图所示。有趣的是，这些超结构实际上是由不规则的纳米片组成，平均边缘长约 300～800nm。通过高倍 SEM 图进一步确定纳米片的平均厚度约为 30nm［见图 4.29（b）］。此外，山茶花状 CuS 微结构的中心有约 500～800nm 的凹坑，边缘显示出由 CuS 纳米片层组装而成的层状结构。因此，该结构可描述为由超薄纳米片自组装的山茶花状 CuS 微纳米复合结构。图 4.29（c）～（e）给出了这种复合结构的 SEM-EDS 选区及元素分布状态，山茶花状微粒所对应的 Cu、S 元素均匀分布，可以确定该结构主要含有 Cu、S 两种元素。

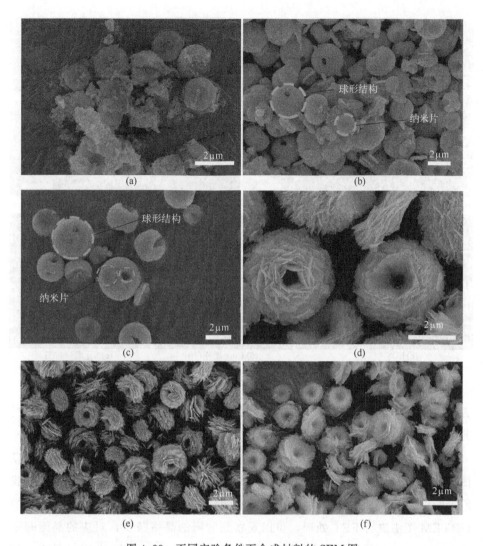

图 4.28　不同实验条件下合成材料的 SEM 图

　　本节采用 TEM 和 HRTEM 技术研究山茶花状 CuS 微纳米复合结构的形貌和结构信息，如图 4.30（a）所示，低倍下的 TEM 图呈现出直径约为 2.5μm 的圆饼状结构，且内部有几百纳米的凹陷，这与 SEM 的结果一致。图 4.30（b）和（c）展示了纳米片的边缘部分的结构，从图（c）可以清楚地观察到大量 10nm 左右的 CuS 晶粒。如图 4.30（d）和（e）所示，通过 FFT 和 IFFT 对山茶花状 CuS 微结构的 HRTEM 图处理后，测得清晰的晶格条纹间距为 0.2845nm，如图 4.30（f）所示，在测量及软件允许误差范围内对应六

图 4.29　山茶花状 CuS 微纳米复合结构的 SEM 及 EDS 图

方相 CuS 的（103）晶面，这与 XRD 根据 Bragg 方程计算的晶面间距一致。此外，清晰的晶格条纹表明山茶花状 CuS 微结构具有较高的结晶度和纯度。

　　对其另一区域的 HRTEM［图 4.30（h）为图（g）方框区域对应的 FFT 图］和 SAED 图分析得出：可以观察到小于 10nm 的 CuS 纳米晶。因此，我们推断纳米片是由大多数纳米晶体颗粒的定向生长形成的。对方框区域的 HRTEM 图谱进行 FFT 处理，可以观察到清晰的晶格条纹，对应的晶面间距为 0.32nm，在不同的晶向上分别对应六方 CuS 的（$\bar{1}01$）和（011）晶面，其夹角为 120°。相应的 SAED 图［图 4.30（i）］还呈现出一系列对称的衍射斑点，这些衍射斑点可以检索到 CuS 的（$\bar{1}01$）、（$\bar{1}10$）和（011）晶面。这些结果进一步表明，成功制备了山茶花状单晶 CuS 微纳米复合结构。

4.3.3.3　表面元素及价态分析

　　本节采用 XPS 分析技术分析山茶花状 CuS 微结构的表面元素价态，结果如图 4.31 所示。图 4.31（a）为合成材料的 XPS 全谱，从图中能观察到

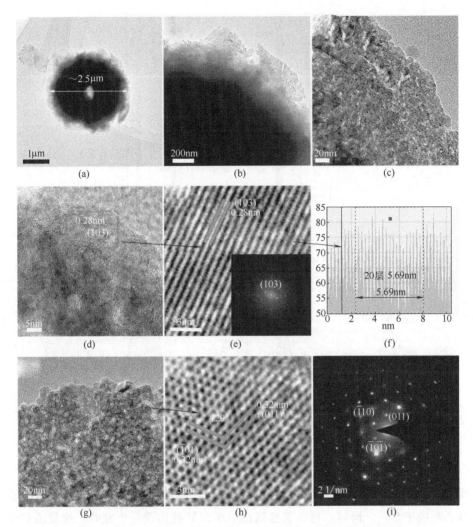

图 4.30　山茶花状 CuS 微纳米复合结构的 TEM 及 HRTEM 图

(a) 低分辨率下 TEM 图；(b) (c) 低分辨率下边缘区域的 TEM 图；(d) (e) HRTEM 图及其
对应 FFT 和 IFFT 图；(f) 晶格间距测量示意图；(g) (i) 另一区域的 TEM 及 SAED 图

Cu 2p 和 S 2p 对应的结合能分别在 930～960eV 和 160～170eV。

　　如图 4.31 (b) 所示，Cu 2p 呈现出两个特征峰，分别为 Cu 2p$_{3/2}$ 和
Cu 2p$_{1/2}$。其中，通过 Gaussian（高斯）拟合可将 Cu 2p$_{3/2}$ 的特征峰分为
931.8eV 的 Cu$^+$ 的峰和 934.2eV 的 Cu^{2+} 的峰。Cu 2p$_{1/2}$ 可分为 953.9eV 的较
窄 Cu^{2+} 峰和位于 951.6eV 的较宽 Cu$^+$ 峰。图 4.31 (c) 展示了 S 2p 的 XPS
特征峰，对其通过 XPSPEAK41 软件分峰拟合处理，包括 S 2p$_{3/2}$ 和 S 2p$_{1/2}$ 主

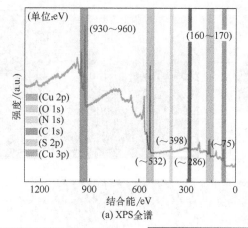

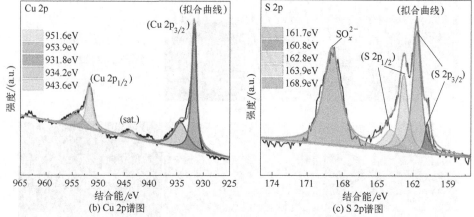

图 4.31 山茶花状 CuS 微纳米复合结构的 XPS 谱图

要特征峰，这两个不对称峰拟合为 160.8/161.7eV 和 162.8/163.9eV 处的子峰，对应于 S^{2-}。同时，可以观察到在 168.9eV 处出现一个宽峰，这是由 CuS 微结构表面氧化产生的 SO_x^{2-} 引起的。由此得出，在 CuS 晶体中，Cu 通常以 $(Cu^{2+})(S_2^{2-})(Cu^{1+})_2(S^{2-})$ 两种价态共存，S 主要以 -2 价存在。而且，在 Cu $2p_{1/2}$ 和 Cu $2p_{3/2}$ 特征峰中，Cu^{2+} 所占的比例明显大于 Cu^+，因此，可以得出在山茶花状 CuS 微结构中主要存在 Cu^{2+}，该结果进一步证明了合成材料中 CuS 相的存在。

4.3.3.4 合成机理分析

根据不同辐照时间下获得的材料微观形貌，山茶花状 CuS 微结构的形成过程可以总结为：形核结晶，奥斯特瓦尔德熟化（Ostwald）和定向生长

(Oriented Growth)。在反应初期，极性分子 EG 溶液吸收微波，使体系温度升高，Cu^{2+} 与 S^{2-} 反应形成 CuS 晶须；随着温度的不断升高，大晶体吞并小晶粒，形成纳米片，纳米片自组装成微球结构，球形边缘纳米片定向生长，形成具有均匀结构的山茶花状结构。其生长过程如图 4.32 所示。

Fe^{3+} 在山茶花状 CuS 微纳米复合结构形成过程中的作用：实验中，在反应产物中不添加 $FeCl_3 \cdot 6H_2O$，得到产物的物相已在图 4.27 中说明，与添加 $FeCl_3 \cdot 6H_2O$ 时产物同为六方相 CuS，但是产物的形貌并不相同，为不规则的纳米片，如图 4.33（a）所示。为了证明 Fe^{3+} 在 EG 溶液中具有吸收微波产热而发生化学反应的能力，在反应过程中不添加 $CuCl_2 \cdot 2H_2O$，其他反应条件不变。得到的产物为立方相 FeS_2，形貌为尺寸在 $0.8 \sim 2.0\mu m$ 之间的球体，如图 4.33（b）和（c）所示。由此推断：在 EG 溶液中，Cu^{2+} 在微波反应中具有较强的反应能力，Fe^{3+} 可能起到了形貌诱导剂和催化剂的作用，对其具体的作用，还需进一步研究。

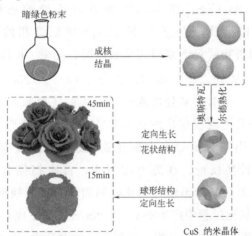

图 4.32　山茶花状 CuS 微纳米复合结构的生长机理图

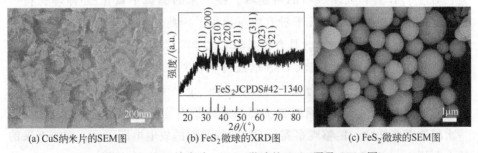

(a) CuS 纳米片的 SEM 图　　(b) FeS_2 微球的 XRD 图　　(c) FeS_2 微球的 SEM 图

图 4.33　CuS 纳米片、FeS_2 微球的 XRD 图及 SEM 图

4.3.4 电化学钠储存性能研究

4.3.4.1 钠储存性能研究

本节采用 CR2032 纽扣型半电池研究山茶花状 CuS 微结构的电化学储钠性能，采用金属钠作为对电极，CuS 涂覆于 Cu 箔作为工作电极，玻璃纤维滤纸作为隔膜，电解液采用 1.0mol/L NaCF$_3$SO$_3$ 溶解于 DEGDME 溶液。

图 4.34 (a) 为山茶花状 CuS 电极前三次循环的 CV 曲线，电压窗口为 0.4~2.6V（vs. Na/Na$^+$），扫描速率为 0.1mV·s^{-1}。对首圈放电曲线的分析可得：在 1.94V、1.52V 和 0.76V 处出现三个明显的还原峰，这归因于山茶花状 CuS 电极在放电过程中发生多相转变。1.94V 处出现的还原峰对应于 Na$^+$ 插入 CuS 晶格中形成 Na$_x$CuS 相（$x<0.5$），反应方程式为：CuS + xNa$^+$ + xe$^-$ $\longrightarrow$ Na$_x$CuS。在 1.52V 和 0.76V 处的还原峰分别对应于 Na$_3$Cu$_4$S$_4$ 中间相的形成、Cu$_2$S 和 Na$_x$Cu$_2$S 的混合相的产生（$0.5<x<1.0$）。此外，当山茶花状 CuS 电极完全放电时，随着 Cu 和 Na$_2$S 的产生，转换反应可能在 0.40V 处发生，即 Na$_x$Cu$_2$S + (2−x)Na$^+$ + (2−x)e$^-$ $\longrightarrow$ 2Cu + Na$_2$S。此外，在 1.21V 处出现一个较弱的还原峰归因于山茶花状 CuS 电极与电解液之间发生副反应，在 0.51V 左右的还原峰归因于电极表面 SEI 膜的形成。因此，山茶花状 CuS 电极在放电过程中主要有 Na$^+$ 插层反应和 CuS 与 Na$^+$ 发生转换反应。在充电过程中，首次扫描分别在峰值电压为 1.52V、1.75V 和 2.14V 处出现的氧化峰归因于多重转换反应过程，即 Na$^+$ 从 Na$_2$S 中脱嵌，氧化过程中产生的 Cu 与 Na$_2$S 反应生成 Cu$_x$S 相，当电极充电至 2.6V 时，充电产物为 CuS 相。在接下来的循环中，2.14V 处的氧化峰消失，对应于 1.97V 处出现新的可逆峰。接下来的测试中氧化/还原峰保持一致，证明在充放电过程中几乎没有容量损失。因此，山茶花状 CuS 微纳米复合结构作为 SIBs 负极材料时具有较高的电化学可逆性。

图 4.34 (b) 是山茶花状 CuS 电极材料在 0.1A·g^{-1} 下的充放电曲线。首次的放电和充电比容量分别为 405.7mAh·g^{-1} 和 349.3mAh·g^{-1}，首次库仑效率为 86.1%，其容量损失主要是形成了不可逆的 SEI 膜。而且，从第一次的放电曲线中，能够观察到与 CV 曲线相似的放电电压平台，在接下来的放电曲线中，观察到电压平台趋于稳定且与 CV 曲线中的峰值电压相对应，进

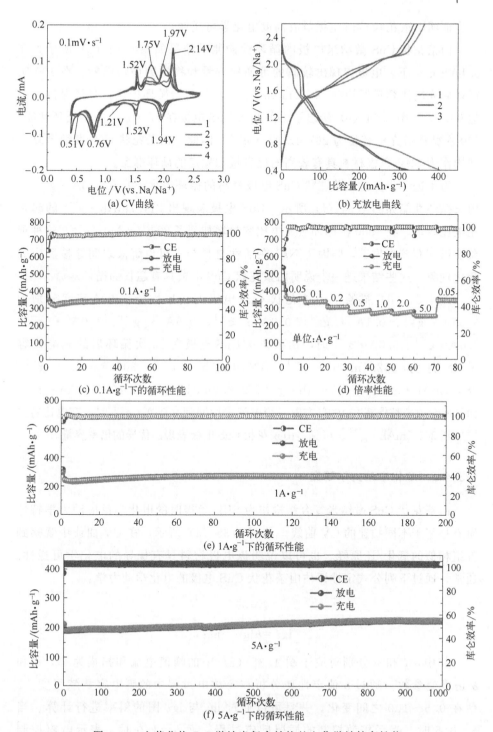

图 4.34　山茶花状 CuS 微纳米复合结构的电化学钠储存性能

一步证明山茶花状 CuS 电极具有高度电化学可逆性。

山茶花状 CuS 微纳米电极的循环性能测试结果如图 4.34（c）所示。在 $0.1A \cdot g^{-1}$ 下，电极表现出较高的可逆比容量和稳定的循环性能，在 100 次循环后充电比容量保持在 $347.1mAh \cdot g^{-1}$，与初始循环相比，容量保持率高达 99.4%。图 4.34（e）给出了山茶花状 CuS 电极在 $1A \cdot g^{-1}$ 下的循环性能，200 次循环后充电容量为 $267.4mAh \cdot g^{-1}$。因此，山茶花状 CuS 微纳米复合结构作为 SIBs 负极材料具有较高的比容量和稳定的循环寿命。

为了进一步探讨山茶花状 CuS 电极材料的循环寿命，其在 $5.0A \cdot g^{-1}$ 下的长循环性能如图 4.34（f）所示。CuS 电极表现出 $211.7mAh \cdot g^{-1}$ 的起始充电比容量，在 1000 次循环后充电比容量增加到了 $223.4mAh \cdot g^{-1}$。这种现象在以前有较多报道，归因于 Na^+ 在活性材料与有机电解液之间穿梭反应的活化现象。这些结果进一步说明山茶花状 CuS 电极具有超长的循环寿命。

图 4.34（d）描绘了山茶花状 CuS 电极的倍率性能。电流密度分别为 $0.05A \cdot g^{-1}$、$0.1A \cdot g^{-1}$、$0.2A \cdot g^{-1}$、$0.5A \cdot g^{-1}$、$1.0A \cdot g^{-1}$、$2.0A \cdot g^{-1}$、$5.0A \cdot g^{-1}$ 时，山茶花状 CuS 电极在 10 次循环后的充电比容量分别为 $352.4mAh \cdot g^{-1}$、$336.4mAh \cdot g^{-1}$、$305.6mAh \cdot g^{-1}$、$286.1mAh \cdot g^{-1}$、$273.7mAh \cdot g^{-1}$、$263.2mAh \cdot g^{-1}$ 和 $255.7mAh \cdot g^{-1}$。而且库仑效率都保持在 100% 左右。当电流密度回到 $0.05A \cdot g^{-1}$ 时，充电比容量增加到 $344.2mAh \cdot g^{-1}$。可见，山茶花状 CuS 电极表现出优异的倍率容量。

4.3.4.2 电化学动力学研究

山茶花状 CuS 微纳米复合结构作为 SIBs 负极时的电化学反应动力学特性研究是基于不同扫速的 CV 曲线，如图 4.35（a）所示，在 CV 曲线中观察到五组相似的氧化/还原峰，也可以说明该电极材料具有优异的电化学可逆性。通常，通过下列公式定性评估山茶花状 CuS 电极的电化学动力学：

$$i = av^b$$

$$\lg i = b\lg v + \lg a$$

其中，i 和 v 分别对应于图 4.35（a）中的峰值电流和扫描速率，a 和 b 是可变参数。通过 b 值定性地分析在充放电过程中的赝电容贡献程度，b 值在 $0.5 \sim 1.0$ 之间变化，并且可以通过 $\lg i$ 与 $\lg v$ 图的斜率进行计算。当 $b = 0.5$ 时，表示扩散控制的插层反应过程；而 $b = 1.0$ 时，表示电容控制过程。如图 4.35 (b) 所示，五个氧化/还原峰对应的 b 值分别为 0.88、0.87、0.93、0.83 和 1.00，表明山茶花状 CuS 负极在充放电过程中具有混合动力学过程。b 值越接近 1.0 意味着赝电容过程在 Na$^+$ 储存期间贡献越大。

为了更准确地反映电极反应中扩散和电容控制过程的贡献率，可以用下列公式定量计算：

$$i(V) = k_1 v + k_2 v^{1/2}$$

式中，$k_1 v$ 和 $k_2 v^{1/2}$ 分别表示电容控制过程和扩散控制过程。如图 4.35 (c) 所示，在 1.0mV·s^{-1} 时山茶花状 CuS 电极材料的赝电容贡献率为 96.4%。而且，图 4.35 (d) 给出了在扫描速率为 0.2mV·s^{-1}、0.5mV·s^{-1}、0.7mV·s^{-1}、1.0mV·s^{-1} 和 2.0mV·s^{-1} 时的赝电容贡献率，分别为 93.6%、95.1%、95.8%、96.4% 和 99.1%。这些结果表明，随着扫描速率的增加，山茶花状 CuS 电极在充放电过程中的赝电容行为逐渐增加。而且，赝电容贡献在整个充放电过程中保持了优势，使山茶花状 CuS 微纳米复合结构在 Na$^+$ 嵌入/脱出过程中保持优异的电化学动力学。

本节采用电化学阻抗谱进一步研究山茶花状 CuS 电极的电化学动力学。图 4.36 为 CuS 电极在循环前后的电化学阻抗谱，其中嵌入图为等效电路图和高频区的放大图。如图所示，循环前后的阻抗曲线均由高频区的半圆和低频区的斜直线组成，分别代表电荷转移阻抗和离子扩散阻抗。为了进一步探索在充放电前后电极材料的阻抗变化，采用与未循环的电池具有相同测试条件的方式，研究了 100 次循环后电池的阻抗，在整个图中可以看出电荷转移阻抗几乎没有变化。为了更清晰地表示这一结论，从图 4.36 中嵌入的高频区放大图可以看出，两个半圆的直径相当。因此，循环前后山茶花状 CuS 电极的阻抗几乎没有变化。由此可得，基于超薄纳米片自组装的山茶花状 CuS 微纳米复合结构具有优异的动力学性能。

4.3.5　小结

本节采用具有反应速率快、条件温和、产率高和经济环保特点的微波辅助合成法，制备了一种基于超薄纳米片自组装的山茶花状 CuS 微纳米复合结构。通过对实验条件的调控，进一步探究其结构的生长过程，并通过形貌、结构、

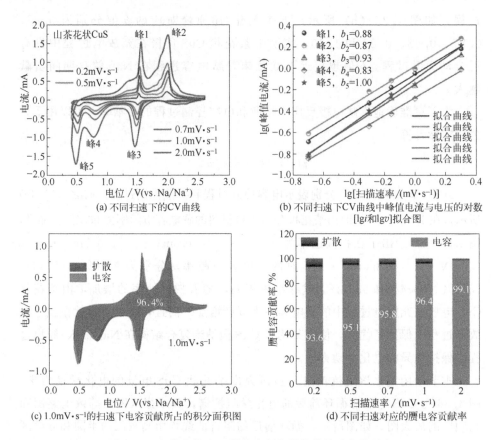

图 4.35　山茶花状 CuS 微纳米复合结构储钠动力学研究

性能表征，得出如下结论：

① 通过简易的微波辅助合成法，成功合成了一种基于纳米片自组装的山茶花状 CuS 微纳米复合结构。通过 SEM、TEM 和 HRTEM 进一步分析得出其六方相单晶 CuS 结构，而且这种花状结构的纳米片之间具有充足的开放空间，能够用于有效的 Na^+ 存储。通过对不同反应时间下材料的形貌分析得出这种分层花状结构起始于纳米颗粒的团聚，生长成纳米片，纳米片自组装形成中心凹陷的微球，微球层的纳米片继续定向生长形成山茶花状结构。

② 超薄纳米片自组装的山茶花状 CuS 微纳米结构，由于纳米片与层状微花之间的协同效应使其表现出优异的电化学性能，如杰出的循环稳定性（电流密度为 $1.0A \cdot g^{-1}$ 时循环 200 次后容量为 $267.01mAh \cdot g^{-1}$，而在 $5.0A \cdot g^{-1}$ 下循环 1000 次后容量没有衰减）和优异的倍率性能（与 $0.05A \cdot g^{-1}$ 下

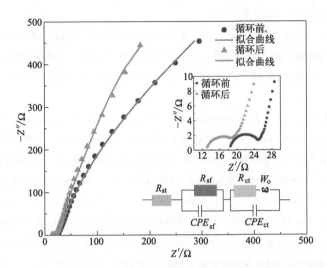

图 4.36　山茶花状 CuS 电极在循环前后的奈奎斯特图，及其等

效电路图及高频区域放大的奈奎斯特曲线

$352.4 \mathrm{mAh \cdot g^{-1}}$ 的比容量相比，在 $5.0 \mathrm{A \cdot g^{-1}}$ 下的容量保持率达 72.5%）。这种优异的电化学钠储存性能归因于微纳米结构的协同效应、大的开放空间对体积变化的缓冲和较大的赝电容贡献。

本章参考文献

[1]　Dong L，Li X，Xiong D，et al. Design of a flower-like CuS nanostructure via a facile hydrothermal route [J]. Materials Technology，2016，31（9）：510-516.

[2]　Zhang X，Duan L，Zhang X，et al. Preparation of Cu₂S@rGO hybrid composites as anode materials for enhanced electrochemical properties of lithium ion battery [J]. Journal of Alloys and Compounds，2019：152539.

[3]　Chen Q，Ren M，Xu H，et al. Cu₂S@N，S dual-doped carbon matrix hybrid as superior anode materials for lithium/sodium ion batteries [J]. Chem Electro Chem，2018，5（15）：2135-2141.

[4]　Zhou X，Yu D，Xu X，et al. Study on in situ electrochemical synthesis and Li-storage properties of Cu₂S/C composites [J]. Journal of Northwest Normal University（Natural Science），2015（1）：65-69.

[5]　Jache B，Mogwitz B，Klein F，et al. Copper sulfides for rechargeable lithium batteries：Linking cycling stability to electrolyte composition [J]. Journal of Power

Sources，2014，247：703-711.

[6] Wang X，Wang Y，Li X，et al. A facile synthesis of copper sulfides composite with lithium-storage properties [J]. Journal of Power Sources，2015，281：185-191.

[7] 王绪向. 铜硫化合物作为锂离子电池正极材料的性能及机理研究 [D]. 厦门：厦门大学，2014.

[8] Chung J S，Sohn H J. Electrochemical behaviors of CuS as a cathode material for lithium secondary batteries [J]. Journal of Power Sources，2002，108 (1-2)：226-231.

[9] Zhao Y，Tian Y，Liu N，et al. Simple spray drying route for fabrication of CuS/RGO nanocomposite anodes for lithium-ion batteries [J]. Nanoscience and Nanotechnology Letters，2019，11 (8)：1077-1083.

[10] Ren Y，Wei H，Yang B，et al. "Double-sandwich-like" CuS@reduced graphene oxide as an anode in lithium ion batteries with enhanced electrochemical performance [J]. Electrochimica Acta，2014，145：193-200.

[11] Ding C，Su D，Ma W，et al. Design of hierarchical CuS/graphene architectures with enhanced lithium storage capability [J]. Applied Surface Science，2017，403：1-8.

[12] Li H，Wang Y，Jiang J，et al. CuS microspheres as high-performance anode material for Na-ion batteries [J]. Electrochimica Acta，2017，247：851-859.

[13] Chen H，Yeh Y M，Chen Y T，et al. Influence of growth conditions on hair-like CuS nanowires fabricated by electro-deposition and sulfurization [J]. Ceramics International，2014，40 (7)：9757-9761.

[14] Wang Z，Zhang X，Zhang Y，et al. Chemical dealloying synthesis of CuS nanowire-on-nanoplate network as anode materials for Li-ion batteries [J]. Metals，2018，8 (4)：252.

[15] Yuan D，Huang G，Zhang F，et al. Facile synthesis of CuS/rGO composite with enhanced electrochemical lithium-storage properties through microwave-assisted hydrothermal method [J]. Electrochimica Acta，2016，203：238-245.

[16] Lu Y，Liu X，Wang W，et al. Hierarchical, porous CuS microspheres integrated with carbon nanotubes for high-performance supercapacitors [J]. Scientific Reports，2015，5：16584.

[17] 姜峰. 含铜矿物（$CuFeO_2$，$CuFeS_2$，CuS_2，CuS）高温高压结构和稳定性研究 [D]. 北京：中国科学院大学，2020.

[18] Chen Y W，Li J M，Lei Z W，et al. Hollow CuS nanoboxes as Li-free cathode for high-rate and long-life lithium metal batteries [J]. Advanced Energy Materials，2020，10 (7)：1903401.

[19] Heydari H，Moosavifard S E，Elyasi S，et al. Nanoporous CuS nano-hollow spheres

as advanced material for high-performance supercapacitors [J]. Applied Surface Science, 2017, 394: 425-430.

[20] Huang K J, Zhang J Z, Jia Y L, et al. Acetylene black incorporated layered copper sulfide nanosheets for high-performance supercapacitor [J]. Journal of Alloys and Compounds, 2015, 641: 119-126.

[21] Yu X L, Cao C B, Zhu H S, et al. Nanometer-sized copper sulfide hollow spheres with strong optical-limiting properties [J]. Advanced Functional Materials, 2007, 17 (8): 1397-1401.

[22] Park J Y, Kim S J, Chang J H, et al. Atomic visualization of a non-equilibrium sodiation pathway in copper sulfide [J]. Nature Communications, 2018, 9 (1): 922.

[23] Kim H, Sadan M K, Kim C, et al. Simple and scalable synthesis of CuS as an ultrafast and long-cycling anode for sodium ion batteries [J]. Journal of Materials Chemistry A, 2019, 7 (27): 16239-16248.

[24] Yang Z G, Wu Z G, Hua W B, et al. Hydrangea-like CuS with irreversible amorphization transition for high-performance sodium-ion storage [J]. Advanced Science, 2020, 7 (11): 1903279.

[25] Li H M, Wang K L, Cheng S J, et al. Controllable electrochemical synthesis of copper sulfides as sodium-ion battery anodes with superior rate capability and ultralong cycle life [J]. ACS Applied Materials & Interfaces, 2018, 10 (9): 8016-8025.

[26] Du C L, Zhu Y Q, Wang Z T, et al. Cuprous self-doping regulated mesoporous CuS nanotube cathode materials for rechargeable magnesium batteries [J]. ACS Applied Materials & Interfaces, 2020, 12 (31): 35035-35042.

[27] Zhao D, Yin M M, Feng C H, et al. Rational design of N-doped CuS@C nanowires toward high-performance half/full sodium-ion batteries [J]. ACS Sustainable Chemistry & Engineering, 2020, 8 (30): 11317-11327.

[28] Shen J W, Zhang Y J, Chen D, et al. A hollow CuS nanocube cathode for rechargeable Mg batteries: effect of the structure on the performance [J]. Journal of Materials Chemistry A, 2019, 7 (37): 21410-21420.

[29] Pan Z H, Cao F, Hu X, et al. A facile method for synthesizing CuS decorated Ti₃C₂ MXene with enhanced performance for asymmetric supercapacitors [J]. Journal of Materials Chemistry A, 2019, 7 (15): 8984-8992.

[30] Yan S X, Luo S H, Feng J, et al. Rational design of flower-like FeCo₂S₄/reduced graphene oxide films: novel binder-free electrodes with ultra-high conductivity flexible substrate for high-performance all-solid-state pseudocapacitor [J]. Chemical Engineering Journal, 2020, 381: 122695.

［31］ Zhang Y H，Liu R H，Xu L J，et al. One-pot synthesis of small-sized Ni_3S_2 nanoparticles deposited on graphene oxide as composite anode materials for high-performance lithium-/sodium-ion batteries ［J］. Applied Surface Science，2020，531：147316.

［32］ Yu D X，Li M L，Yu T，et al. Nanotube-assembled pine-needle-like CuS as an effective energy booster for sodium-ion storage ［J］. Journal of Materials Chemistry A，2019，7 (17)：10619-10628.

［33］ Li H，Wang Y H，Jiang J L，et al. CuS microspheres as high-performance anode material for Na-ion batteries ［J］. Electrochimica Acta，2017，247：851-859.

［34］ Wu L J，Gao J，Qin Z B，et al. Deactivated-desulfurizer-derived hollow copper sulfide as anode materials for advanced sodium ion batteries ［J］. Journal of Power Sources，2020，479：228518.

［35］ Wang P，Shen M Q，Zhou H，et al. MOF-derived CuS@Cu-BTC composites as high-performance anodes for lithium-ion batteries ［J］. Small，2019，15 (47)：1903522.

［36］ Yang D Z，Xu J，Liao X Z，et al. Prussian blue without coordinated water as a superior cathode for sodium-ion batteries ［J］. Chemical Communications，2015，51 (38)：8181-8184.

第 5 章

FeS₂的合成、改性及电化学性能研究

5.1 引言

近些年来，社会对能源储存的需求越来越高，因此，锂离子电池被广泛开发与研究。目前，锂离子电池的商业化负极材料为石墨，因其理论容量比较低，所以需要开发更高容量的可替代负极材料，FeS_2就是其中一种，它具有890mAh·g^{-1}的理论容量，且环境友好、成本低等，被看作新一代锂离子电池负极材料。但它的电化学循环性能差，阻碍了其实际应用，主要是因为导电性差以及活性物质在充放电过程中易形成多硫化物而损失。为了解决这些问题，研究人员尝试了许多方法。其中，对FeS_2进行碳包覆处理是一个不错的解决方案。碳层可以抑制活性物质的聚集，并减少活性物质与电解质发生太多的副反应，从而增加活性物质在循环过程中的结构稳定性。另外，碳层还可以增强活性物质之间的电接触。而且，在锂离子插入与脱插过程中，碳层还可以起到体积缓冲的作用。因此，碳包覆处理可以有效地改善FeS_2的循环稳定性。

本章使用不同的表面活性剂合成出不同形貌的FeS_2材料，探究不同形貌的FeS_2材料对电化学性能的影响。采用多巴胺为碳源，对FeS_2材料进行碳包覆处理，探究多巴胺用量对FeS_2材料电化学性能的影响。

5.2 FeS₂的合成及电化学性能研究

5.2.1 不同表面活性剂合成 FeS₂材料

本节主要通过直接硫化法合成FeS_2材料，实验药品：铁源为$FeCl_3$·

$6H_2O$，表面活性剂为 PVPK15、PVPK30、PVPK60，硫源为硫代硫酸钠。具体的实验步骤如下：

将 3mmol 的 $FeCl_3 \cdot 6H_2O$ 与表面活性剂（不添加表面活性剂或 2gPVPK15 或 1gPVPK30 或 5mLPVPK60）加入到三口烧瓶中，然后向其中加入 100mL 的乙二醇溶液，将其放到磁力搅拌器上搅拌 30min，使 $FeCl_3 \cdot 6H_2O$ 与表面活性剂溶解到乙二醇中，设置加热温度 160℃，随后加热、搅拌。达到 160℃后，使用恒压分液漏斗将 30mL 的硫代硫酸钠（0.1mol/L）滴加到反应体系中，滴速为 1mL/min。反应 2h 后，停止加热，搅拌冷却至室温，然后使用高速离心机进行离心，使用去离子水或乙醇进行洗涤，重复三次后，将三种样品放入恒温干燥箱中进行干燥处理，干燥 12h 后备用。

5.2.2 不同表面活性剂下 FeS_2 物相分析

使用 XRD 衍射仪对不同样品进行测试，结果如图 5.1 所示，从图中可以看出，四个样品衍射峰位与单相黄铁矿 FeS_2 的标准卡片（JCPDS♯42-1340）上的峰位一一对应，说明使用不同表面活性剂都合成出了 FeS_2 材料，每个样品的衍射峰都比较强且尖锐，说明合成出的 FeS_2 材料的结晶度比较高。在图中没有出现杂质峰，说明合成的 FeS_2 材料比较纯。

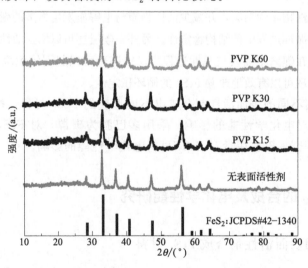

图 5.1 不同表面活性剂合成的 FeS_2 材料的 XRD 图

5.2.3　不同表面活性剂下 FeS₂ 形貌分析

通过使用扫描电镜，对不同表面活性剂合成出的 FeS₂ 材料进行微观形貌的测试，如图 5.2 所示。图 5.2（a）为不添加表面活性剂合成的 FeS₂ 材料的 SEM 图，其形貌为大的颗粒团聚形貌。颗粒尺寸 $2\mu m$ 左右，团聚严重，这说明不添加表面活性剂，会使材料的尺寸变大，且容易团聚。图 5.2（b）为添加 PVPK15 表面活性剂合成的 FeS₂ 材料的 SEM 图，其形貌为颗粒状，尺寸大小为 $300\sim600nm$，颗粒与颗粒组成比较大的块状物体。图 5.2（c）为添加 PVPK30 表面活性剂合成的 FeS₂ 材料的 SEM 图，其形貌为球状，直径在 $500\sim1200nm$ 之间，球与球之间相互独立，无团聚现象出现。图 5.2（d）为添加 PVPK60 表面活性剂合成的 FeS₂ 材料的 SEM 图，其形貌为颗粒状，尺寸大小为 $300\sim600nm$，颗粒与颗粒团聚在一起，组成比较大的块状物体。

图 5.2　不同表面活性剂合成的 FeS₂ 材料的 SEM 图

5.2.4　不同表面活性剂下 FeS₂ 电化学性能分析

图 5.3 为不同表面活性剂合成出的 FeS_2 材料的充放电曲线，电流密度为 $0.1A \cdot g^{-1}$，电压为 $0.1 \sim 3V$。从四幅图中可以看出，四个样品的充放电平台很相似，在第一次放电过程中，大约在 1.7V 和 1.4V 出现了两个平台，分别对应 Li^+ 嵌入 FeS_2 形成 Li_2FeS_2 和 Li_2FeS_2 与 Li^+ 反应转化为 Fe 和 Li_2S。在第一次充电过程中，大约在 1.8V 和 2.4V 出现两个充电平台，主要对应 Fe 被氧化为 FeS_2 的过程。从图中可以看出，四个样品的首次充放电容量分别为 $954.1mAh \cdot g^{-1}$ 和 $1122.5mAh \cdot g^{-1}$、$910.4mAh \cdot g^{-1}$ 和 $1078.6mAh \cdot g^{-1}$、$885.4mAh \cdot g^{-1}$ 和 $1031.5mAh \cdot g^{-1}$、$881.0mAh \cdot g^{-1}$ 和 $1081.2mAh \cdot g^{-1}$。可以计算得出，四个样品的首次库仑效率分别为 85%、84.4%、85.8% 和 81.5%。从所得数据可以看出，四种样品的首次充放电容量和首次库仑效率很接近，只有一些细微的差别，说明不同表面活性剂对 FeS_2 材料的首次充放电容量与首次库

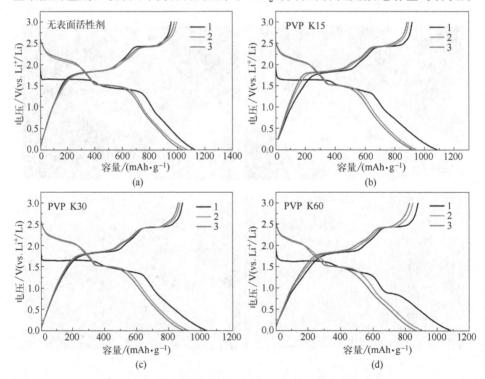

图 5.3　不同表面活性剂合成的 FeS_2 材料的充放电曲线

仑效率影响不大。

图 5.4 为不同表面活性剂合成 FeS_2 材料的电化学性能图。图 5.4（a）为不同表面活性剂合成 FeS_2 材料的电化学循环性能对比图，在电流密度为 $0.1A \cdot g^{-1}$，电压为 $0.01 \sim 3V$ 下，循环 100 次。从图中可以看出，表面活性剂为 PVPK30 的样品的循环性能最好，其余依次为 PVPK60、PVPK15，最差的为无表面活性剂的样品。在 100 次循环后，四个样品的放电容量分别为 $348.6mAh \cdot g^{-1}$、$579.6mAh \cdot g^{-1}$、$1014.8mAh \cdot g^{-1}$ 和 $707.0mAh \cdot g^{-1}$。图 5.4（b）是不同表面活性剂合成 FeS_2 材料的电化学倍率性能对比图，探究在电流密度依次为 $0.1A \cdot g^{-1}$、$0.2A \cdot g^{-1}$、$0.5A \cdot g^{-1}$、$1A \cdot g^{-1}$、$2A \cdot g^{-1}$、$5A \cdot g^{-1}$ 和 $0.1A \cdot g^{-1}$ 下四种样品的电化学倍率性能。无表面活性剂的样品在不同电流密度下的可逆容量分别为 $992.8mAh \cdot g^{-1}$、$874.6mAh \cdot g^{-1}$、$711.0mAh \cdot g^{-1}$、$521.1mAh \cdot g^{-1}$、$325.2mAh \cdot g^{-1}$、$148.7mAh \cdot g^{-1}$ 和 $509.2mAh \cdot g^{-1}$，表面活性剂为 PVP K15 的样品在不同电流密度下的可逆容量分别为 $881.4mAh \cdot g^{-1}$、$776.8mAh \cdot g^{-1}$、$646.0mAh \cdot g^{-1}$、$500.2mAh \cdot g^{-1}$、$339.7mAh \cdot g^{-1}$、$219.5mAh \cdot g^{-1}$ 和 $655.2mAh \cdot g^{-1}$，表面活性剂为 PVPK30 的样品在不同电流密度下的可逆容量分别为 $959.7mAh \cdot g^{-1}$、$897.7mAh \cdot g^{-1}$、$848.3mAh \cdot g^{-1}$、$802.0mAh \cdot g^{-1}$、$718.9mAh \cdot g^{-1}$、$500.2mAh \cdot g^{-1}$ 和 $909.3mAh \cdot g^{-1}$，表面活性剂为 PVPK60 的样品在不同电流密度下的可逆容量分别为 $768.3mAh \cdot g^{-1}$、$579.8mAh \cdot g^{-1}$、$436.9mAh \cdot g^{-1}$、$343.4mAh \cdot g^{-1}$、$260.6mAh \cdot g^{-1}$、$169.5mAh \cdot g^{-1}$ 和 $475.6mAh \cdot g^{-1}$。从图中可以明显地看出表面活性剂为 PVPK30 的样品的倍率性能最好。从以

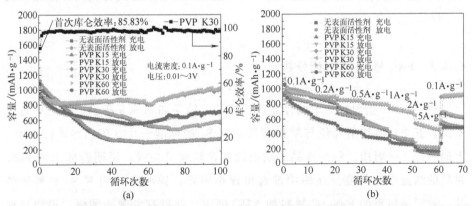

图 5.4　不同表面活性剂合成的 FeS_2 材料的电化学性能对比图

上数据来看，球状形貌的 FeS_2 样品电化学性能最好，这归结于球状形貌有比较大的比表面积，可以与电解液充分接触，提高活性物质的利用率。

5.3 FeS_2 的改性及电化学性能研究

5.3.1 FeS_2 材料制备及碳包覆处理

通过直接硫化法对 FeS_2 材料进行合成，实验药品为 $FeCl_3 \cdot 6H_2O$、PVPK30、硫代硫酸钠。温度为 160℃，硫化 2.5h，然后离心、洗涤三次，干燥 12h 得到 FeS_2 材料，并采用多巴胺进行碳包覆研究。步骤如下：

步骤一：调制 10mmol/L 缓冲溶剂（200mL），滴加 5～6 滴 1mol/L 盐酸将 pH 调节至 8～9。

步骤二：分别加入 0.16g FeS_2 样品，搅拌、超声 1h。

步骤三：分别加入质量为 FeS_2 样品 0.5 倍、1 倍、1.5 倍、2 倍的多巴胺，搅拌 5～6h。

步骤四：抽滤、洗涤后放入干燥箱中干燥 12h。

步骤五：将五个样品放入管式炉中，在氩气气氛下，500℃保温 2.5h 后，备用。

为了方便书写，将不添加多巴胺的对比样品编号为 1 号样品，0.5 倍的多巴胺得到的样品编号为 2 号样品，1 倍多巴胺得到的样品编号为 3 号样品，1.5 倍的多巴胺得到的样品编号为 4 号样品，2 倍的多巴胺得到的样品编号为 5 号样品。

5.3.2 FeS_2 碳包覆物相分析

使用 XRD 衍射仪对不同样品进行测试，结果如图 5.5 所示，从图中可以看出，五个样品衍射峰位与单相黄铁矿 FeS_2 的标准卡片（JCPDS♯42-1340）上的峰位一一对应。每个样品的衍射峰都比较强且尖锐，说明合成出的 FeS_2 材料的结晶度比较高。在图中没有出现杂质峰，说明合成的 FeS_2 材料比较纯。对于碳包覆的 FeS_2/C 材料的 XRD 图像，并没有发现碳的峰，说明所得的碳为无定形碳。

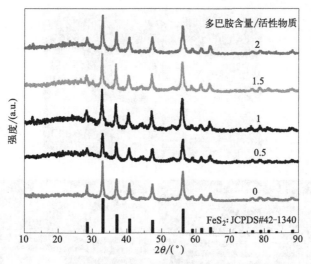

图 5.5　不同多巴胺含量合成的 FeS_2 材料的 XRD 图

5.3.3　FeS_2 碳包覆形貌分析

图 5.6 为不同多巴胺含量合成的 FeS_2 材料的 SEM 图。图 5.6（a）为纯相 FeS_2 的 SEM 图,其形貌为球状,大小不均一,尺寸在 500～1200nm 之间。球与球之间相互独立,无团聚现象。图 5.6（b）～（e）为不同多巴胺含量合成的 FeS_2 材料的 SEM 图,球状形貌无破损现象,在球的表面和球与球之间有许多颗粒形成,并随着多巴胺含量的增多而增加,因此,这些颗粒可能是碳颗粒。

5.3.4　FeS_2 碳包覆电化学性能分析

图 5.7 为纯相 FeS_2 和 $FeS_2/0.5C$ 的 CV 曲线图,扫描速率为 $0.1mV \cdot s^{-1}$,电压为 0.1～3V。从图中可以看出,在第一次阴极扫描期间,出现两个还原峰,大约在 1.73V 和 1.27V 处,这分别对应 Li^+ 嵌入 FeS_2 形成 Li_2FeS_2 和 Li_2FeS_2 与 Li^+ 反应转化为 Fe 和 Li_2S。第二次阴极扫描时,电压转换为 1.38V 和 1.98V,这可能与第一次充放电时 SEI 膜的形成有关。在第一次阳极扫描期间,出现两个氧化峰,大约在 1.99V 和 2.56V 处,这与 Fe 被氧化成

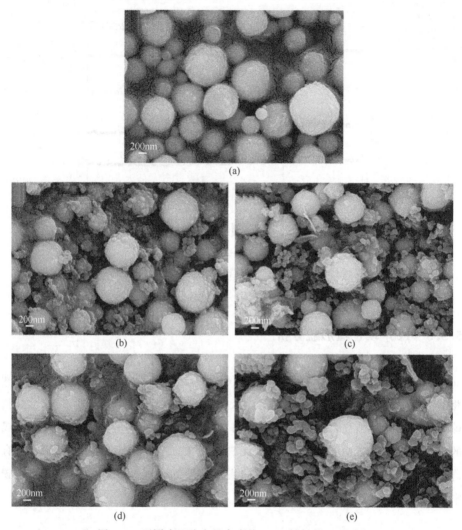

图 5.6 不同多巴胺含量合成的 FeS_2 材料的 SEM 图

FeS_2 的过程有关。从图中可以发现，第二次与第三次 CV 曲线重合度比较高，说明 FeS_2 电极在第一次扫描后趋于稳定。样品 2 的 CV 曲线大致与样品 1 相似，在扫描期间，都出现了两个还原峰和两个氧化峰，只是电压平台与样品 1 有所不同，可能是由于样品表面存在碳层，使电压向低电位移动。第二次与第三次扫描曲线重合度较好，说明电极材料在第一次充放电后结构趋于稳定。

图 5.8 为不同多巴胺含量的 FeS_2/C 材料与纯相 FeS_2 材料的 CV 曲线和充放电曲线对比图。扫描速率为 $0.1mV \cdot s^{-1}$，电压为 $0.1 \sim 3V$。从图中可以

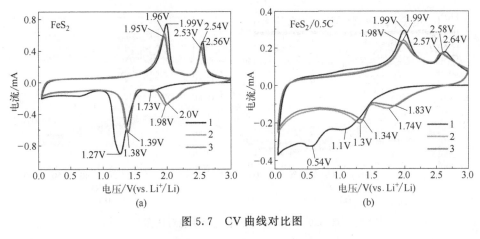

图 5.7　CV 曲线对比图

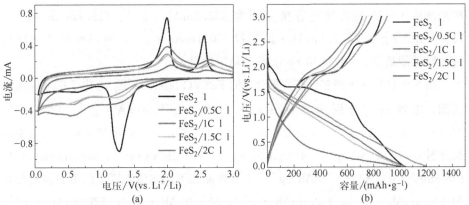

图 5.8　不同样品的 CV 曲线和充放电曲线对比图

看出各个样品的充放电平台与 CV 曲线中的氧化/还原峰相一致。从图 5.8（b）可以看出，各样品第一次充电/放电的容量分别为 883.2mAh·g⁻¹ 和 1061.9mAh·g⁻¹、902.4mAh·g⁻¹ 和 1200.4mAh·g⁻¹、806.8mAh·g⁻¹ 和 1065.2mAh·g⁻¹、755.7mAh·g⁻¹ 和 1026.6mAh·g⁻¹、726.2mAh·g⁻¹ 和 1009.2mAh·g⁻¹。对放电容量进行对比，可以看出 FeS₂/0.5C 材料的首次放电容量最高，其余样品相差较少。通过数据分析，也可以计算出各样品的首次库仑效率，分别为 83.2%、75.2%、75.7%、73.6% 和 72.0%。首次库仑效率不高，主要与 SEI 膜的形成和电解质的分解有关。

图 5.9 为不同多巴胺含量合成的 FeS₂/C 与纯相 FeS₂ 电化学性能对比图。图 5.9（a）为不同多巴胺含量合成的 FeS₂/C 与纯相 FeS₂ 电化学循环性能对比图，电流密度为 0.1A·g⁻¹，电压为 0.01～3V。从图中可以看出，在 100

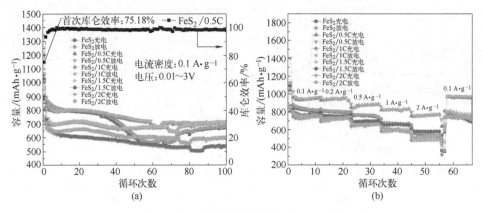

图 5.9　不同样品的电化学性能对比图

次循环后，各样品的放电容量分别为 683.2mAh·g⁻¹、719.7mAh·g⁻¹、713.9mAh·g⁻¹、543.5mAh·g⁻¹ 和 600.1mAh·g⁻¹，可以看出 2 号样品的循环性能最好，1 号纯相 FeS₂ 循环稳定性最差。

图 5.9（b）为不同多巴胺含量合成的 FeS₂/C 与纯相 FeS₂ 电化学倍率性能对比图，电流密度分别为 0.1A·g⁻¹、0.2A·g⁻¹、0.5A·g⁻¹、1A·g⁻¹、2A·g⁻¹ 和 0.1A·g⁻¹，电压为 0.01～3V。1 号样品在不同电流密度下的可逆容量分别为 842.5mAh·g⁻¹、810.0mAh·g⁻¹、766.2mAh·g⁻¹、669.3mAh·g⁻¹、553.3mAh·g⁻¹ 和 789.1mAh·g⁻¹，2 号样品在不同电流密度下的可逆容量分别为 946.4mAh·g⁻¹、942.1mAh·g⁻¹、859.2mAh·g⁻¹、827.9mAh·g⁻¹、776.2mAh·g⁻¹ 和 968.5mAh·g⁻¹，3 号样品在不同电流密度下的可逆容量分别为 736.3mAh·g⁻¹、707.1mAh·g⁻¹、647.4mAh·g⁻¹、595.7mAh·g⁻¹、486.4mAh·g⁻¹ 和 880.7mAh·g⁻¹，4 号样品在不同电流密度下的可逆容量分别为 764.2mAh·g⁻¹、757.9mAh·g⁻¹、691.8mAh·g⁻¹、660.5mAh·g⁻¹、579.1mAh·g⁻¹ 和 740.7mAh·g⁻¹，5 号样品在不同电流密度下的可逆容量分别为 753.1mAh·g⁻¹、731.0mAh·g⁻¹、658.9mAh·g⁻¹、607.3mAh·g⁻¹、521.3mAh·g⁻¹ 和 750.1mAh·g⁻¹。

从上述数据中可以得出，1 号样品在循环过程中容量衰减比较快，循环性能不够稳定。2 号样品的循环与倍率性能最好，可能是因为表面的碳层可以提供更多的电子传输路径，从而改善活性物质的导电性，并一定程度上缓解了活性物质在充放电过程中的体积膨胀。因此，合适的碳包覆含量可以改善 FeS₂ 的电化学性能。

5.4　本章小结

① 通过不同表面活性剂制备 FeS$_2$ 材料，获得不同的形貌，主要有大颗粒团聚状、微球状和小颗粒状。对它们进行电化学分析，微球状形貌的电化学性能最好，这是因其比表面积高，可以与电解液充分接触，提高活性材料的利用率。在 100 次循环后，容量仍保持在 1014.8mAh·g^{-1}。

② 通过使用多巴胺作为碳源，对 FeS$_2$ 材料进行碳包覆处理。添加多巴胺含量为 0.5 倍的活性材料时，电极表现出比较好的循环与倍率性能，在电流密度为 0.1A·g^{-1}、100 次循环后，容量依然保持在 719.7mAh·g^{-1}。

本章参考文献

[1] Fan H H, Li H H, Huang K C, et al. Metastable marcasite-FeS$_2$ as a new anode material for lithium ion batteries: CNFs-improved lithiation/delithiation reversibility and Li-storage properties [J]. ACS Applied Materials & Interfaces, 2017, 9 (12): 10708-10716.

[2] Xu L, Hu Y, Zhang H, et al. Confined synthesis of FeS$_2$ nanoparticles encapsulated in carbon nanotube hybrids for ultrastable lithium-ion batteries [J]. ACS Sustainable Chemistry & Engineering, 2016, 4 (8): 4251-4255.

[3] Gan Y, Xu F, Luo J, et al. One-pot biotemplate synthesis of FeS$_2$ decorated sulfur-doped carbon fiber as high capacity anode for lithium-ion batteries [J]. Electrochimica Acta, 2016, 209: 201-209.

[4] Chen Z, Qin Y, Amine K, et al. Role of surface coating on cathode materials for lithium-ion batteries [J]. Journal of Materials Chemistry, 2010, 20 (36): 7606-7612.

[5] Sridhar V, Park H. Carbon nanofiber linked FeS$_2$ mesoporous nano-alloys as high capacity anodes for lithium-ion batteries and supercapacitors [J]. Journal of Alloys and Compounds, 2018, 732: 799-805.

[6] Han F D, Bai Y J, Liu R, et al. Template-free synthesis of interconnected hollow carbon nanospheres for high-performance anode material in lithium-ion batteries [J]. Advanced Energy Materials, 2011, 1 (5): 798-801.

[7] Lu J, Lian F, Guan L, et al. Adapting FeS$_2$ micron particles as an electrode material for lithium-ion batteries via simultaneous construction of CNT internal networks and external cages [J]. Journal of Materials Chemistry A, 2019, 7 (3): 991-997.

第6章

Sb₂S₃的合成、表征及储钠性能研究

6.1 引言

Sb$_2$S$_3$作为一种各向异性的直接带隙半导体材料，带隙宽度在1.5～2.2eV之间，也具有一种非典型的层状结构。Sb$_2$S$_3$属于正交晶系，晶胞参数为$a=11.2$，$b=11.3$，$c=3.8411$，空间点群为Pbnm62。典型的晶体结构如图6.1所示，其基本组成是(Sb$_4$S$_6$)$_n$链，链状结构中包括三角锥形的SbS$_3$和四角锥形的SbS$_5$，且平行于c轴[010]方向。由于Sb$_2$S$_3$链中有二价(一个S^{2-})和三价(两个S^{3-})S原子，与Sb键合时沿着c轴方向形成强共价键，而[100]方向上相对较弱。因此，Sb$_2$S$_3$容易沿着垂直于(100)面的方向生长，形成低维纳米结构而引起边缘导电性各向异性。因此，Sb$_2$S$_3$较其他MSs表现出更差的导电性。但是，其在自然界中储量丰富、无毒、热稳定性

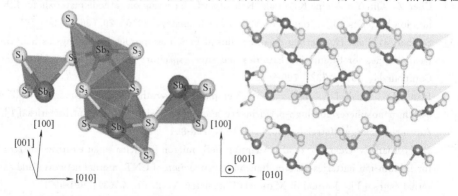

(a) Sb$_2$S$_3$基本组成单位(Sb$_4$S$_6$)$_{6n}$的结构图　　(b) Sb$_2$S$_3$沿着(001)面的投影图

图 6.1　Sb$_2$S$_3$晶体结构示意图

优异且具有较高理论容量（比容量为 946mAh·g^{-1}），所以，Sb$_2$S$_3$ 半导体材料在光催化、太阳能电池、LIBs 和 SIBs 等领域受到研究者的关注。

如今，随着 Sb$_2$S$_3$ 半导体纳米材料在储能领域的广泛应用，天然存在的辉锑矿（Sb$_2$S$_3$）已不能满足需求。因此，研究者开发了多种制备工艺合成 Sb$_2$S$_3$ 纳米结构，例如固相合成法、热注射法、水/溶剂热法、微波法和阳离子交换法等。其中，水/溶剂热法因为实验条件温和、形貌可控、成本低、环保等优点，是目前应用比较广泛的合成方法。Lee 等通过溶剂热法合成了石墨烯纳米片包覆的 Sb$_2$S$_3$ 纳米棒，具有优异的储锂性能。Xie 等通过简易的溶剂热法合成了一种 Sb$_2$S$_3$ 中空微球，作为 SIBs 电极时表现出优异的储锂性能。因此，Sb$_2$S$_3$ 纳米结构通过改善其固有电导率而成为优异的 SIBs 负极材料。

Sb$_2$S$_3$ 纳米结构作为高性能 SIBs 负极材料，基于金属 Sb 独特的电子结构，其对 Na$^+$、Li$^+$ 等碱金属离子表现出较高的活性，通常在转换反应结束后会与其余的 Na$^+$、Li$^+$ 等发生合金化反应，提供额外的容量。因此，Sb$_2$S$_3$ 材料表现出较其他 MSs 更高的比容量。主要的储钠机制包括：转换反应和合金化反应机制。如下列方程式所示：

$$Sb_2S_3 + 6Na^+ + 6e^- \longrightarrow 3Na_2S + 2Sb$$

$$Sb + 3Na^+ + 3e^- \longrightarrow Na_3Sb$$

但是，近期有研究报道，基于原位 XRD 和原位 TEM 等高技术手段分析发现，Sb$_2$S$_3$ 微纳米结构在传统转换反应前先发生嵌入反应，形成插层化合物（Na$_x$Sb$_2$S$_3$），接着发生转换反应和合金化反应。如下所示：

$$Sb_2S_3 + xNa^+ + xe^- \longrightarrow Na_xSb_2S_3 (x < 12)$$

$$Na_xSb_2S_3 + (12-x)Na^+ + (12-x)e^- \longrightarrow 3Na_2S + 2Na_3Sb$$

基于上述分析，本章通过正交实验设计，采用溶剂热反应制备了多种形貌均匀、结构稳定的 Sb$_2$S$_3$ 微纳米复合结构。鉴于 Sb$_2$S$_3$ 半导体较低的导电性和充放电过程中体积膨胀严重等问题，通过纳米结构设计来提高其导电性和缓解体积膨胀。通过对溶剂热反应实验条件的控制，合成了束状 Sb$_2$S$_3$ 纳米针和基于纳米棒自组装的花状 Sb$_2$S$_3$ 微球，并对其电化学钠储存性能进行表征。

6.2 实验部分

6.2.1 正交实验设计

正交实验设计是目前科研工作者最常用的一种实验方案设计方法。它是通过对实验影响因素的综合考虑，挑选最具代表性的因素和水平，利用正交表设计出合理的实验方案，通过这些最具代表性的实验结果分析，了解较为全面的实验情况和找出最优实验方案。

本章基于溶剂热合成过程中的反应物类型、添加剂的量、反应温度和反应时间等最具代表性的影响因素，基于实验的安全性和合理性设计出了如表 6.1 所示的正交方案。具体的实验为：在实验过程中，保持 $SbCl_3$（3.0mmol）和表面活性剂（PVP，1.0g）的量不变，同时保持 S 源的量不变（3.0mmol）。通过 S 源的种类、弱还原剂 Vc 的质量、反应温度和反应时间四个因素设计出四因素三水平（3^4）的正交实验。具体实验如表 6.2 所示。讨论各实验条件对生成产物的形貌影响，通过对比得出较优形貌及性能的材料进行后续优化处理。

表 6.1　正交实验参数

序号	B_1	B_2	B_3	B_4
因素名称	硫源(3.0mmol)	反应温度/℃	反应时间/h	还原剂 Vc/g
水平 A_1	硫脲	160	8	0.5
水平 A_2	硫代硫酸钠	180	12	1.0
水平 A_3	硫代乙酰胺	200	24	2.0

表 6.2　实验方案设计

序号	硫源(3.0mmol)	反应温度/℃	反应时间/h	还原剂 Vc/g
1#	硫脲	160	8	0.5
2#	硫脲	180	12	1.0
3#	硫脲	200	24	2.0
4#	硫代硫酸钠	160	12	2.0
5#	硫代硫酸钠	180	24	0.5
6#	硫代硫酸钠	200	8	1.0
7#	硫代乙酰胺	160	24	1.0
8#	硫代乙酰胺	180	8	2.0
9#	硫代乙酰胺	200	12	0.5

具体实验过程：首先，根据上述实验方案，分别用微量电子天平称取

$SbCl_3$（3.0mmol）和硫源（6.0mmol 硫脲、3.0mmol 硫代硫酸钠、6.0mmol 硫代乙酰胺）、1.0gPVP 和 Vc（0.5g、1.0g、2.0g）置于提前放置了磁力搅拌子的 100mL 聚四氟乙烯内衬内，然后向内衬里倒入 50mL 的 EG 溶液，将内衬放在强磁搅拌器上持续搅拌至完全溶解，最后用 10mL 的 EG 溶液冲洗搅拌子上的黏附物后得到 60mL 均匀混合溶液。然后将其转移到高压反应釜内并置于均相反应器里，在不同的温度（160℃、180℃、200℃）下分别反应相应的时间（8h、12h、24h），最后完全冷却到室温后，用去离子水和无水乙醇混合溶液洗涤、离心 3～5 次。得到的产物分散在无水乙醇和去离子水中，在烘箱里干燥一整夜，收集到粉末样品。

6.2.2　正交实验结果分析

（1）正交实验的物相分析

对于正交实验合成材料的物相，本节采用粉末 XRD 分析技术对其物相和结构进行分析，测试角度在 5°～85°之间。其结果如图 6.2（a）所示，设计的九组实验的 XRD 谱图的特征峰与正交晶系 Sb_2S_3 的标准卡片（JCPDS♯75-1310）匹配，无其他杂峰，而且在衍射角 2θ 为 25.0°、29.3°和 32.4°处的三强峰分别对应于 Sb_2S_3 晶面指数为（310）、（121）和（221）。由此可以得出，合成材料的物相均为 Sb_2S_3 相。在所有的 XRD 谱图中，发现在 2θ 约等于 9°处出现了一个强度相对较弱的类似于非晶态的衍射峰。此外，在 Sb_2S_3 标准卡片中 2θ 约为 12.1°处的衍射峰消失。为了进一步获得清晰的数据，在九组 XRD 谱中找出衍射强度较弱的 4♯、6♯ 和 9♯ 样品的 XRD 谱放大进行观察，其并不像 XRD 总谱中那样，此时表现出较强、较宽的衍射峰，如图 6.2（b）～（d）所示。而且每个样品的 XRD 谱中，这一衍射峰出现在相同的衍射角处。

针对这一现象，结合 Sb_2S_3 的结构特征（图 6.1），其具有非典型的层状结构，在含有大分子添加剂的溶剂热反应中，大分子物质易插入其层状结构中，使其晶面间距发生变化，而对这方面的报道中，比较典型的就是层状 MoS_2，因为 PVP 等大分子在反应过程中插入其层状结构中，使某些衍射角向小角度移动。例如：Zhang 等人通过少层 MoS_2 纳米块构建了一种具有高定向构型的三维结构，由于大分子 PVP 的引入，使 14.4°左右的衍射峰偏移到 12.5°左右，向小角度方向移动了约 1.9°，对应的（002）晶面间距从 0.63nm

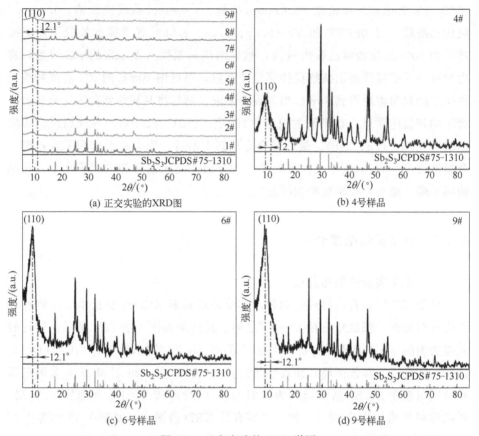

图 6.2　正交实验的 XRD 谱图

增加到了 0.707nm。再如 2018 年 Li 等报道了一种层间距可调控的 CuS 微球，作者在实验中引入了一种阳离子表面活性剂 CTAB（十六烷基三甲基溴化铵），其在反应过程中嵌入 CuS 片层之中，致使其（002）晶面间距从 0.8nm 扩大到 1.2nm，XRD 衍射峰向小角度移动 3.8°到 7.0°附近。

因此，溶剂热反应过程中加入的表面活性剂（PVP）在反应过程中插入 Sb_2S_3 的（110）晶面层中，致使其衍射峰向小角度移动 2.1°到 9.0°处。通过布拉格方程计算得出晶面间距为 8.96Å，与在 11.1°处的晶面间距（7.98Å）相比扩大 0.98Å。因此，可以得出大分子 PVP 的加入引起了 Sb_2S_3 的（110）晶面间距扩大是造成其衍射峰向小角度移动的主要原因。

（2）正交实验的形貌分析

图 6.3 给出了正交实验获得九组样品的 SEM 图。图 6.3（a）为样品 1#

的 SEM 图，呈现出大量杂乱无序的细小纳米棒结构，具有一定的团聚现象；样品 2♯ 的 SEM［图 6.3（b）］呈现出团聚的棒状结构，直径为几百纳米，有些甚至为 1.0mm 左右；图 6.3（c）（样品 3♯）呈现出棒状结构。图 6.3（d）给出了样品 4♯ 对称的微球形貌，且尺寸在 6.0mm 左右；图 6.3（e）中（样品 5♯），能观察到一种基于疏松纳米棒向四周放射的微球结构；图 6.3（f）呈现出了一种不规则微球和团聚纳米棒的混合形貌（样品 6♯）。

(a) 样品1#　　(b) 样品2#　　(c) 样品3#

(d) 样品4#　　(e) 样品5#　　(f) 样品6#

(g) 样品7#　　(h) 样品8#　　(i) 样品9#

图 6.3　通过正交实验合成的 Sb₂S₃ 材料的 SEM 图

图 6.3（g）展示了样品 7♯ 蝴蝶结状结构和断结状微球（蝴蝶结从中间断裂）；样品 8♯ 的形貌展示在图 6.3（h）中，呈现出不规则的花状结构，尺寸

在 8～10mm；图 6.3 (i) 展示出了样品 9♯团聚的纳米棒结构。综上，从样品 1♯到样品 3♯可以看出，以硫脲为 S 源易于形成纳米棒或纳米针状结构，而且随着温度的升高尺寸变大；从样品 4♯到样品 6♯，硫代硫酸钠作为 S 源时易形成基于纳米棒自组装的花状或球状结构，而且在不同温度和反应时间下生长出不同的形貌；而样品 7♯到样品 9♯，硫代乙酰胺作为 S 源时，形成了尺寸较大的花状或棒结构，而且团聚严重。

因此，首先以硫脲为 S 源，采用较低的温度，通过其他条件的调整，制备出一种基于纳米针自组装的具有良好分散性的 Sb_2S_3 束状结构；最后，基于样品 5♯的实验条件，通过提高反应温度、缩短反应时间来制备一种均匀的、分散性良好的花状 Sb_2S_3 微球。

（3）正交实验合成材料钠储存性能研究

本节采用恒电流充放电和电化学阻抗谱评估正交实验合成 Sb_2S_3 材料的电化学储钠性能。图 6.4 为九组样品在电压窗口为 0.1～3.0V、电流密度为 $0.05A \cdot g^{-1}$ 时的充放电曲线，九组样品表现出较高的起始储钠容量。其中，样品 5♯ [图 6.4 (e)]、样品 6♯ [图 6.4 (f)] 和样品 9♯ [图 6.4 (i)] 的起始放电比容量（$1041.0mAh \cdot g^{-1}$、$952.1mAh \cdot g^{-1}$ 和 $1051.0mAh \cdot g^{-1}$）超过了 $Sb_2S_3 mAh \cdot g^{-1}$ 纳米材料的理论比容量（$946.0mAh \cdot g^{-1}$），一般认为超出理论储存容量源于电极材料表面 SEI 膜的形成或导电剂的贡献。而且，样品 1♯、2♯、5♯和 9♯的首次库仑效率均高于 90.0%，这种优异的首次库仑效率可归因于电极材料与醚类电解液没有副反应发生且在首次放电过程中没有形成稳定的 SEI 膜。

此外，九组样品的首次放电曲线存在多个电压平台。其中，在 1.0～1.5V 之间的电压平台对应 SEI 膜的形成，在 0.5～1.0V 之间的电压平台对应 Na^+ 与 Sb_2S_3 发生转换反应，在 0.1～0.5V 之间的电压平台对应 Sb 的合金化反应。在首次充电过程中，在 0.5～1.0V 和 1.5～2.0V 之间的电压平台分别对应 Na_3Sb 和去合金化和逆转换反应，在 2.5V 左右不明显的电压平台与 Na^+ 的脱嵌相关。

与首次充电比容量相比，样品 2♯ [图 6.4 (b)] 和 6♯的第二次充电比容量增加，这与 SEI 膜的溶解有关，其他样品在接下来的循环中表现出一定的容量衰减，这种容量衰减一般认为是电极材料因体积膨胀引起的。

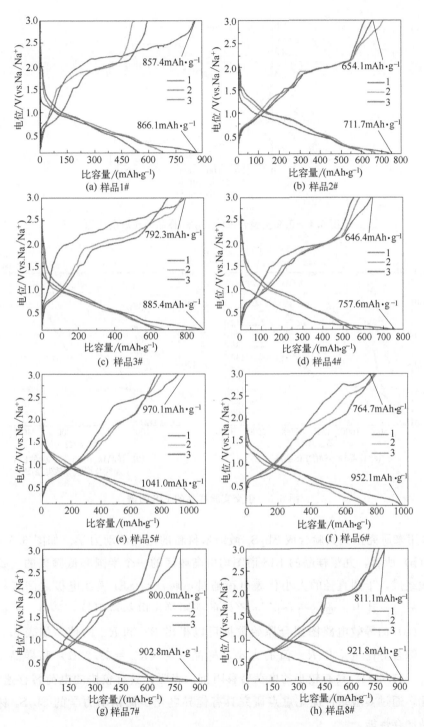

图 6.4

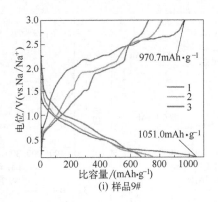

(i) 样品9#

图 6.4　正交实验合成的 Sb_2S_3 样品的充放电性能

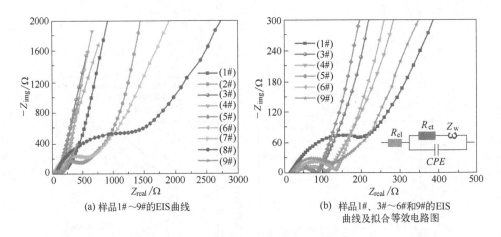

(a) 样品1#～9#的EIS曲线　　　　(b) 样品1#、3#～6#和9#的EIS
曲线及拟合等效电路图

图 6.5　正交实验样品的 EIS 图谱

EIS 用来研究正交实验合成 Sb_2S_3 微纳米材料的电化学动力学。如图 6.5 （a）和（b）所示，九组样品的 EIS 谱图均由高频区的一个半圆和低频区的一条斜直线组成，半圆直径的大小代表电荷通过电解液与 SEI 膜在电极之间转移阻抗（R_{ct}）。其中，通过高频区与 Z' 轴的截距确定电解液阻抗（R_{el}），根据图 6.5 （b）的等效电路图拟合原始数据可以得出 R_{el} 和 R_{ct} 的值，如表 6.3 所示。综合对比 R_{el} 和 R_{ct} 值的大小，样品 3#（$R_{ct}=69.22\Omega$）和样品 5#（$R_{ct}=51.65\Omega$）具有较小的电荷转移阻抗，表明其具有较快的电荷转移速率。因此，通过实验条件优化重点研究具有优异电化学储钠动力学的 Sb_2S_3 材料的钠储存性能。

表 6.3　不同形貌 Sb$_2$S$_3$ 样品的电化学 EIS 拟合结果

样品编号	R_{el}/Ω	R_{ct}/Ω	样品编号	R_{el}/Ω	R_{ct}/Ω
1#	14.09	248.1	6#	19.65	104.9
2#	20.26	518.3	7#	24.89	665.3
3#	15.12	69.22	8#	47.12	1485
4#	20.65	93.58	9#	19.2	98.86
5#	23.26	51.65			

6.2.3　束状 Sb$_2$S$_3$ 纳米针及花状 Sb$_2$S$_3$ 微球的合成

通过上述简单正交实验分析，优化合成实验过程如下：

① 束状 Sb$_2$S$_3$ 纳米针的合成。与上述正交实验过程相似。具体的，将 3.0mmolSbCl$_3$、3.0mmolCS（NH$_2$）$_2$、1.0gPVP 和 2.0gVc 一起添加到 100mL 聚四氟乙烯内衬里，并加入 50mLEG 溶液，强磁搅拌以形成均匀的混合溶液，最后用 10mLEG 溶液冲刷搅拌子后得到均匀溶液。将其装入高压反应釜中，然后在 160℃的温度下加热反应 12h。通过洗涤、离心分离，收集到最终产物。通过物相和形貌分析得到束状 Sb$_2$S$_3$ 纳米针（Sb$_2$S$_3$-Nns）。

② 花状 Sb$_2$S$_3$ 微球的合成。该实验过程与上述相似，通过提高反应温度、增加反应时间（24h）和 S 源（硫代硫酸钠）的量来获得形貌均匀的产物。具体地，将 3.0mmolSbCl$_3$、3.0mmol 硫代硫酸钠、0.5gVc 和 2.0gPVP，在聚四氟乙烯内衬里形成混合均匀溶液后，在反应釜里 200℃下分别反应 24h 后获得产物（Sb$_2$S$_3$-Fms）。

6.3　束状 Sb$_2$S$_3$ 纳米针和花状 Sb$_2$S$_3$ 微球的物理表征分析

6.3.1　物相分析

本节采用 XRD 分析技术对合成的 Sb$_2$S$_3$-Nns 和 Sb$_2$S$_3$-Fms 样品在衍射角为 5°～85°之间进行物相分析，其结果与上述正交实验物相类似，如图 6.6 所示。它们的衍射模型与辉锑矿、正交晶系 Sb$_2$S$_3$ 的标准卡片相匹配。而且，主要的特征峰对应的晶面均呈现在图中。上述观察到的衍射峰偏移的现象，在此实验中同样存在，而且均出现在 9.0°处，这可归因于大分子 PVP 插入 Sb$_2$S$_3$ 的（110）晶面所致。这种扩大的层间距在 Na$^+$ 存储方面具有一定的优势。

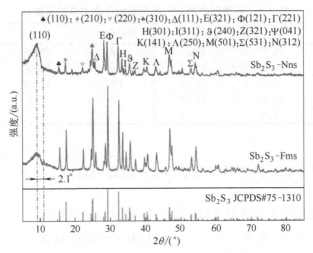

图 6.6　Sb₂S₃-Nns 及 Sb₂S₃-Fms 样品的 XRD 谱图

6.3.2　形貌及结构分析

图 6.7 (a) 和 (b) 为通过溶剂热法合成的 Sb₂S₃-Nns 及 Sb₂S₃-Fms 样品的 SEM 图。在较高分辨率下，样品呈现出高度有序的纳米针 [图 6.7 (a)]，且尺寸在 50nm 左右；在较低倍数下，Sb₂S₃ 材料的形貌为束状结构 [图 6.7 (b)]，其形貌类似于一把扫帚，而且边缘有超细的纳米针状结构。图 6.7 (c) 和 (d) 为合成花状结构的 Sb₂S₃ 材料的微观形貌，在较高分辨率下可以观察到不规则纳米棒呈放射状排布，而且棒与棒之间分布不均匀，在其整体分布图中，能够观察到花状微球分散性良好，具有球状结构。但是这些花状微球大小不均，有完整的花状微球，也有破碎的结构。

为了进一步探究 Sb₂S₃-Nns 样品的显微结构，对合成的材料采用 TEM、SAED、HRTEM 和 TEM-EDS 分析技术对其形貌、晶格信息及元素分布进行分析，其结果如图 6.8 所示。图 6.8 (a) 为 Sb₂S₃-Nns 样品的整体形貌图，能够清晰地观察到基于纳米针自组装的束状结构，这与 SEM 显示的形貌一致。而且，在较低的分辨率下，如图 6.8 (b) 和 (c) 所示，纳米针的横向尺寸在 60～90nm 之间。

图 6.8 (d) 为 Sb₂S₃-Nns 样品的选区电子衍射图，单晶衍射斑点与 Sb₂S₃ 的晶面一一对应，说明合成的这种材料具有较高的结晶度。图 6.8 (e)

(a) Sb$_2$S$_3$纳米针在高倍数下SEM图　　　　　　(b) Sb$_2$S$_3$纳米针低倍数下的SEM图

(c) Sb$_2$S$_3$微球低倍数下的SEM图　　　　　　(d) Sb$_2$S$_3$微球整体形貌分布图

图 6.7　Sb$_2$S$_3$-Nns 及 Sb$_2$S$_3$-Fms 样品的 SEM 图

为 Sb$_2$S$_3$-Nns 样品的 TEM 图，选择其中部分晶格条纹在 Digital-Micrography 软件进行快速傅里叶逆变换（IFFT）后可以更清楚地看见晶格条纹，测得晶面间距为 0.89nm，对应于正交相 Sb$_2$S$_3$ 的（110）晶面。这一测量结果与 XRD 分析结果一致，进一步证明了这种扩大层间距的 Sb$_2$S$_3$-Nns 样品。

图 6.8（f）为 Sb$_2$S$_3$-Nns 样品的 HRTEM 图，从图中能观察到有序的晶格条纹，为了更清楚地观察，选择图中框内区域进行 IFFT 处理后，一系列清晰的晶格条纹间距为 0.36nm，对应于 Sb$_2$S$_3$ 的（101）晶面。为了分析 Sb$_2$S$_3$-Nns 样品表面元素的分布状况，选择其中一根纳米针［图 6.8（g）］进行 TEM-mapping 分析，其结果如图 6.8（h）和（i）所示，Sb 和 S 元素均匀地分布在样品的表面。

图 6.9 为 Sb$_2$S$_3$-Fms 样品的 TEM、SAED 和 HRTEM 图。图 6.9（a）给出了边缘区域的形貌图，呈现出尺寸不均的纳米棒结构。图 6.9（b）为 SAED 图，一系列单晶衍射斑点与正交晶系 Sb$_2$S$_3$ 的晶面一一对应，其中标出

(a) 不同分辨率下的TEM图　　(b) 不同分辨率下的TEM图　　(c) 不同分辨率下的TEM图

(d) 选区电子衍射图　　(e) 高倍数下的TEM及其IFFT图　　(f) HRTEM及对应区域的IFFT图

(g) 元素分析选区图　　(h) Sb元素分布图　　(i) S元素分布图

图 6.8　Sb_2S_3-Nns 样品的 TEM、SAED、HRTEM 及元素面分布图

了（$11\bar{2}$）、（532）和（440）晶面，说明合成的 Sb_2S_3-Fms 样品具有较高的结晶度。

图 6.9（c）和（d）为 Sb_2S_3-Fms 样品的 HRTEM 及其对应区域的 IFFT 图，清晰的晶格条纹进一步证明其具有较高的结晶度。测得其晶面间距为 0.36nm，对应于 Sb_2S_3 的（101）晶面，而且图 6.9（c）中较大的晶面间距对应于 Sb_2S_3 的（110）晶面，这一结果进一步证实了 XRD 的结果，其扩大的（110）晶面间距为 0.89nm。

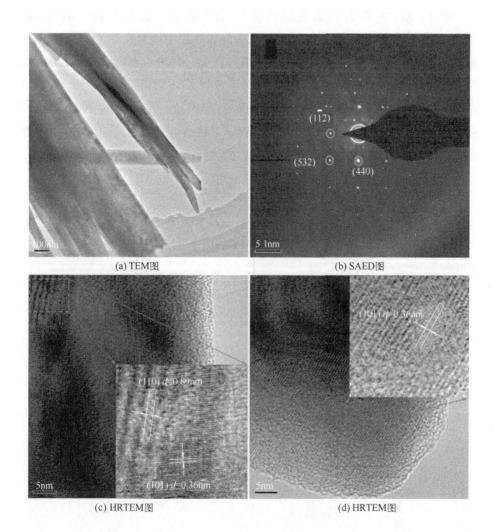

(a) TEM图   (b) SAED图

(c) HRTEM图   (d) HRTEM图

图 6.9　Sb₂S₃-Fms 样品边缘区域的 TEM、SAED 及 HRTEM 图

6.3.3　表面元素及价态分析

为了研究合成材料的表面元素价态，本节选择 Sb₂S₃-Nns 样品进行 XPS 分析，其结果如图 6.10 所示。从图 6.10（a）中检测出了 Sb 和 S 两种元素，而且，由于样品在空气中暴露，且在实验过程中加入了高分子 PVP 和弱还原剂 Vc，因此在实验中检测出了 O、C 及 N 元素。

此外，对 Sb 和 S 元素进行高分辨 XPS 分析。如图 6.10（b）所示，Sb 3d 谱在 539.0/538.3eV 和 529.4/528.8eV 处的主峰对应于 Sb_2S_3 中 Sb^{3+} 的 Sb $3d_{3/2}$ 和 Sb $3d_{5/2}$。由于样品暴露在空气中，同时检测出了在 531.6eV 处的 O 1s 特征峰。图 6.10（c）为 S 2p 的高分辨 XPS 谱图，结合能以 162.1eV 和 160.9eV 为中心的两个特征峰分别对应于 Sb_2S_3 的 S $2p_{1/2}$ 和 S $2p_{3/2}$ 中 S^{2-} 的自旋轨道峰，表明形成了 Sb—S 键。上述结果说明，在 Sb_2S_3 纳米针的合成过程中，其表面元素价态没有变化，Sb 为 +3 价，S 为 -2 价。

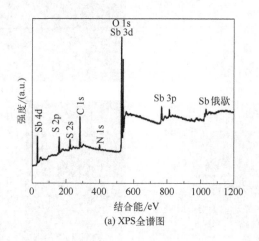

(a) XPS全谱图

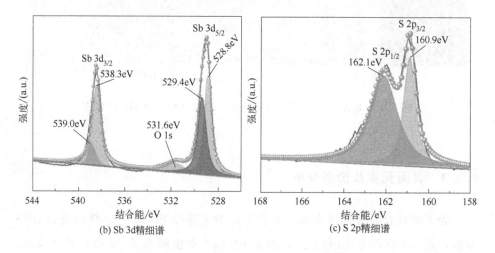

(b) Sb 3d精细谱　　　　　　　　　(c) S 2p精细谱

图 6.10　Sb_2S_3-Nns 样品的 XPS 谱图

6.4　电化学储钠性能研究

6.4.1　束状 Sb_2S_3 纳米针的储钠性能研究

本节采用 CV 法研究 Sb_2S_3-Nns 样品作为 SIBs 负极材料时的充放电机制。

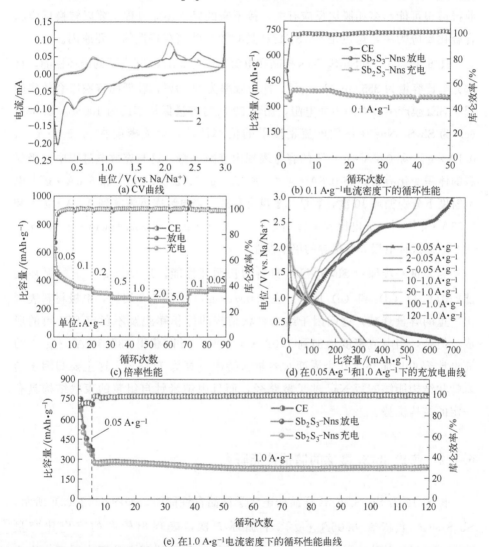

(a) CV曲线

(b) 0.1 A·g^{-1}电流密度下的循环性能

(c) 倍率性能

(d) 在0.05 A·g^{-1}和1.0 A·g^{-1}下的充放电曲线

(e) 在1.0 A·g^{-1}电流密度下的循环性能曲线

图 6.11　Sb_2S_3-Nns 样品的电化学钠储存性能

图 6.11（a）为 Sb_2S_3-Nns 电极在 $0.1mV \cdot s^{-1}$ 扫速下的 CV 曲线，首次放电过程在 1.96V 左右的还原峰对应 Na^+ 嵌入 Sb_2S_3 纳米针结构，1.12V 左右的还原峰对应 SEI 膜的形成，大约在 0.82V 处的阴极峰对应 Sb_2S_3 与 Na^+ 的转换反应，还原电位在 0.44/0.15V 处的峰对应于 Sb 与 Na^+ 的合金化反应电位；在充电过程中，0.75V 和 1.56V 处的氧化峰分别对应于 Na_3Sb 的去合金化反应和 Na_2S 与 Na^+ 反应生成 Sb_2S_3。而在 2.14V 和 2.55V 处的宽峰，根据以前报道很可能与多相脱嵌反应有关。接下来的氧化还原过程主要以转换反应和合金化反应为主，这也是 Sb_2S_3 材料具有较高钠储存特性的主要原因。

图 6.11（b）为 Sb_2S_3-Nns 样品在电流密度为 $0.1A \cdot g^{-1}$ 下的循环性能，首次充电比容量为 $355.7mAh \cdot g^{-1}$，库仑效率为 69.9%，较低的首次库仑效率归因于 SEI 膜产生较大的表面电阻，循环 50 次时容量保持率约为 100%。图 6.11（c）为 Sb_2S_3-Nns 在不同电流密度下的倍率性能，电流密度在 $0.05A \cdot g^{-1}$、$0.1A \cdot g^{-1}$ 和 $0.2A \cdot g^{-1}$ 下的容量表现出衰减趋势，这与充放电过程中电极材料的体积变化有关，在 $0.5A \cdot g^{-1}$、$1.0A \cdot g^{-1}$、$2.0A \cdot g^{-1}$ 和 $5.0A \cdot g^{-1}$ 电流密度下分别循环 10 次，容量几乎没有衰减。当电流密度恢复到 $0.1A \cdot g^{-1}$ 和 $0.05A \cdot g^{-1}$ 时，充电比容量分别为 $324.6mAh \cdot g^{-1}$ 和 $339.1mAh \cdot g^{-1}$，这表明 Sb_2S_3-Nns 电极具有优异的倍率性能。

为了进一步探究 Sb_2S_3-Nns 材料的长循环性能，$1.0A \cdot g^{-1}$ 下的循环性能如图 6.11（d）和（e）所示，在 $0.05A \cdot g^{-1}$ 循环 5 个周期，电极材料表现出严重的容量衰减，这归因于纳米针状结构的体积膨胀及不稳定 SEI 膜的形成。但是，当电流密度增加到 $1.0A \cdot g^{-1}$ 时，可以获得 $335.3mAh \cdot g^{-1}$ 的充电比容量，循环 120 个周期时容量保持率计算为 71.8%，这主要归因于纳米针状结构能够缩短 Na^+ 的扩散路径，而且由纳米针自组装的束状结构具有一定的结构优势。

6.4.2 花状 Sb_2S_3 微球的储钠性能研究

图 6.12 为 Sb_2S_3-Fms 样品的电化学钠储存性能图。如图 6.12（a）所示，Sb_2S_3-Fms 负极在 $0.05A \cdot g^{-1}$ 下循环 5 次，表现出较高的充电比容量（$790.5mAh \cdot g^{-1}$），首次库仑效率为 93.3%，甚至接下来的四次循环中库仑效率略高于 100%，这可能归因于具有较大空隙的纳米棒自组装的花状结构的

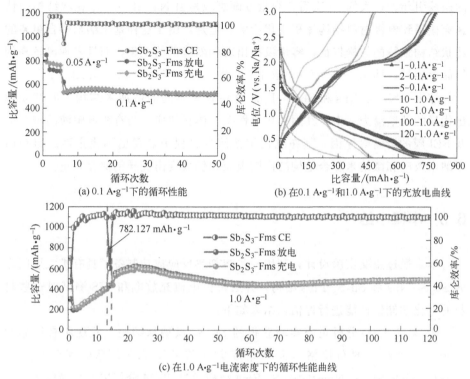

(a) 0.1 A·g⁻¹下的循环性能　　　　(b) 在0.1 A·g⁻¹和1.0 A·g⁻¹的充放电曲线

(c) 在1.0 A·g⁻¹电流密度下的循环性能曲线

图 6.12　Sb₂S₃-Fms 样品的电化学钠储存性能

表面形成了大量的 SEI 膜，在充电过程溶解产生额外的容量贡献，导致库仑效率较高。但是，容量逐渐衰减与 SEI 膜的溶解产生不可逆的多硫化物有关，能够降低电极材料的导电性。在 $0.1A \cdot g^{-1}$ 下循环至 50 次后可得到 $524.8mAh \cdot g^{-1}$ 的充电比容量，这种花状结构表现出优异的钠储存性能。而且，从图 6.12（b）的充放电曲线可以看出，这种花状结构表现出与 Sb₂S₃-Nns 负极材料相似的充放电电压平台，说明其主要以转换反应和合金化反应机制储钠。

此外，$1.0A \cdot g^{-1}$ 下的循环性能［图 6.12（c）］表现出独特的变化趋势，一个较低的首次库仑效率（43.6%）进一步说明不稳定的电解液的分解产生大量的 SEI 膜，生成的多硫化物的溶解以及副反应的发生，导致电极表面钝化。在后续循环过程中溶解，在反应过程中极化滞后特征能够引起 Sb₂S₃ 在合金化反应之前被 Na⁺ 还原成 Sb 和一些难以预期的副反应是容量逐渐增加的主要原因。在 15 次循环时放电比容量急增导致库仑效率降低主要是由测试过程中的振荡引起。在大约 25 次后，容量逐渐衰减是由 Na^+ 在 Sb_2S_3 花状结构中快速穿梭导致电极材料结构体积变化所致。但是，由于这种基于纳米棒自组装的花状结构独特的结构特征，容量没有出现剧烈降低的现象，而且表现出较高的钠储存容量，即 $1.0A \cdot g^{-1}$ 下循环 120 次充电比容量为 $482.2mAh \cdot g^{-1}$。

综上，Sb_2S_3-Nns 和 Sb_2S_3-Fms 材料具有不同的微纳米结构，但都表现出优异的储钠潜力。由于其固有导电性差、体积效应、与有机电解液的副反应及 SEI 膜的溶解等原因，其在电化学钠储存过程中表现出不稳定性。但是由于纳米效应和微纳米复合结构的协同效应，仍表现出优异钠储存容量。

6.5 本章小结

本章通过正交实验设计，利用一步溶剂热反应成功制备了具有扩大层间距的 Sb_2S_3-Nns 和 Sb_2S_3-Fms 结构，并通过恒电流充放电和 EIS 测试对这些材料的电化学储钠性能进行评估，结果如下：

① 通过 XRD 分析正交实验获得的 Sb_2S_3 微纳米结构，发现所有样品的 (110) 晶面对应的布拉格角向小角度方向移动了 2.1°，晶面间距扩大了 0.98Å，并对 Sb_2S_3-Nns 和 Sb_2S_3-Fms 结构通过 TEM 分析进一步确定了这一结果。而且，SEM 结果显示，这种束状和花状结构之间有足够的开放空间，能够有效用于 Na^+ 存储。

② 正交实验样品的电化学钠储存性能测试结果显示，具有单分散、均匀形貌的 Sb_2S_3-Nns 和 Sb_2S_3-Fms 样品表现出较小的电荷转移阻抗，具有优异的电化学动力学特性。对结构优化后的两样品进行分析可得，虽然表现出一定程度的不稳定性，但是由于纳米结构和微米结构的协同作用，其表现出较高的储钠容量（Sb_2S_3-Nns 和 Sb_2S_3-Fms 材料分别在 $0.1A \cdot g^{-1}$ 和 $0.05A \cdot g^{-1}$ 下表现出 $355.7mAh \cdot g^{-1}$ 和 $790.5mAh \cdot g^{-1}$ 的充电比容量）。

本章参考文献

[1] Zhan W W, Zhu M, Lan J L, et al. 1D Sb_2S_3 @nitrogen-doped carbon coaxial nanotubes uniformly encapsulated within 3D porous graphene aerogel for fast and stable sodium storage [J]. Chemical Engineering Journal, 2021, 408: 128007.

[2] Dong Y C, Yang S L, Zhang Z Y, et al. Enhanced electrochemical performance of

lithium ion batteries using Sb$_2$S$_3$ nanorods wrapped in graphene nanosheets as anode materials [J]. Nanoscale, 2018, 10 (7): 3159-3165.

[3]　Xie J J, Liu L, Xia J, et al. Template-free synthesis of Sb$_2$S$_3$ hollow microspheres as anode materials for lithium-ion and sodium-ion batteries [J]. Nano-Micro Letters, 2018, 010 (001): 103-114.

[4]　Xiong X H, Wang G H, Lin Y W, et al. Enhancing sodium ion battery performance by strongly binding nanostructured Sb$_2$S$_3$ on sulfur-doped graphene sheets [J]. ACS Nano, 2016, 10 (12): 10953-10959.

[5]　Yao S S, Cui J, Lu Z H, et al. Unveiling the unique phase transformation behavior and sodiation kinetics of 1D van der waals Sb$_2$S$_3$ anodes for sodium ion batteries [J]. Advanced Energy Materials, 2017, 7 (8): 1602049.

[6]　Ge P, Zhang L M, Zhao W Q, et al. Interfacial bonding of metal-sulfides with double carbon for improving reversibility of advanced alkali-ion batteries [J]. Advanced Functional Materials, 2020, 30 (16): 1910599.

[7]　Deng Z N, Jiang H, Hu Y J, et al. 3D ordered macroporous MoS$_2$@C nanostructure for flexible Li-ion batteries [J]. Advanced Materials, 2017, 29 (10): 1603020.

[8]　Wu M H, Xia S S, Ding J F, et al. Growth of MoS$_2$ nanoflowers with expanded interlayer distance onto N-doped graphene for reversible lithium storage [J]. ChemElectroChem, 2018, 5 (16): 2263-2270.

[9]　Zhang S P, Chowdari B V R, Wen Z Y, et al. Constructing highly oriented configuration by few-layer MoS$_2$: toward high-performance lithium-ion batteries and hydrogen evolution reactions [J]. ACS Nano, 2015, 9 (12): 12464-12472.

[10]　Fang Y J, Luan D Y, Lou X W. Recent advances on mixed metal sulfides for advanced sodium-ion batteries [J]. Advanced Materials, 2020, 32 (42): 2002976.

[11]　赵赢营. 过渡金属硫化物的结构设计合成及其在钠/镁二次电池中的储能机制研究 [D]. 长春：吉林大学, 2019.

[12]　Zhou J, Dou Q R, Zhang L J, et al. A novel and fast method to prepare a Cu-supported alpha-Sb$_2$S$_3$@CuSbS$_2$ binder-free electrode for sodium-ion batteries [J]. RSC Advances, 2020, 10 (49): 29567-29574.

[13]　Li J B, Yan D, Zhang X J, et al. In situ growth of Sb$_2$S$_3$ on multiwalled carbon nanotubes as high-performance anode materials for sodium-ion batteries [J]. Electrochimica Acta, 2017, 228: 436-446.

[14]　Hameed A S, Reddy M V, Chen J L T, et al. RGO/stibnite nanocomposite as a dual anode for lithium and sodium ion batteries [J]. ACS Sustainable Chemistry & Engineering, 2016, 4 (5): 2479-2486.

[15]　Cao L, Gao X W, Zhang B, et al. Bimetallic sulfide Sb$_2$S$_3$@FeS$_2$ hollow nanorods as high-performance anode materials for sodium-ion batteries [J]. ACS Nano, 2020, 14 (3): 3610-3620.

[16]　Pan Z Z, Yan Y, Cui N, et al. Ionic liquid-assisted preparation of Sb$_2$S$_3$/reduced graphene oxide nanocomposite for sodium-ion batteries [J]. Advanced Materials Inter-

faces，2018，5（5）：1701481.

[17] Dong Y C，Hu M J，Zhang Z Y，et al. Nitrogen-doped carbon-encapsulated antimony sulfide nanowires enable high rate capability and cyclic stability for sodium-ion batteries [J]. ACS Applied Nano Materials，2019，2（3）：1457-1465.

[18] He H N，Sun D，Tang Y G，et al. Understanding and improving the initial coulombic efficiency of high-capacity anode materials for practical sodium ion batteries [J]. Energy Storage Materials，2019，23：233-251.

第 7 章

Cu-Sb混合硫化物的合成、表征及储钠性能研究

7.1 引言

混合金属硫化物作为一种重要的功能半导体材料，与单金属硫化物相比具有更加丰富的氧化还原反应和更高的电子导电性，在电化学储能领域得到广泛应用。而且，与混合金属氧化物相比不仅仅具有丰富的氧化还原反应，而且具有更高的电子导电性。以 $NiCo_2S_4$ 为例，作为电极材料较对应的单金属硫化物（CoS_x 和 NiS_x）具有更高的比容量，而且电导率是对应的 $NiCo_2O_4$ 的 100 倍左右。因此，混合金属硫化物已被广泛用于电化学能量储存和转换领域，尤其是作为 SIBs 负极材料时由于不同相的异质界面的存在，能够提高电子/离子导电性、增强结构稳定性和缓解体积膨胀等，从而受到研究者重视。

在众多混合金属硫化物中，Cu-Sb 硫化物已被广泛应用于像光电化学、热电化学及太阳能电池等领域，在 SIBs 中应用相对较少。Cu-Sb 系混合硫化物的研究中，例如 $CuSbS_2$ 因为最佳的带隙宽度和高的吸收系数而广泛用于太阳能电池，但是其层状结构也在 SIBs 应用方面表现出巨大的优势。$CuSbS_2$、Cu_3SbS_4 和 $Cu_{12}Sb_4S_{13}$ 等作为一类优异的半导体材料，具有非典型的层状结构，如图 7.1 所示。但是，在 SIBs 中的应用较少，Cu-Sb 系负极材料的钠储存机制研究较少。

目前，据相关报道，Cu-Sb 混合硫化物作为 SIBs 负极材料时，主要以转换和合金化反应机制储钠，可以总结为如下方程式：

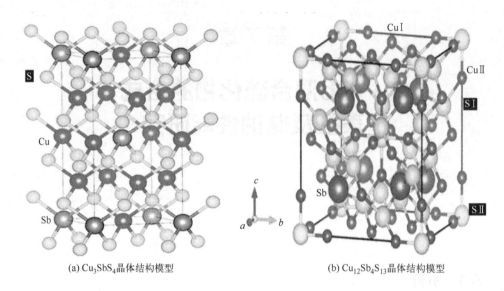

(a) Cu$_3$SbS$_4$晶体结构模型　　　　　　　(b) Cu$_{12}$Sb$_4$S$_{13}$晶体结构模型

图 7.1　Cu$_3$SbS$_4$ 和 Cu$_{12}$Sb$_4$S$_{13}$ 晶体结构的模型

$$CuSbS_2 + 4Li^+/Na^+ + 4e^- \longrightarrow Cu + Sb + 2Li_2S/Na_2S$$

$$Sb + 3Li^+/Na^+ + 3e^- \longrightarrow Li_3Sb/Na_3Sb$$

近期，Marino 等通过穆斯堡尔谱和原位 XRD 分析了 CuSbS$_2$ 负极材料的钠储存机制，发现在充放电过程中 CuSbS$_2$ 是不可逆的，主要机制总结如下：

放电过程：$CuSbS_2 + yNa^+ + ye^- \longrightarrow CuSb_{(1-y)}S_{(2-x)} + ySb + xNa_2S +$
$(7-x)Na^+ + (7-x)e^- \longrightarrow Na_3Sb + Na_2S + Cu^o$

充电过程：$Na_3Sb + Na_2S + Cu^o - 3Na^+ - 3e^- \longrightarrow Sb + Na_2S + Cu^o - 4Na^+ -$
$4e^- \longrightarrow CuSb_{(1-x')}S_{(2-y')} + x'Sb + y'S$

因此，本章通过一锅溶剂热法，采用组分设计、成分调控的思路，首次合成了一种 Cu$_{12}$Sb$_4$S$_{13}$ 纳米块嵌入 Cu$_2$S 纳米片中的绣球花状 Cu-Sb 混合硫化物微纳米复合结构，采用 XPS、TEM 等表征手段确定其组分和结构，并引入导电性优异的、柔性结构的碳材料进一步改善其导电性和结构稳定性。对复合材料的钠储存性能和电化学动力学进行详细分析，发现这种混合硫化物具有较单组分 CuS 和 Sb$_2$S$_3$ 更高的比容量、循环寿命和倍率性能。

7.2　正交实验设计及材料表征

7.2.1　正交实验设计

本章通过调控溶剂热合成过程中的反应物的配比、表面活性剂的量、反应温度和反应时间等最具代表性的影响因素，基于实验的安全性和合理性设计出了如表 7.1 所示的正交方案。具体为：使用 $CuCl_2 \cdot 2H_2O$、$SbCl_3$ 分别作为 Cu 源和 Sb 源，硫脲作为硫源，且用量不变（2.0mmol）。通过 Cu 和 Sb 的配比、表面活性剂的量、反应温度和反应时间四个因素设计四因素三水平（3^4）的正交实验。具体实验如表 7.2 所示。讨论各实验条件对产物的相组成和形貌的影响，通过对比得出较优形貌和储钠性能的 Cu-Sb 硫化物进行后续优化处理。

表 7.1　正交实验参数

序号	B_1	B_2	B_3	B_4
因素名称	Cu-Sb 摩尔比	反应温度/℃	反应时间/h	PVP/g
水平 A_1	1 ∶ 1	160	8	0.5
水平 A_2	2 ∶ 1	180	12	1.0
水平 A_3	3 ∶ 1	200	24	1.5

表 7.2　Cu-Sb 混合硫化物的实验方案

序号	Cu-Sb 摩尔比	反应温度/℃	反应时间/h	PVP/g
1#	1 ∶ 1	160	8	0.5
2#	1 ∶ 1	180	12	1.0
3#	1 ∶ 1	200	24	1.5
4#	2 ∶ 1	180	24	0.5
5#	2 ∶ 1	200	8	1.0
6#	2 ∶ 1	160	12	1.5
7#	3 ∶ 1	200	12	0.5
8#	3 ∶ 1	160	24	1.0
9#	3 ∶ 1	180	8	1.5

具体实验过程：首先，使用微量电子天平分别称取 2.0mmolSbCl$_3$ 和 2.0mmol、4.0mmol、6.0mmol 的 $CuCl_2 \cdot 2H_2O$ 置于装有搅拌子的聚四氟乙烯内衬里，分别称取 2.0mmol 硫脲为 S 源，0.5g、1.0g、1.5gPVP 作为大分子表面活性剂，将其倒入上述聚四氟乙烯内衬里，然后向内衬里倒入 50mL 的 EG 溶液，将内衬放在强磁搅拌器上持续搅拌至完全溶解，最后用 10mL 的

EG 溶液冲洗搅拌子上的黏附物后得到 60mL 均匀混合溶液。然后将其转移到高压反应釜内置于均相反应器里，在不同的温度（160℃、180℃、200℃）下分别反应一定的时间（8h、12h、24h），最后完全冷却至室温后，用去离子水和无水乙醇混合溶液洗涤、离心三次。得到的产物分散在无水乙醇和去离子水混合溶液中，在烘箱里干燥一夜，收集粉末产物。

7.2.2　正交实验合成材料的物理表征

（1）物相分析

为了研究正交实验产物的物相，九组样品在 10°～90°之间进行 XRD 检测，结果如图 7.2（a）～（c）和图 7.3（a）～（f）所示。从图中可以得出，1♯、

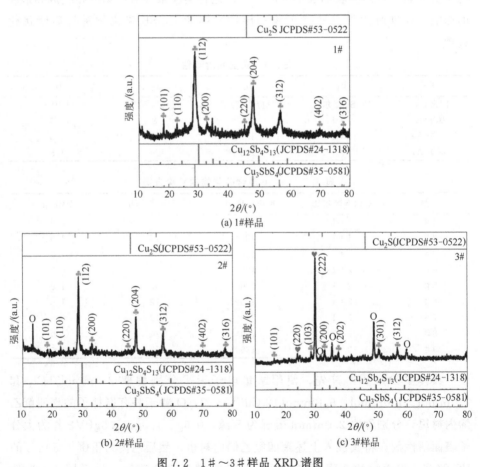

(a) 1♯样品

(b) 2♯样品

(c) 3♯样品

图 7.2　1♯～3♯样品 XRD 谱图

2#、4#和 5#样品的 XRD 特征峰与 Cu_3SbS_4 的标准卡片 JCPDS#35-0581
对应，而且衍射强度较高，由此得出，该四组样品的产物均为高纯度、高结晶
度的四方晶系 Cu_3SbS_4 相，空间点群为 I-42m（121），晶胞参数 $a＝b＝$
5.3853，$c＝10.7483$，2#样品在 2θ 等于 $13.6°$ 左右出现了一个较强的峰，可
归因于在样品后期处理中带入杂质的衍射峰。从图 7.2（c）可以看出，3#样
品的主要产物为 Cu-Sb 双金属硫化物的混合产物，其部分衍射峰与 Cu_3SbS_4
的标准卡片 JCPDS#35-0581 的特征峰一一对应，由此可确定产物中含有
Cu_3SbS_4 相。但是其三强峰中仅有 2θ 等于 $29.95°$ 处最强的特征峰与
$Cu_{12}Sb_4S_{13}$ 的标准卡片 JCPDS#24-1318 对应，其他几个较强特征峰（图中圈
出的峰）可能形成了新的 Cu-Sb-S 物相，与前两组实验相比，其反应温度最高
且反应时间最长，而且据相关报道称在高温下 Cu-Sb 双金属硫化物可以相互
转化，例如 $CuSbS_2$ 受热易分解为 $Cu_{12}Sb_4S_{13}$、Sb 和 Sb_2S_3 等物质。由此推
断，Cu_3SbS_4 与 $Cu_{12}Sb_4S_{13}$ 两相之间转化形成新的物相，所以 XRD 特征峰有
偏移。因此，3#样品的主要产物依然可推断为 Cu-Sb 混合硫化物相。

图 7.3（c）和（e）为 6#及 8#样品的 XRD 谱图，其主要衍射峰均与
Cu_3SbS_4 的标准卡片 JCPDS#35-0581 和 Cu_2S 的标准卡片 JCPDS#53-0522
对应。而且三强峰完全匹配，由此得出 6#和 8#样品的产物为立方晶系 Cu_2S
[晶胞参数为 $a＝b＝c＝5.564$，空间点群为 Pm-3m（221）] 和四方 Cu_3SbS_4
的混合物。但是，在两个样品的 XRD 谱中，两种相的衍射峰比重不尽相同，
6#样品以 Cu_3SbS_4 为主，8#样品以 Cu_2S 为主。这是由两者实验条件的差异
引起的，即 6#样品中 Cu-Sb 比为 2∶1，8#样品中 Cu-Sb 比为 3∶1 且反应时

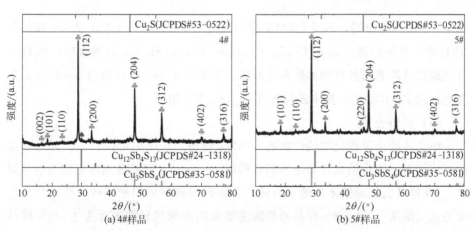

图 7.3

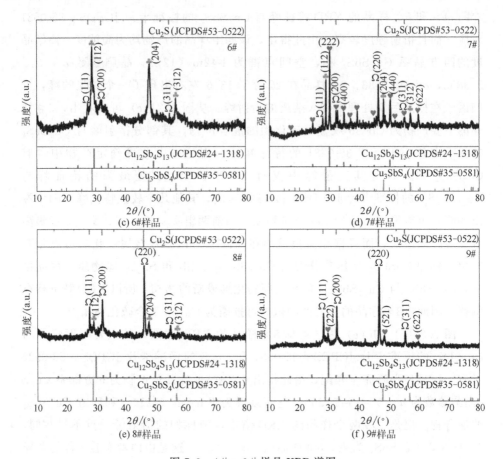

图 7.3 4♯~9♯样品 XRD 谱图

间是 6♯样品的两倍，所以 8♯样品中以 Cu_2S 为主。图 7.3（d）为 7♯样品的 XRD 谱，分析得该样品是 Cu_2S、Cu_3SbS_4 和 $Cu_{12}Sb_4S_{13}$ 的混合物，而且三者的最强峰均能与各自的标准卡片对应。从图 7.3（f）可以得出 9♯样品的主要物相以 Cu_2S 为主，其中还包含有 $Cu_{12}Sb_4S_{13}$ 相。

（2）形貌表征

图 7.4 给出了正交实验产物的 SEM 形貌图。从图中可以看出，九组样品的整体微观形貌由纳米片和纳米颗粒构成。1♯~5♯样品的基本形貌为纳米颗粒。6♯样品由超薄纳米片堆积而成，且表现出典型的层状结构，纳米片的厚度为几十纳米。7♯、8♯样品的形貌主要以纳米颗粒和纳米片为主，9♯样品以分散性良好的纳米片为主。

(a) 1#样品　　　　　(b) 2#样品　　　　　(c) 3#样品

(d) 4#样品　　　　　(e) 5#样品　　　　　(f) 6#样品

(g) 7#样品　　　　　(h) 8#样品　　　　　(i) 9#样品

图 7.4　通过正交实验合成的 Cu-Sb 混合硫化物的 SEM 图

7.2.3　正交实验合成材料储钠性能研究

为了探究正交实验产物的电化学钠储存性能，将上述正交实验合成的材料按第 2 章描述的电池组装技术进行钠离子半电池的组装及性能测试。具体的：采用恒电流充放电测试，在电压窗口为 0.4～2.6V 之间，采取低电流密度活化后在大电流密度下进行循环稳定性评估。

如图 7.5 所示，1#～5#样品在 0.1A $\cdot$ g^{-1} 下表现出较高的起始充电比容量（1#～5#样品分别为 561.6mAh $\cdot$ g^{-1}、486.7mAh $\cdot$ g^{-1}、681.0mAh $\cdot$ g^{-1}、839.2mAh $\cdot$ g^{-1} 和 682.8mAh $\cdot$ g^{-1}），但是在随后的循环中容量急剧下降，在第 5 次循环后电流密度增加至 1.0A $\cdot$ g^{-1} 后，充电比容量稍有保持，随后又

急剧降低，100 次循环后降至个位数。由此推断，这五个样品作为 SIBs 负极材料时循环稳定性较差，证明其在 Na$^+$ 嵌入和脱嵌过程中材料的结构破坏，导致充放电比容量急剧下降。

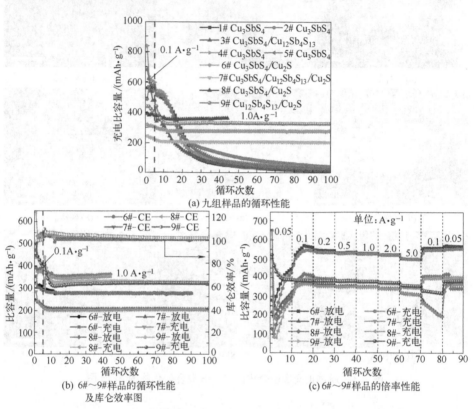

(a) 九组样品的循环性能

(b) 6#～9#样品的循环性能
及库仑效率图

(c) 6#～9#样品的倍率性能

图 7.5 通过正交实验合成的 Cu-Sb 混合硫化物的钠储存性能

对于 6♯ 和 7♯ 样品的钠储存性能，在 0.1A · g^{-1} 下循环，其首次充电比容量分别为 320.0mAh · g^{-1} 和 244.4mAh · g^{-1}。第 5 次循环后电流密度增加至 1.0A · g^{-1} 后循环至 100 次后充电比容量分别保持在 274.9mAh · g^{-1} 和 204.4mAh · g^{-1}，容量保持率分别为 85.9% 和 74.4%（与 0.1A · g^{-1} 的起始充电比容量相比）。这一结果说明 6♯ 和 7♯ 样品作为 SIBs 负极材料具有较高的循环稳定性、较高的容量保持率和优异的倍率性能，这可归因于多组分 Cu-Sb 混合硫化物的协同效应，而且这种微纳米复合结构具有较优的导电性和结构稳定性。对于 8♯ 和 9♯ 样品，在 0.1A · g^{-1} 下起始充电比容量分别为 391.6mAh · g^{-1} 和 439.5mAh · g^{-1}，循环 5 次后电流密度增加至 1.0A · g^{-1}，充电比容量逐渐降低，在第 10 次循环后保持稳定，100 次循环后容量几乎没有衰减。与起始比容量相比（电流密度为 $0.1A \cdot g^{-1}$），9＃样品的容量保持率为 74.1％。

因此，正交实验合成材料作为 SIBs 负极材料时，1＃～5＃样品不利于 Na^+ 存储，6＃～9＃样品有利于 Na^+ 储存，而且表现出优异的循环稳定性。从成分来看，1＃～5＃主要为单一的 Cu_3SbS_4 双金属硫化物，而 6＃～9＃主要以 Cu_3SbS_4 或 $Cu_{12}Sb_4S_{13}$ 和 Cu_2S 组成的混合硫化物为主，具有多相组分。在形貌方面，1＃～5＃以纳米颗粒为主，而 6＃～9＃以纳米片为主。由此得出，具有多组分的 Cu-Sb 混合硫化物较单组分的双金属硫化物具有更优的 Na^+ 储存性能，微观形貌为纳米片的材料较纳米颗粒的钠储存性能优异。

基于上述讨论，发现 Cu_3SbS_4 或 $Cu_{12}Sb_4S_{13}$ 和 Cu_2S 组成的混合金属硫化物具有优异的钠储存性能。因此，为了进一步讨论探究 6＃～9＃样品的循环性能，图 7.5（b）给出了 6＃～9＃样品在 $0.1A \cdot g^{-1}$ 下循环 5 次后在 $1.0A \cdot g^{-1}$ 下的循环性能和库仑效率。从图中可以发现，这四组样品在低电流密度下的循环稳定性较差，这与不稳定 SEI 膜的形成有关。对于 8＃和 9＃样品的前几个周期的库仑效率高于 100％，可归因于充电过程中电极材料与电解液发生副反应贡献额外的容量，或者在转换及合金化反应过程中诱导电容行为贡献了额外的容量，或者是不稳定的 SEI 膜部分溶解贡献的额外容量。

图 7.5（c）为 6＃～9＃样品作为 SIBs 负极时的倍率性能。6＃～8＃样品在 $0.05A \cdot g^{-1}$ 的电流密度下首次循环后容量急剧下降至最低点，后又逐渐升高，这可归因于不稳定 SEI 膜的形成，而且容量逐渐升高是由电解液在活性电极材料表面溶解引起的。由于这种活化现象，这几组样品表现出较高的倍率容量（在 $0.1A \cdot g^{-1}$ 电流密度下的充电比容量分别为 561.0mAh $\cdot g^{-1}$、375.7mAh $\cdot g^{-1}$ 和 411.0mAh $\cdot g^{-1}$，在 $5.0A \cdot g^{-1}$ 下的充电比容量分别为 498.5mAh $\cdot g^{-1}$、308.8mAh $\cdot g^{-1}$ 和 348.5mAh $\cdot g^{-1}$）。9＃样品在 $0.05A \cdot g^{-1}$ 下与上述材料充放电比容量变化趋势不同，表现为容量急剧下降，在 $0.1A \cdot g^{-1}$ 下的容量为 387.9mAh $\cdot g^{-1}$，当电流密度增加到 $5.0A \cdot g^{-1}$ 后容量保持在 355.6mAh $\cdot g^{-1}$，表现出优异的倍率容量。当电流密度回复到 $0.05A \cdot g^{-1}$ 后容量增加，这一现象说明这些多组分 Cu-Sb 混合硫化物具有优异的倍率性能，这可归因于混合金属硫化物电极在充放电过程中容易诱发较大的赝电容行为。

图 7.6 为 6＃～9＃样品作为 SIBs 负极时在电流密度为 $0.1A \cdot g^{-1}$ 下的

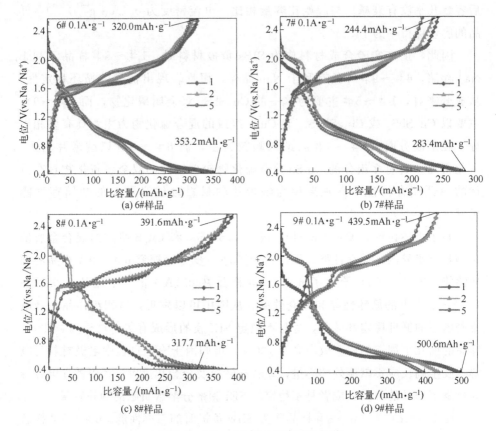

图 7.6 6#～9#样品的充放电性能

第 1、2 和第 5 次循环后的恒电流充放电曲线，电压窗口为 0.4～2.6V。四组样品的首次充放电容量分别为 320.0/353.2mAh·g^{-1}、244.4/283.4mAh·g^{-1}、391.6/317.7mAh·g^{-1} 和 439.5/500.6mAh·g^{-1}，它们的首次库仑效率计算为 90.6%、86.2%、123.3% 和 87.8%，8#样品的首次库仑效率大于 100% 可能是由 SEI 膜部分溶解引起的或电极材料与有机电解液发生副反应导致的。

综上所述，正交实验分析得出，溶剂热法能够有效地合成多组分金属硫化物结构，而且 Cu-Sb 混合金属硫化物中各组分间的协同作用，较单一双金属硫化物具有更优的钠储存性能。因此，本章基于上述正交实验分析，设计出合理的实验方案，通过溶剂热反应制备了 Cu-Sb 双金属硫化物和混合金属硫化物，并对其电化学钠储存性能进行研究。

7.3　Cu-Sb 硫化物的合成及表征

7.3.1　Cu-Sb 双金属硫化物的合成及物理表征

（1）Cu-Sb 双金属硫化物的合成

基于上述正交实验分析，Cu-Sb 双金属硫化物的合成方法为：0.3408g $CuCl_2 \cdot 2H_2O$、0.4563g $SbCl_3$、0.3045g 硫脲、1.0g PVP 通过强磁搅拌器搅拌溶解于 60mL 聚四氟乙烯内衬中，将得到的均匀混合溶液置于高温、高压反应釜内，在 200℃反应 12h，待冷却至室温后通过去离子水和无水乙醇洗涤、离心三次，最后将得到的粉末分散在无水乙醇和去离子水的混合溶液中，在烘箱里 60℃下干燥一夜，得到的产物为双金属硫化物 Cu_3SbS_4。

（2）Cu-Sb 双金属硫化物的物理表征

① 物相、表面元素及价态分析。

本节采用 XRD 分析技术对合成的 Cu-Sb 双金属硫化物的物相及晶体结构进行分析，测试角度范围在 $10°\sim80°$ 之间，其结果通过 Jade 软件分析。图 7.7 为合成材料的 XRD 衍射谱，其特征峰与四方晶系 Cu_3SbS_4 的标准卡片 JCPDS ♯35-0581 完全匹配，空间点群为 I-42m （121），晶胞参数为 $a=b=5.3853$,

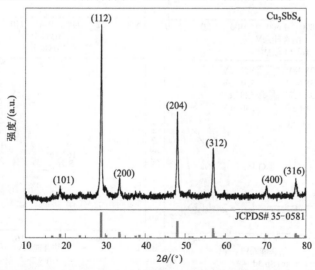

图 7.7　Cu_3SbS_4 样品的 XRD 图谱

$c = 10.7483$。在衍射角 $2\theta = 18.4°$、$28.7°$、$32.4°$、$41.1°$、$56.7°$、$69.8°$、$77.2°$处分别对应于四方晶系的 Cu_3SbS_4 的（101）、（112）、（200）、（204）、（312）、（400）和（316）晶面。

图 7.8（a）为 Cu_3SbS_4 样品的 XPS 总谱图，可以看出样品中含有的主要元素为 Cu、Sb、S，其中 O 和 C 元素是由于样品暴露于空气中和从原料硫脲、PVP 中引入的，而且在 530.2eV 左右 Sb 3d 和 O 1s 特征峰重合。图 7.8（b）为 Cu 2p 的高分辨 XPS 谱，结合能在 951.0eV 和 931.2eV 处的两个特征峰分别对应于 Cu_3SbS_4 中 Cu^+ 的 Cu $2p_{1/2}$ 和 $2p_{3/2}$ 自旋轨道峰。图 7.8（c）为 Sb 3d 的高分辨 XPS 谱图，其中在 O 1s 的峰是由于样品暴露在空气中表面氧化产生的，在 537.5eV 和 528.2eV 处的 Sb $3d_{3/2}$ 和 $3d_{5/2}$ 对应于原料中未反应完的 +3 价 Sb 的峰，而在 538.6/538.3eV 和 529.2/528.9eV 处的特征峰对应于

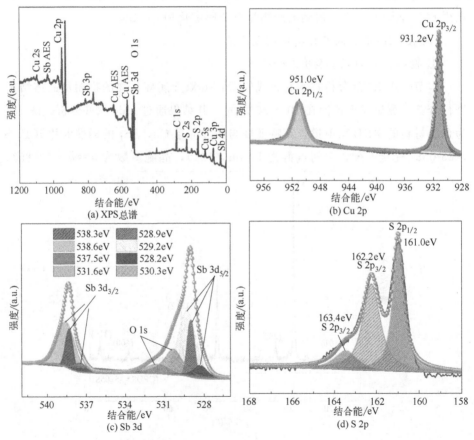

图 7.8　Cu_3SbS_4 样品的 XPS 谱图

Cu_3SbS_4 中 Sb^{5+} 的峰。而且，从 Sb 3d 谱中能够发现 Sb^{5+} 占主导，由此可以确定 Cu_3SbS_4 中 Sb 主要以＋5 价存在。图 7.8（d）为 S 2p 的精细谱图，在 162.2eV 和 161.0eV 处的特征峰分别对应于 S $2p_{3/2}$ 和 $2p_{1/2}$，可以确定为 S^{2-}，特征峰在 163.4eV 处能够对应到 Cu_3SbS_4 双金属硫化物中金属与硫形成的 M—S 键，正因为 M—S 键的存在，使得 S^{2-} 的标准峰偏移到了较低的结合能处。因此，在 Cu_3SbS_4 样品中，Cu、Sb 和 S 元素主要存在的价态为＋1、＋5 和－2 价。

② 形貌及结构表征。

图 7.9（a）为制备的 Cu-Sb 双金属硫化物样品在较低分辨率下的 SEM 图，从图中可以看到 1.0mm 左右的不规则球形结构。如图 7.9（b）所示，在高分辨率下可以看到这些不规则的球形结构是由纳米颗粒团聚而成，纳米颗粒的平均尺寸在 90nm。图 7.9（c）进一步为制备的样品中各元素的分布图，Cu、Sb 和 S 均匀分布，证明合成材料包含此三种元素。

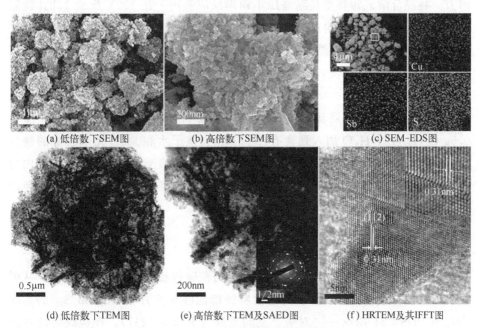

(a) 低倍数下SEM图　　(b) 高倍数下SEM图　　(c) SEM-EDS图

(d) 低倍数下TEM图　　(e) 高倍数下TEM及SAED图　　(f) HRTEM及其IFFT图

图 7.9　Cu_3SbS_4 样品的 SEM 及 TEM 图

通过 TEM 分析技术研究 Cu-Sb 双金属硫化物的显微结构，其结果如图 7.9（d）～（f）所示。由图 7.9（d）和（e）可以清晰地看出，合成的 Cu-Sb 双金属微球不仅仅由纳米颗粒组成，还有杂乱排列的纳米棒结构，其中的插图为样品的选区电子衍射（SAED）图，衍射环与 Cu_3SbS_4 的晶面一一对应，说明合成材料为高结晶度的多晶材料。图 7.9（f）为合成材料的 HRTEM 图，高度有序的晶格条纹进一步说明合成的双金属硫化物具有高的结晶性，其 0.31nm 的晶面间距对应于 Cu_3SbS_4 的（112）晶面，结果与 XRD 的结果一致。

7.3.2 Cu-Sb 混合金属硫化物的合成、改性及物理表征

（1）Cu-Sb 混合金属硫化物的合成及改性

① Cu-Sb 混合金属硫化物的合成。Cu-Sb 混合金属硫化物的合成采用简易的溶剂热法，具体的：分别称取 0.4563g $SbCl_3$、0.3408g $CuCl_2 \cdot 2H_2O$、0.3045g 硫脲、1.0g PVP、5.0g $C_6H_8O_7 \cdot H_2O$ 和 1.2g H_2NCONH_2 置于聚四氟乙烯内衬中，倒入 60mL EG 溶剂将混合物在强磁搅拌下溶解至形成均匀溶液。将混合溶液转移至高温高压不锈钢反应釜内，在 160℃反应 12h。待温度自然冷却至室温，获得的产物通过离心机离心分离，并用去离子水和酒精的混合溶液洗涤 3～5 次，然后将其分散在去离子水和酒精的混合溶液中，在烘箱中 60℃下干燥一整夜，最后分离出黑色粉末（命名为 CCS-S），进行分析检测。

② Cu-Sb 混合金属硫化物的改性。称取 0.05g 上述合成的粉末样品和 0.5g $C_6H_{12}O_6 \cdot H_2O$ 加入到含有 17.5mL 去离子水和 5mL 无水乙醇的烧杯中。将混合溶液持续搅拌至形成均匀溶液，将其转移至 50mL 聚四氟乙烯内衬的反应釜中，在 180℃下反应 2h，用上述离心、洗涤和干燥的方法制得黑色产物（命名为 CCS-S/C）。

（2）合成材料的物理表征

① 物相、表面元素及价态分析。

图 7.10（a）为合成 Cu-Sb 混合硫化物在碳包覆前后的 XRD 图谱。从图中可以得出，碳包覆前后样品的主要特征峰能够与立方相 $Cu_{12}Sb_4S_{13}$ 的标准卡片 JCPDS♯24-1318 一一对应，空间点群为 I-43m（217）。在包碳后的样品中还有几组衍射峰均能很好地匹配到立方相 Cu_2S 的标准卡片 JCPDS♯53-0522。这证明了碳包覆的 Cu-Sb 混合金属硫化物主要的物相为立方相的 $Cu_{12}Sb_4S_{13}$ 和 Cu_2S 两相，这些物相的主要特征峰能够与其晶面一一对应（已在图中详细标出），且衍射强度较高，进一步说明这两种物相具有高的结晶度。

此外，在未包碳的样品中除了 $Cu_{12}Sb_4S_{13}$ 的衍射峰，还有几组衍射峰（图中圈出的特征峰）。这些较强的衍射峰稍向左平移后能够与 Cu_2S 的标准峰对应，

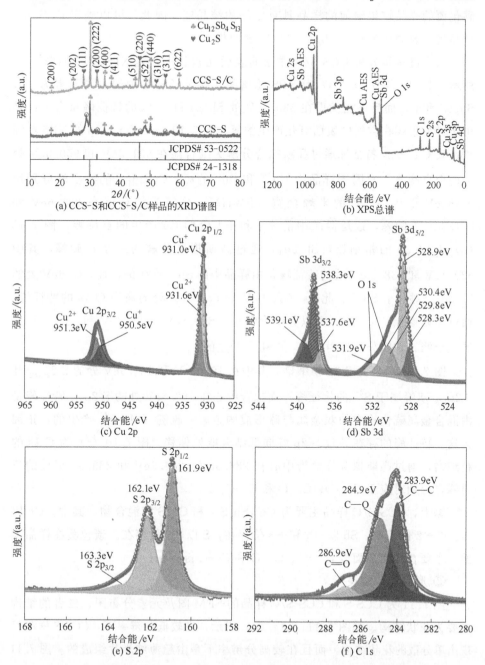

图 7.10　CCS-S 和 CCS-S/C 样品的 XRD 谱图和 CCS-S/C 样品的 XPS 谱图

由此可以断定，这些峰应该是 Cu_xS 的另一种过渡态，在后续包碳过程中转换成了 Cu_2S，所以在碳包覆的样品中出现了 Cu_2S 的标准峰。另外，可以得出碳包覆的样品较包碳前的样品具有更好的结晶度。因此，可以确定 CCS-S/C 样品的主要物相为 $Cu_{12}Sb_4S_{13}$ 和 Cu_2S 两相。

为了进一步分析 CCS-S/C 样品的表面元素状态，其 XPS 结果如图 7.10 所示。其中，图 7.10（b）为 XPS 总谱图，展示了样品中的主要元素为 Cu、Sb、S 和 C，而且还能发现在 530.2eV 处 Sb 3d 和 O 1s 的特征峰重合，这是由于样品暴露在空气中表面氧化产生的氧。图 7.10（c）为 Cu 2p 的 XPS 精细谱，其 Cu $2p_{3/2}$ 特征峰通过高斯拟合分解为结合能在 951.3eV 和 950.5eV 处的两个自旋峰，归因于样品中 Cu^{2+} 和 Cu^{+} 的峰。Cu $2p_{1/2}$ 的特征峰分别用 0.851eV 和 0.540eV 的半峰全宽（FWHM）分解为结合能在 931.6eV 和 931.0eV 处的峰，这是样品中的 ＋2 和 ＋1 价的 Cu 产生的自旋峰。图 7.10（d）为 Sb 3d 的精细谱，Sb $3d_{3/2}$ 通过高斯拟合分解为三个自旋峰，其中 539.1eV 和 538.3 eV 处的特征峰是由样品中的 Sb^{5+} 产生的，而 537.6eV 处的 Sb $3d_{3/2}$ 对应于 Sb^{3+}。此外，531.9eV 和 530.4eV 处的峰为 O 1s 的特征峰。通过高斯拟合，Sb $3d_{5/2}$ 可以分解为中心在 529.8eV、528.9eV 和 528.3eV 处的三个峰，它们分别是由 Sb^{5+} 和 Sb^{3+} 产生的。

图 7.10（e）为 S 2p 精细谱，其中在 162.1eV 和 161.9eV 处的 S $2p_{3/2}$ 和 S $2p_{1/2}$ 双峰属于 S^{2-} 的特征峰，而拟合中心在 163.3eV 处的 S $2p_{3/2}$ 特征峰是由混合金属硫化物中的双金属与硫形成的金属—硫键（M—S）产生的，正因为这一特征峰的存在导致 S 2p 峰向低结合能处偏移。图 7.10（f）为 C 1s 的精细谱，通过高斯拟合分解为中心在 286.9eV、284.9eV 和 283.9 eV 处的三组峰，分别对应于 C＝O、C—O 和 C—C。

综上，CCS-S/C 样品主要为 $Cu_{12}Sb_4S_{13}$ 和 Cu_2S 的混合物，其中，Cu 以 ＋1 和 ＋2 价存在，Sb 以 ＋5 和 ＋3 价存在，S 以 －2 价存在。碳包覆在样品表面，主要在样品表面以 C＝O、C—O 和 C—C 键存在。

② 形貌及结构表征。

图 7.11 为 CCS-S 和 CCS-S/C 样品的 SEM 图及元素分布图，二者的结构主要为花状结构。如图 7.11（a）～（d）所示，在较低分辨率下，CCS-S 样品呈现出单分散的花状结构，而且在较高分辨率下是由超薄纳米片组成的。图 7.11（e）、（f）是 CCS-S/C 样品的 SEM 图，在微米尺度下能够观察到直径约为

1.0mm 的绣球花状结构，有大量的小颗粒附着在纳米片上。而且在较高分辨率下能够清晰地观察到大量纳米颗粒附着在超薄纳米片上。为了研究 CCS-S/C 样品的元素组成及分布，采用 SEM-EDS 进行分析，选择如图 7.11 (h) 所示的绣球花状颗粒，测得其元素面分布如图 7.11 (i) 所示，Cu、Sb、S 和 C 元素均匀分布在样品表面，可以确定 CCS-S/C 样品主要含有 Cu、Sb、S 及 C 元素。

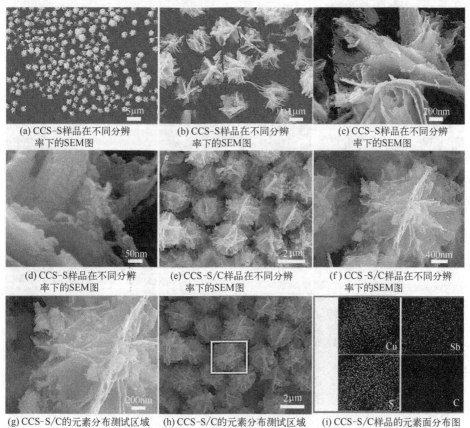

(a) CCS-S样品在不同分辨率下的SEM图　(b) CCS-S样品在不同分辨率下的SEM图　(c) CCS-S样品在不同分辨率下的SEM图

(d) CCS-S样品在不同分辨率下的SEM图　(e) CCS-S/C样品在不同分辨率下的SEM图　(f) CCS-S/C样品在不同分辨率下的SEM图

(g) CCS-S/C的元素分布测试区域　(h) CCS-S/C的元素分布测试区域　(i) CCS-S/C样品的元素面分布图

图 7.11　CCS-S 和 CCS-S/C 样品的 SEM 及元素分布图

为了进一步研究 CCS-S 和 CCS-S/C 样品的微观结构，采用高分辨 TEM 分析其微观结构，如图 7.12 所示。CCS-S 样品的 TEM 图像 [图 7.12 (a)、(b)] 展现出了与 SEM 相似的形貌，由纳米颗粒和纳米片组成。图 7.12 (c) 为 CCS-S 样品的 HRTEM 图，可以看出高度有序的晶格条纹，对应于 $Cu_{12}Sb_4S_{13}$ 的晶面，证明这种混合金属硫化物具有较高的结晶度。从不同的方向，测得两组晶面间距分别为 0.516nm 和 0.422nm，分别对应立方 $Cu_{12}Sb_4S_{13}$ 的 (200) 和 ($1\bar{1}2$) 晶面，二者的夹角大约为 65°。

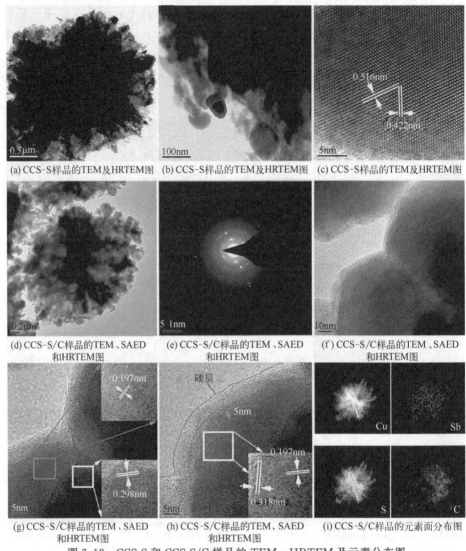

(a) CCS-S样品的TEM及HRTEM图　(b) CCS-S样品的TEM及HRTEM图　(c) CCS-S样品的TEM及HRTEM图

(d) CCS-S/C样品的TEM、SAED 和HRTEM图　(e) CCS-S/C样品的TEM、SAED 和HRTEM图　(f) CCS-S/C样品的TEM、SAED 和HRTEM图

(g) CCS-S/C样品的TEM、SAED 和HRTEM图　(h) CCS-S/C样品的TEM、SAED 和HRTEM图　(i) CCS-S/C样品的元素面分布图

图 7.12　CCS-S 和 CCS-S/C 样品的 TEM、HRTEM 及元素分布图

图 7.12（d）为低分辨率下 CCS-S/C 样品的 TEM 图，可以观察到纳米颗粒与纳米片的复合花状结构。对绣球花状结构的边缘进行 SAED 分析，可以得到如图 7.12（e）所示的衍射环，每个衍射环与 CCS-S/C 样品的晶面一一对应，证明合成的材料为高结晶度的多晶体。图 7.12（f）为高分辨 TEM 图，能够观察到碳层和内嵌纳米颗粒，在 HRTEM 下分别对纳米颗粒和边缘区域分析，得到如图 7.12（g）所示的结果，测量纳米颗粒区域的晶格条纹间距为 0.298nm，对应于立方相 $Cu_{12}Sb_4S_{13}$ 的 (222) 晶面，而边缘区的晶格条纹间

距为 0.197nm，对应于立方相 Cu_2S 的（220）晶面。为了进一步确定边缘纳米片的结构，通过 DM 软件分析 HRTEM 图选区的 IFFT 图，清晰的晶格条纹在不同的方向上测得晶面间距分别为 0.318nm 和 0.197nm，分别对应于 Cu_2S 的（111）和（220）晶面。由此可以得出，这种花状结构由 $Cu_{12}Sb_4S_{13}$ 纳米颗粒嵌入在 Cu_2S 纳米片中构成。此外，图 7.12（h）进一步指出了碳包覆层结构，其厚度大约为 5nm。

图 7.12（i）为 CCS-S/C 样品的元素面分布图。在 TEM 测试中选择一个单分散的花状结构进行元素面扫描，发现样品表面 Cu、Sb、S 和 C 元素均匀分布。进一步证明 CCS-S/C 样品中主要存在 Cu、Sb、S 和 C 元素。

7.4　Cu-Sb 硫化物储钠性能研究

为了研究 Cu-Sb 硫化物的电化学钠储存性能，对上述 Cu_3SbS_4、CCS-S 和 CCS-S/C 样品按照电池装配技术，组装钠离子半电池，采用 CV、恒定电流充放电、赝电容计算及 EIS 等进行储钠性能研究。

7.4.1　Cu-Sb 双金属硫化物储钠性能研究

本节采用 CV 法研究 Cu_3SbS_4 样品的电化学钠储存行为，其结果如图 7.13 所示，电极材料有着较为复杂的电化学过程。具体的：对于 Cu-Sb 混合硫化物作为 SIBs 负极材料的报道较少，基于 $CuSbS_2$ 在 LIBs 负极中锂化机理的报道，CV 曲线在 1.5V 左右的电压平台对应于 $CuSbS_2$ 材料的转换反应形成 Cu、Sb 和 Li_2S，在 0.75V 和 0.6V 左右分别与 Sb 的合金化反应生成 Na_3Sb 及固体电解质中间相的形成有关。因此，在不考虑电极极化及部分副反应的情况下，SIBs 与 LIBs 相比，由于锂、钠离子尺寸的差异导致电压平台应该低 0.3V 左右，所以推出 Cu-Sb-S 电极材料在 1.2V 左右发生转换反应。基于上述分析，Cu_3SbS_4 和 $Cu_{12}Sb_4S_{13}$ 作为典型的 Cu-Sb 系混合金属硫化物，在不考虑电极极化的情况下具有相似的反应机理。

图 7.13（a）为 Cu_3SbS_4 样品的 CV 曲线。在首次钠化过程中，1.62V 左右的宽峰对应 Cu_3SbS_4 与 Na^+ 发生部分转换反应生成 $Cu_3Sb_{(1-y)}S_{(4-x)}$、Sb 和 Na_2S，在 1.32V 左右的还原峰在第 2、3、4、5 次还原过程中没有出现，可以归

因于与电解质发生了副反应，在 1.01V 处的还原峰可对应于 $Cu_3Sb_{(1-y)}S_{(4-x)}$ 与 Na^+ 发生转换反应生成 Cu、Sb 和 Na_2S，0.62V 和 0.41V 附近的还原峰归因于 Sb 的合金化反应生成 Na_3Sb。在首次氧化过程中，根据 $CuSbS_2$ 电极的报道可以得出，在 0.78V 左右的氧化峰对应于 Na^+ 从 Na_3Sb 中脱嵌，而 1.60V 和 2.01V 左右的峰与 Cu-Sb 双金属硫化物的形成有关。在接下来的几

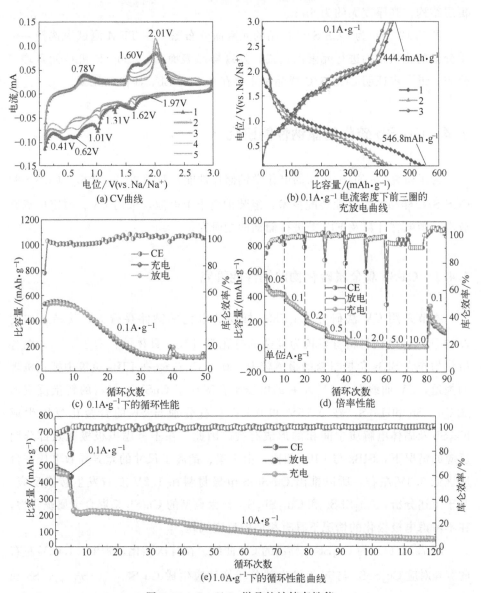

(a) CV曲线

(b) 0.1A·g⁻¹ 电流密度下前三圈的充放电曲线

(c) 0.1A·g⁻¹ 下的循环性能

(d) 倍率性能

(e) 1.0A·g⁻¹ 下的循环性能曲线

图 7.13 Cu_3SbS_4 样品的钠储存性能

次循环中，对应的还原峰位总比首次的高 0.05V 左右，而且第 2 次在 1.97V 左右出现了一个较弱的还原峰，而且随后的几次循环在 1.53V 左右的还原峰总是出现，因此可以得出，首次去钠化的产物 [形成新的 Cu-Sb-S 三元相，即 $Cu_3Sb_{(1-x')}S_{(4-y')}$] 与原 Cu_3SbS_4 不同，而且在后续的充放电过程中具有一定的可逆性。

图 7.13（b）为 Cu_3SbS_4 样品在 0.1A·g^{-1} 电流密度下前三次的充放电曲线，首次放电比容量为 546.8mAh·g^{-1}，库仑效率为 81.3%。图 7.13（c）是该样品在电流密度为 0.1A·g^{-1} 下的循环性能，循环 50 次后容量急剧衰减，这可归因于电极材料体积膨胀导致结构粉化。而且倍率性能和长循环性能均出现了严重衰减，证明 Cu_3SbS_4 电极在充放电过程中具有严重的体积效应。但是，其前几次循环，接近 500mAh·g^{-1} 的比容量，说明该双金属硫化物具有成为优异钠储存材料的潜力。

7.4.2 Cu-Sb 混合金属硫化物储钠性能研究

图 7.14（a）和（b）为 CCS-S/C 和 CCS-S 样品在电压窗口为 0.4～2.6V，扫描速率为 0.1mV·s^{-1} 的 CV 曲线。显然，改性前后样品的 CV 曲线有较大的差异，这与包碳过程中 Cu_xS 相变化有关（XRD 结果）。而且，包碳前样品的 CV 曲线重合度较差，说明具有较大的电化学不可逆性。碳包覆后的样品在首次放电过程中，1.92V 处的还原峰与 Na^+ 插入 Cu_2S 结构形成 Na_xCu_2S 相有关，1.53V 和 0.80V 左右的还原峰对应于 Na^+ 进一步插入 Na_xCu_2S 结构和转换反应形成 Cu 和 Na_2S。在 1.67V 和 1.30V 左右的还原峰分别与 Na^+ 嵌入 $Cu_{12}Sb_4S_{13}$ 结构和转换反应形成 Cu、Sb 和 Na_2S 有关。而 0.50V 左右的宽峰对应于 SEI 膜的形成，0.90V 左右的还原峰对应 Sb 的合金化反应（Na_3Sb）。在首次充电过程中，0.75V 左右的峰对应 Na_3Sb 的去合金化反应，1.56V 处的氧化峰对应于去钠化过程中 $Cu_{12}Sb_{(4-x')}S_{(13-y')}$ 相的生成。在 1.96～2.12V 之间的宽峰对应 Na_xCu_2S 的去钠化反应和 Cu 与 Na_2S 反应生成 Cu_xS。综上，Cu-Sb 混合金属硫化物的钠储存过程包括嵌入、转换和合金化反应。

图 7.14（c）为 CCS-S/C 样品在 0.1A·g^{-1} 下前三次循环的充放电曲线，首次充电比容量为 617.8mAh·g^{-1}，库仑效率为 93.1%，而且接下来的循环

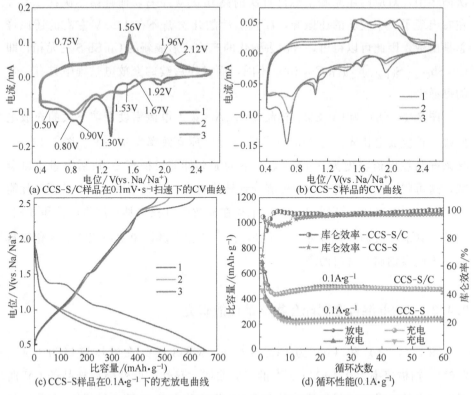

(a) CCS-S/C样品在0.1mV·s⁻¹扫速下的CV曲线

(b) CCS-S样品的CV曲线

(c) CCS-S样品在0.1A·g⁻¹下的充放电曲线

(d) 循环性能(0.1A·g⁻¹)

图 7.14　Cu-Sb 混合硫化物的 CV 曲线、充放电曲线及循环性能

表现出较大的容量衰减，这与不稳定的 SEI 膜的形成有关。图 7.14（d）为 CCS-S/C 和 CCS-S 样品在 0.1A · g⁻¹ 下的循环性能。显然，CCS-S 样品表现出更大的容量衰减，大约在 30 次循环周期后保持稳定，60 次后容量保持率为 50.8%（充电比容量与首次充电比容量相比）。而 CCS-S/C 样品在前五次循环中表现出略微的容量衰退，在随后的循环中表现出一定增加趋势，这种容量增加趋势可归因于有机电解液在活性电极表面分解产生的聚合物凝胶膜的可逆生长，60 次后容量保持率为 73.2%，明显优于 CCS-S 样品。

　　采用电压窗口在 0.4~2.6V，不同电流密度下的循环性能来评估 CCS-S/C 和 CCS-S 样品的倍率性能。如图 7.15（a）所示，在电流密度为 0.05A · g⁻¹ 下，两电极的容量均有所降低，这与前期不稳定的 SEI 膜的形成和电极结构的不稳定性有关。当电流密度在 0.05A · g⁻¹、0.1A · g⁻¹、0.2A · g⁻¹、0.5A · g⁻¹、1.0A · g⁻¹、2.0A · g⁻¹、5.0A · g⁻¹ 时，每个电流密度下循环 10 次后充电比容量分别为 432.5mAh · g⁻¹、418.7mAh · g⁻¹、403.5mAh · g⁻¹、

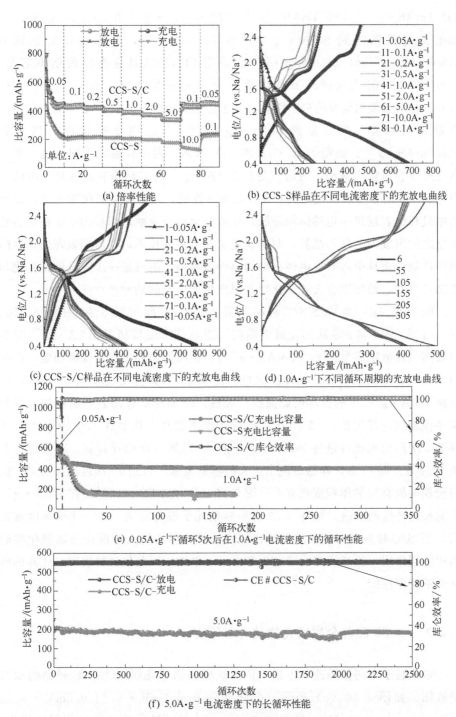

图 7.15　Cu-Sb 混合金属硫化物的倍率和长循环性能

$399.1mAh \cdot g^{-1}$、$389.4mAh \cdot g^{-1}$、$372.6mAh \cdot g^{-1}$ 和 $342.8mAh \cdot g^{-1}$，当电流密度恢复到 $0.1A \cdot g^{-1}$ 和 $0.05A \cdot g^{-1}$ 时，充电比容量分别为 $445.0mAh \cdot g^{-1}$ 和 $454.0mAh \cdot g^{-1}$，表明 CCS-S/C 具有杰出的倍率容量。CCS-S 样品在前几次循环表现出更为严重的容量衰减，从 $0.1A \cdot g^{-1}$ 到 $5.0A \cdot g^{-1}$ 表现出优异的倍率性能，当电流密度增加到 $10.0A \cdot g^{-1}$ 时，又出现容量衰减趋势，当恢复到 $0.1A \cdot g^{-1}$ 时，其充电比容量可以恢复到 $227.3mAh \cdot g^{-1}$。如图 7.15（b）和（c）所示，两个样品在不同电流密度下的充放电容量依次减小，最后恢复到 $0.1A \cdot g^{-1}$ 时容量均有所恢复。由此可得，Cu-Sb 混合金属硫化物具有优异的倍率性能，与单金属硫化物相似，在充放电过程中表现出一定的体积膨胀，导致容量迅速衰减，但是由于多相金属硫化物之间形成内电场和晶界，对机械应变具有缓冲作用，在后期表现出稳定的循环性能，而且引入高导电性、结构柔性碳材料，能够进一步降低体积变化和提高导电性，较纯混合金属硫化物表现出更加优异的钠储存性能。

图 7.15（d）为 CCS-S/C 样品在图 7.15（e）所示循环性能中第 6、55、105、155、205 和 305 次的充放电曲线，当电流密度增加至 $1.0A \cdot g^{-1}$ 时容量较高（放电比容量为 $493.2mAh \cdot g^{-1}$），在随后循环中容量保持稳定，证明 CCS-S/C 样品具有优异的循环稳定性。图 7.15（e）为 CCS-S 和 CCS-S/C 样品在 $1.0A \cdot g^{-1}$ 下的循环性能曲线。显然，CCS-S/C 样品表现出更加优异的循环稳定性。首先在 $0.05A \cdot g^{-1}$ 电流密度下循环 5 次后在 $1.0A \cdot g^{-1}$ 下循环 350 次后充电比容量为 $398.5mAh \cdot g^{-1}$，以第 6 次循环计算，容量保持率为 87.8%。而 CCS-S 样品表现出更大的容量衰减，直到 40 次后保持稳定，这与前期电极材料的体积变化有关。图 7.15（f）为 CCS-S/C 样品在 $5.0A \cdot g^{-1}$ 下的长循环性能曲线，循环 2500 次后容量几乎没有衰减，进一步说明绣球花状 CCS-S/C 材料具有优异的循环稳定性。碳材料的引入和混合金属硫化物的多相协同作用，提高了结构稳定性和电子导电性，因此使材料表现出优异的电化学钠储存性能。

7.4.3 Cu-Sb 混合金属硫化物动力学研究

本节基于不同扫描速率下的 CV 曲线研究绣球花状 CCS-S/C 样品的动力学特征。如图 7.16（a）所示，扫描速率在 $0.2mV \cdot s^{-1}$、$0.5mV \cdot s^{-1}$、$0.7mV \cdot s^{-1}$、$1.0mV \cdot s^{-1}$ 和 $2.0mV \cdot s^{-1}$ 的 CV 曲线展现出相似的氧化/

还原峰, 进一步证明 CCS-S/C 样品具有优异的电化学可逆性。可以通过下列公式定性分析 CCS-S/C 电极材料的赝电容贡献程度:

$$i = av^b \tag{7-1}$$

$$\lg i = b\lg v + \lg a \tag{7-2}$$

其中, i 为峰值电流, v 是对应 CV 曲线的扫描速度。b 值的大小代表赝电容贡献程度, 其值在 0.5 到 1.0 之间变化, 可以由 $\lg i$ 与 $\lg v$ 图的斜率计算。同时, b 值为 0.5 表示电化学行为由扩散控制, b 值为 1.0 代表表面感应电容控制, 在 0.5~1.0 之间表明电极材料具有扩散和电容性混合储钠行为。

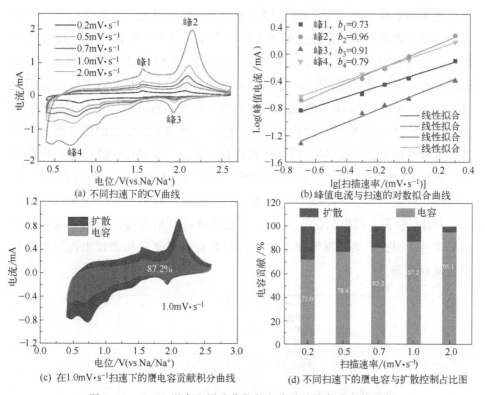

图 7.16　Cu-Sb 混合金属硫化物的电化学钠储存动力学研究

图 7.16 (b) 展示了四个氧化/还原峰对应的 b 值分别为 0.73、0.96、0.91 和 0.79, 这表明 CCS-S/C 样品钠储存具有混合控制过程, 其中赝电容控制过程占主导。此外, 扩散和赝电容贡献率可以通过下列公式计算:

$$i(V) = k_1 v + k_2 v^{1/2} \tag{7-3}$$

其中, $k_1 v$ 代表电容控制过程, $k_2 v^{1/2}$ 表示扩散控制过程。如图 7.16

(c) 所示，在 $1.0mV \cdot s^{-1}$ 的扫速下，绣球花状 CCS-S/C 样品的赝电容贡献率为 87.2%（浅色区域）。图 7.16（d）展示了 CCS-S/C 样品在不同扫描速率下的赝电容贡献率，扫描速率为 $0.2mV \cdot s^{-1}$、$0.5mV \cdot s^{-1}$、$0.7mV \cdot s^{-1}$、$1.0mV \cdot s^{-1}$ 和 $2.0mV \cdot s^{-1}$ 分别对应的赝电容贡献率为 72.0%、78.4%、82.2%、87.2% 和 95.1%。进一步证明绣球花状 CCS-S/C 样品大部分电荷储存过程为电容性储存。这归因于 CCS-S/C 样品具有独特的组分优势（$Cu_{12}Sb_4S_{13}$ 纳米块附着在 Cu_2S 纳米片上）和结构特征。特别是一维纳米结构可以缩短 e^-/Na^+ 的扩散距离，能够有效提高扩散动力学。

通过频率在 $10^{-2} \sim 10^5$ Hz 范围的电化学阻抗测试进一步研究 CCS-S/C 样品的化学反应动力学，并通过等效电路拟合定量分析电阻的变化。如图 7.17 所示，CCS-S/C 电极的 Nyquist 曲线包括高频区的半圆和低频区的直线，它们分别代表电荷转移阻抗（R_{ct}）与 Na^+ 在电极材料中扩散相关的 Warburg 阻抗（R_w），而 CCS-S 样品在高频区有两个半圆，从左到右分别代表与 SEI 膜有关的阻抗（R_{sf}）和电荷转移阻抗（R_{ct}）。而且，通过 EIS 阻抗曲线与纵坐标的截距可以看出 CCS-S/C 样品的电解液阻抗（$R_{el} = 18.82\Omega$）较 CCS-S 样品的（$R_{el} = 20.37\Omega$）小。此外，通过插图所示的等效电路图拟合，可以得出 CCS-S/C 样品对应的 R_{ct}（7.867Ω）和 R_w（7.867Ω）均小于 CCS-S 样品的 R_{ct}（20.37Ω）和 R_w（17.21Ω）。这进一步证明碳材料的包覆，提高了电极材料的导电性。因此，碳包覆绣球花状 Cu-Sb 混合金属硫化物表现出优异的电化学钠储存性能。

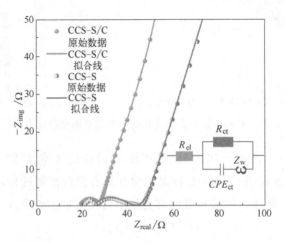

图 7.17　CCS-S 和 CCS-S/C 样品的 Nyquist 图谱

7.5 本章小结

本章主要采用简易的一步溶剂热法制备了一种 Cu-Sb 混合金属硫化物。通过正交实验设计，探究实验条件对合成材料的物相、形貌的影响，并通过恒电流充放电测试探究正交实验合成材料的电化学钠储存特性。对具有钠储存潜力的材料进行结构和形貌优化，进一步研究其电化学钠储存性能及反应动力学，其结果如下。

① 通过对实验条件的控制，首次采用一步溶剂热法合成了 Cu-Sb 混合金属硫化物，对其物相和结构表征发现其具有纳米块及纳米片复合的绣球花状结构，尺寸在 $2.0\mu m$ 左右。通过 XPS 分析得出，Cu-Sb 混合硫化物中各元素表现为 $+1/+2$ 价 Cu、$+3/+5$ 价 Sb 和 -2 价 S，其中，Cu 与 Sb 以多价态共存。

② Cu-Sb 混合金属硫化物作为 SIBs 负极材料时表现出较高的比容量（$0.1A \cdot g^{-1}$ 下首次充电比容量为 $617.8mAh \cdot g^{-1}$）、高的起始库仑效率（为 93.1%）、优异的倍率性能（从 $0.1A \cdot g^{-1}$ 下的 $465.1mAh \cdot g^{-1}$ 的比容量到 $5.0A \cdot g^{-1}$ 下的 $336.0mAh \cdot g^{-1}$）和超长的循环寿命（在 $5.0A \cdot g^{-1}$ 下循环 2500 次容量没有衰减），这主要归因于绣球花状 CCS-S/C 材料具有独特的微纳米复合结构、多组分相界面和碳包覆改性的协同作用。

本章参考文献

[1] Yu X Y, Lou X W. Mixed metal sulfides for electrochemical energy storage and conversion [J]. Advanced Energy Materials, 2018, 8 (3): 1701592.

[2] Chen H C, Jiang J J, Zhang L, et al. Highly conductive NiCo$_2$S$_4$ urchin-like nanostructures for high-rate pseudocapacitors [J]. Nanoscale, 2013, 5 (19): 8879-8883.

[3] Shi L, Wang W H, Ding J. Synthesis of sword-like CuSbS$_2$ nanowires as an anode material for sodium-ion batteries [J]. Ceramics International, 2018, 44 (12): 13609-13612.

[4] Ghassemi N, Lu X, Tian Y F, et al. Structure change and rattling dynamics in Cu$_{12}$Sb$_4$S$_{13}$ tetrahedrite: an NMR study [J]. ACS Applied Materials & Interfaces, 2018, 10 (42): 36010-36017.

[5] Chen K, Paola D C, Laricchia S, et al. Structural and electronic evolution in the Cu$_3$SbS$_4$-Cu$_3$SnS$_4$ solid solution [J]. Journal of Materials Chemistry C, 2020, 8 (33):

11508-11516.

[6] Marino C, Block T, Poeggten R, et al. CuSbS$_2$ as a negative electrode material for sodium ion batteries [J]. Journal of Power Sources, 2017, 342: 616-622.

[7] 胡可. 铜锑硫(硒)太阳能电池相关材料的制备与研究 [D]. 合肥:合肥工业大学, 2016.

[8] Li D, Li X W, Hou X Y, et al. Building a Ni$_3$S$_2$ nanotube array and investigating its application as an electrode for lithium ion batteries [J]. Chemical Communications, 2014, 50 (66): 9361-9364.

[9] 李云杰. 硒化铜纳米材料的化学合成及其储钠性能研究 [D]. 济南:山东大学, 2019.

[10] Wang Q, Li J H, Li J J. Enhanced thermoelectric performance of Cu$_3$SbS$_4$ flower-like hierarchical architectures composed of Cl doped nanoflakes via an in situ generated CuS template [J]. Physical Chemistry Chemical Physics, 2018, 20 (3): 1460-1475.

[11] Albuquerque G H, Kim K J, Lopez J I, et al. Multimodal characterization of solution-processed Cu$_3$SbS$_4$ absorbers for thin film solar cells [J]. Journal of Materials Chemistry A, 2018, 6 (18): 8682-8692.

[12] Dong S H, Li C X, Li Z Q, et al. Mesoporous hollow Sb/ZnS@C core-shell heterostructures as anodes for high-performance sodium-ion batteries [J]. Small, 2018, 14 (16): 1704517.

[13] Darwiche A, Bodenes L, Madec L, et al. Impact of the salts and solvents on the SEI formation in Sb/Na batteries: An XPS analysis [J]. Electrochimica Acta, 2016, 207: 284-292.

[14] Naseri M, Moradi M, Hajati S, et al. Comparative studies on electrochemical energy storage of NiFe-S nanoflake and NiFe-OH towards aqueous supercapacitor [J]. Journal of Materials Science-Materials in Electronics, 2019, 30 (5): 4499-4510.

[15] Borhani S, Moradi M, Kiani M A, et al. Co$_x$Zn$_{1-x}$ ZIF-derived binary Co$_3$O$_4$/ZnO wrapped by 3D reduced graphene oxide for asymmetric supercapacitor: Comparison of pure and heat-treated bimetallic MOF [J]. Ceramics International, 2017, 43 (16): 14413-14425.

[16] Fang Y J, Luan D Y, Chen Y, et al. Rationally designed three-layered Cu$_2$S@carbon @MoS$_2$ hierarchical nanoboxes for efficient sodium storage [J]. Angewandte Chemie-International Edition, 2020, 59 (18): 7178-7183.

[17] Cai J Y, Reinhart B, Eng P, et al. Nitrogen-doped graphene-wrapped Cu$_2$S as a superior anode in sodium-ion batteries [J]. Carbon, 2020, 170: 430-438.

[18] Fang Y J, Guan B Y, Luan D Y, et al. Synthesis of CuS@CoS$_2$ double-shelled nanoboxes with enhanced sodium storage properties [J]. Angewandte Chemie-International Edition, 2019, 58 (23): 7739-7743.

[19] Fang G Z, Wu Z X, Zhou J, et al. Observation of pseudocapacitive effect and fast ion diffusion in bimetallic sulfides as an advanced sodium-ion battery anode [J]. Advanced Energy Materials, 2018, 8 (19): 1703155.

[20] Li J Z, Luo S H, Ding X Y, et al. Three-dimensional honeycomb-structural LiAlO₂-modified LiMnPO₄ composite with superior high rate capability as Li-ion battery cathodes [J]. ACS Applied Materials & Interfaces, 2018, 10 (13): 10786-10795.

[21] Zuo D C, Song S C, An C S, et al. Synthesis of sandwich-like structured Sn/SnOₓ@ MXene composite through in-situ growth for highly reversible lithium storage [J]. Nano Energy, 2019, 62: 401-409.

第 8 章

PbS六足状纳米结构的合成及机理研究

8.1 引言

硫化铅作为重要的IV-VI半导体的一员，在诸多方面有着重要的应用。如体相硫化铅的禁带宽度为 0.41eV，因此由硫化铅制备的光敏电阻可以探测到波长为 3μm 的红外光，早在 1932 年，德国就研制成功硫化铅半导体红外探测器，用于侦探飞机和船舰。当硫化铅材料的尺寸降低到纳米量级后，由于量子尺寸或表面效应，会导致硫化铅的禁带宽度发生变化，从而其吸收带边发生蓝移，因此由纳米粒子制备的光敏电阻的探测范围会发生变化，从而拓展硫化铅光敏电阻的应用。

硫化铅还是常用的减摩材料之一，为黑色固体粉末。它在高温时分解并氧化成的氧化铅能降低低温材料的分解速度，起到了高温无机黏合剂以及润滑调节剂的作用，减少了摩擦材料的烧失量，延长了摩擦材料的使用寿命；硫化铅在高温时氧化后能擦去摩擦材料制动时产生的表面黏结物。硫化铅在高温时与其他材料反应生成的产物硬度较低，可以减少摩擦材料在制动时发出的噪声，减轻对盘和鼓的伤害。另外硫化铅的价格比硫化锑等低，有利于摩擦材料企业降低成本，将 PbS 的尺寸降到纳米尺寸后，由于表面与界面效应，可以提高 PbS 减摩的灵敏度等。

硫化铅还常用作 PVC 塑料的光降解和热稳定剂，1998 年欧洲共使用了 112000t 铅稳定剂，包含 5100t 铅金属，占总稳定剂消耗量的 70%，1995 年欧洲消耗了 160 万 t 的铅，铅稳定剂占总消耗量的 3%，铅稳定剂主要用于导管、断面和电缆线等。同样硫化铅在太阳能吸能方面也由于其硫化铅纳米材料特性的变化而有着广泛的应用前景。

　　目前对于 PbS 纳米材料的制备仍然是国际上的热点之一，近年来，已有不少科研工作者成功合成出了不同形貌的 PbS 纳米材料，如 PbS 量子点、纳米线、纳米链、多足结构、三角形结构、六角形结构、星形结构、枝状结构等。

　　其中比较典型的结果有 M. A. Hines 等人用前驱体方法合成出了 PbS 的纳米粒子量子点，所得的量子点分散性很好，4～5nm 大小，并且报道了 PbS 的近红外激发峰随着纳米离子尺寸的调控而可调的现象 [图 8.1 （a）]；Y. D. Li

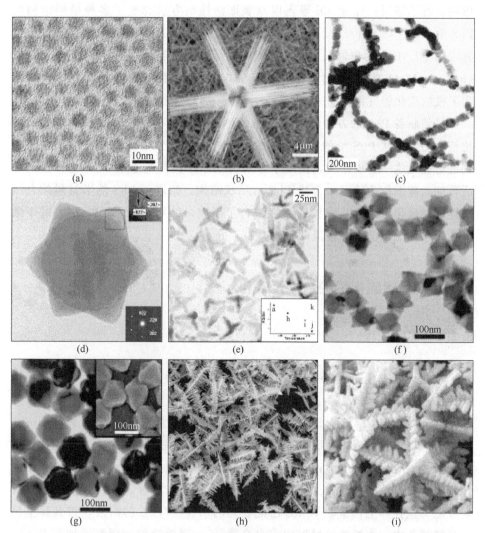

图 8.1　目前国际上已发表的较典型 PbS 形貌 （a）量子点；（b）纳米线；
（c）自组装纳米链；（d）六角星状；（e）多足结构；（f）六角星形；（g）正八面体形；
（h）细枝状结构；（i）枝状结构

等人报道了以化学气相沉积法制备出的沿<200>方向生长的 PbS 纳米线，拉曼光谱观测到了通常对于 PbS 材料来说难以测量到的位于 $190 cm^{-1}$ 的散射峰 [图 8.1 (b)]；D. B. Wang 等人用水热合成法在乙二醇胺/氯化铅体系中制备出了由 PbS 纳米粒子自组装而成的纳米链 [图 8.1 (c)]；S. M. Lee 等人利用 Pb 的前驱物 Pb $(S_2CNEt_2)_2$ 与十二硫醇的作用合成了星状及多足状 PbS 纳米结构 [图 8.1 (d)，图 8.1 (e)]，并对不同温度对 PbS 各晶面族生长速度的影响进行了探讨；L. M. Qi 等人以双表面活性剂方法合成了多种星形结构的 PbS 纳米晶 [图 8.1 (f)，图 8.1 (g)]；另外 D. B. Kuang 等人以水热合成的方法用 CTAB 作为修饰剂，由乙酸铅和硫脲反应制备出了枝状硫化铅 [图 8.1 (h)]；L. M. Qi 等人以硫代乙酰胺为硫源，在乙酸铅/乙酸体系中同样也制备出了枝状硫化铅 [图 8.1 (i)]。

虽然制备 PbS 的方法以及制备出的形貌多种多样，但是尚没有关于长径比较大的六足状 PbS 结构的报道。在本章中，我们发展了以金属单质为前驱物进行硫化这一合成路线，使用水合肼为还原剂，首先还原 Pb^{2+} 为单质，然后再加入硫脲作为硫源来合成 PbS 六足状结构，拓展了 PbS 纳米材料的合成思路。对硫化铅六足状的拉曼活性进行了研究，结果表明六足状 PbS 对于激光的功率远比以前文献报道的敏感，易于分解。

8.2 六足状硫化铅的合成及表征

8.2.1 实验过程

本章仍然以首先制备的 Pb 单质为前驱物，然后加入硫脲作为硫化剂，体系为乙二醇体系，PVP 为高分子修饰剂。具体实验步骤如下：取研磨成粉末的 0.75mmol $PbCl_2$ 放入三口烧瓶，用量筒量取适量的乙二醇溶剂（45mL）倒入三口烧瓶，放入一颗磁力搅拌子搅拌使氯化铅完全溶解，溶液成为无色透明溶液；然后称取 1.5gPVP 加入氯化铅溶液中，搅拌后将三口烧瓶置入超声波水浴中进行超声分散，大约 20min 后，PVP 完全溶解，将三口烧瓶重新放置在磁力搅拌器上，量取 10mL 已配制好的水合肼/乙二醇溶液，将其移至恒压分液漏斗中，在搅拌的过程中将水合肼/乙二醇溶液匀速缓慢滴加至 Pb^{2+}/PVP/乙二醇溶液中，滴加的速度约为 1mL/min；滴加完毕后继续搅拌 10min，然后将三口烧瓶置入恒温油浴搅拌器中，设置恒温温度为 154°，并且缓慢搅拌；在恒温过程中，反应体系逐渐变灰，并且有大量气体生成，待反应完全后，即获得了铅单质的前驱物，随后量取 0.1mol/L 的硫脲-乙二醇溶液 15mL，放入恒压分液漏斗中，在搅拌的过程中将硫脲-乙二醇溶液匀速滴加至前驱物体系中，然后保持恒温搅拌，此时体系中有黑色沉淀生成，同时冒出少量尾气，反应 1h 后，停止反应。

待反应体系自然冷却后，在离心作用下将固体沉淀从溶液中分离出来。将沉淀用无水乙醇和去离子水洗涤，以除去多余的杂质，经过多次的洗涤、离心后，将沉淀在 80℃的真空条件下进行干燥，最后得到的粉末以备测试。

8.2.2　六足状硫化铅及前驱物成分和形貌分析

图 8.2 是获得的铅单质的 XRD 谱图，经标定，该图谱上所有的衍射峰与标准卡片（JCPDS♯01-0972）的衍射峰一致，分别对应面心立方的铅单质的（111）、（200）、（220）、（311）、（222）的衍射峰。空间群为 Fm3m，没有其他任何杂质衍射峰的出现，并且前驱物结晶良好。

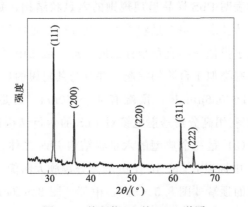

图 8.2　前驱物 Pb 的 XRD 谱图

图 8.3 是铅前驱物被硫化后的最终产物的 XRD 结果，谱中所有较强烈的衍射峰都与 PbS 的标准衍射卡片相吻合（JCPDS ♯78-1899），属于面心立方结构，空间群为 Fm3m，根据（200）晶面的衍射峰位置计算产物 PbS 的晶格参数为 $a = 5.91$Å，与标准文献相一致。在谱中还发现了极为微弱的 Pb 单质的衍射峰，在图中以"★"标记，依次分别对应 Pb 单质（111）、（200）、（220）晶面的衍射峰。另外需要指出的是，与标准卡片报道的体相硫化铅相比，PbS 样品（200）晶面的衍射峰明显得到了强化，如标准卡片中（200）晶

面与（111）晶面衍射峰的强度对比是 1.06，而样品的两个晶面衍射峰强度之比是 1.33。这预示 PbS 样品 {200} 晶面的富集，即可能在 ＜100＞ 方向定向生长。

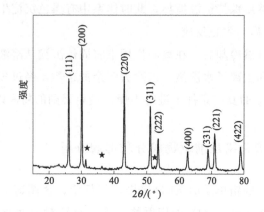

图 8.3　铅前驱物被硫化后最终产物 PbS 的 XRD 结果

图 8.4 清楚地表明 PbS 样品呈现规则的六足状结构，每个 PbS 晶体均有规则对称的六个足状伸展，每个足状伸展与其他四个足状伸展互相垂直，与另外一个反向，形成了类似三维直角坐标系的布局。从图中可以看到，有些六足晶体的足状伸展上有类似于台阶的突起，并且与其附属的足状伸展相垂直。每个足状伸展有 0.3～0.6μm 长，顶端有 40～60nm，而足状伸展的底部有150～200nm。我们利用高分辨透射电镜对 PbS 的六足结构进行了详细的分析（图 8.5），图 8.5（a）是一个典型的六足状结构 PbS 晶体，图 8.5（b）～（e）分别为图 8.5（a）中标以 b、c、d、e 处的高分辨放大图像及其 FFT 变换，我们主要对足状伸展的顶端 [图 8.5（b）]，中部 [图 8.5（c）]，与之垂直的另一个"足"中部 [图 8.5（d）]，两只"足"交界处 [图 8.5（e）] 进行了分析。

从图 8.5（b）、（c）可以明显观察到晶格条纹，说明 PbS"足"晶化良好，经计算晶格条纹对应的晶面间距为 0.34nm，对应于 PbS 的（111）晶面，因此由（b）、（c）可以观察到（111）晶面的法线 [111] 方向与该"足"的伸展方向大概交叉呈 54°，这正好接近＜001＞晶向与 [111] 晶向的夹角值（57°），这预示 PbS 晶体的这个"足"有可能沿＜001＞方向生长，但是仅仅从这一个"足"分析还不够。从另一个与之垂直的"足"上 [图 8.5（d）]，我

图 8.4　硫化铅样品的扫描电镜与透射电镜图片

们观察到明显的晶格间距为 0.21nm 的晶格条纹，这对应于 PbS 的（220）晶面，同样可以观察到（220）晶面的法线 [110] 与该足的伸展方向呈 44°，这同样非常接近 [010] 晶向与 [110] 晶向的夹角（45°）。从图 8.5（e）可以看到在两足交界的地方观察不到晶界。因此综合以上分析，再加上 XRD 结果中 {200} 晶面的富集，我们可以得出 PbS 六足状结构是沿<001>六个方向定向生长并且是晶化良好的单晶的结论。

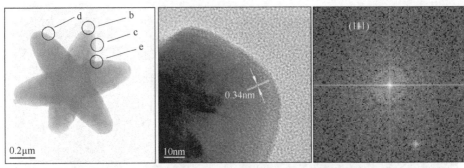

(a) 一个典型六足状结构PbS晶体   (b) 足状伸展顶端的高分辨结构及其FFT变换

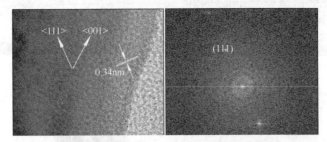

(c) 足状伸展中间的高分辨结构及其FFT变换

(d) 与之垂直的另一个"足"的高分辨结构及其FFT变换

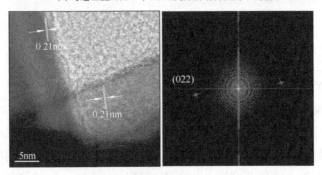

(e) 两只"足"交界处高分辨结构及其FFT变换

图 8.5 PbS 六足状结构的高分辨结构及其 FFT 变换

8.3　六足状硫化铅的反应及生长机理

同硫化镍的反应过程类似，硫化铅六足状结构的生成可分为两大部分。第一部分是水合肼作为还原剂与铅离子反应，将铅离子还原成铅单质，反应方程式如下：

$$Pb^{2+}+N_2H_4 \longrightarrow \cdots\cdots \longrightarrow Pb\downarrow+NH_3\uparrow+N_2\uparrow+H_2\uparrow+H^+$$

随后，在第二阶段里，硫脲作为硫源，发生水解反应，生成硫化氢分子。生成的硫化氢会将 Pb 单质逐渐硫化，反应方程式可表示为：

$$NH_2CSNH_2+2H_2O \longrightarrow 2NH_3\uparrow+H_2S\uparrow+CO_2\uparrow$$

$$Pb+H_2S \longrightarrow PbS+H_2\uparrow$$

对于 PbS 六足状结构的生长机理，根据图 8.5 高分辨透射电镜的结果，我们认为硫化铅晶体是沿着<001>六个方向定向生长的，为此我们针对不同生长时间的 PbS 晶体作了研究。首先对铅单质前驱物的形貌进行了表征，随后取出不同生长时间的 PbS 晶体来观察。具体为在硫脲加入铅前驱物体系后，分别在 7min、12min、15min、30min 抽取少量的体系混合溶液，将其置入冰水使其迅速冷却以避免 PbS 继续长大，随即适当离心洗涤使 PbS 晶体脱离原有体系溶液，随后观测其晶体生长过程。

从图 8.6（a）看到，前驱物 Pb 单质为 1~2nm 的粒子，在加入硫脲 7min后 [图 8.6（b）]，粒子长大为约 5nm；经过 12min 后 [图 8.6（c）]，观察到了六足状 PbS 粒子的出现，此时六足状结构整体仅有 40nm 大小，足状仅伸展 20nm，并且其他粒子也出现了六足状的雏形；经过 15min 后 [图 8.6（d）]，六足状结构整体长大到约有 100nm 大小，足状伸展 50nm，并且观察到其中两个互相垂直的 [001] 方向的生长快于另外 4 个方向的 PbS 粒子；在加入硫脲约 30min 后 [图 8.6（e）]，硫化铅粒子即生长到了约有 0.2μm 大小，这时六足状结构的大小已经接近于最终产物的尺寸了。

因此，我们推测 PbS 的生长过程如下：

首先铅单质前驱物的形貌为近似球形粒子，在加入硫脲溶液后，硫脲在体系中受热水解，放出硫化氢分子，将铅单质粒子硫化。对比 NiS 链式管的形成可以发现，对于 Pb 粒子的硫化并没有在 Pb 粒子表面形成 PbS 空心球，这是由于铅单质的粒径过小，1~2nm。从物理化学原理来说，即使生成了空心球，也会因为空心球粒径过小导致球壳所受液面压力过大，而可能导致空心球的坍塌，如根据开尔文（Kelvin）公式：

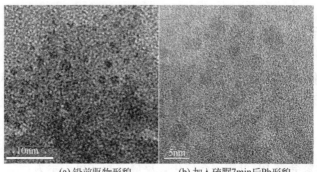

(a) 铅前驱物形貌   (b) 加入硫脲7min后Pb形貌

(c) 12min后   (d) 15min后   (e) 30min后

图 8.6   PbS 六足状结构生长过程

$$RT\ln\frac{P}{P_0}=\frac{2\gamma M}{\rho R'}$$

式中，P、P_0 分别对应粒径 R' 气泡内的蒸气压，及液体本身的饱和蒸气压；γ 为液体的表面张力；M 为液体的摩尔质量；ρ 为液体密度。

因此，假设体系中生成了两个粒径不同的空心球，分别为 $R'_1 = 1\text{nm}$，$R'_2 = 10\text{nm}$，则体系将围绕这两个空心球分别产生曲率半径 $R'_1 = -10\text{nm}$，$R'_2 = -100\text{nm}$ 的中空液面，查表可知在 154℃ 下乙二醇的表面张力为 $\gamma = 0.0365\text{N/m}$。因此大致估算可以得出对于 1nm 的空心球，球内蒸气压 $P_1 = 0.45P_0$；而对于 10nm 的空心球来说，$P_2 = 0.92P_0$。因此粒径较小的空心球将会受到很大的液体压力，而导致结构不稳定。这也是合成较小粒径空心球较为困难的原因之一。

因此由于 Pb 前驱物的粒径较小，造成了 PbS 产物并未如 NiS 链式管的合成那样形成空心结构，而是趋向于生成更为稳定的 PbS 近球形结构。

2002 年研究者 S. M. Lee 等人报道了星状及多足状 PbS 纳米结构 [图 8.1

（d），图 8.6（e）〕合成，并且对不同温度对 PbS 各晶面族生长速度的影响进行了探讨。他们的研究结果认为在 140～180℃ 的温度环境下，PbS 晶体的（100）晶面较其他温度时生长较为迅速，导致 PbS 晶体容易形成星状结构。我们合成 PbS 单晶的温度为 154℃，所获得的 PbS 单晶形成了以 <100> 晶向定向生长的六足状结构，这正好与 Lee 等人的研究结果相吻合。

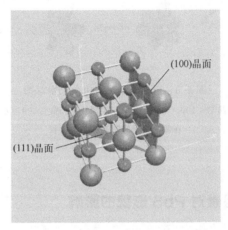

图 8.7　面心立方 PbS 晶体不同晶面包含原子示意图

在六足状合成体系中，我们引入了 PVP 作为高分子修饰剂来修饰 PbS 的表面，从而影响 PbS 不同晶面的生长速度。

早在 1996 年，Z. T. Zhang 等人便证明了 PVP 可以通过吡咯烷酮环上的 N 原子或者 O 原子与纳米粒子表面形成配位键，来降低纳米粒子表面的表面能。而我们知道通常情况下，PbS 的（111）晶面（仅含有 Pb 离子或者 S 离子）的表面能要大于同时含有 Pb/S 离子的（100）晶面（图 8.7），因而通常（111）晶面的生长速度略大于（100）晶面生长速度。但是由于高分子修饰剂 PVP 的介入，PVP 与中心原子 Pb 形成配位键时，PbS 晶体仅含有 Pb 离子的（111）晶面形成的配位键要明显多于（001）晶面，因此使得（111）晶面的表面能降低，导致（001）晶面的生长速度超过了（111）晶面的生长速度，使得 PbS 晶体的定向生长为 <100> 方向。

综合这两方面因素我们认为 PbS 的生长过程为随着 PbS 粒子的形成，由于体系的温度及 PVP 作为高分子修饰剂的影响，PbS 晶体的 <100> 晶向生长〔图 8.8（a）〕更为迅速，形成了以硫化铅晶体的 <001> 方向伸展的六足状取向结构。由于在 <100> 方向生长较长，因而在每个"足状伸展"上，会形成沿足状伸展的二次生长，导致形成硫化铅足状结构的台阶突起，见图 8.8（b）。

图 8.8　PbS 六足状结构生长示意图

（a）PbS 单晶沿<100>方向生长；（b）PbS 单晶沿<100>方向生长时，

在每个足上同时形成二次生长

8.4　不同反应因素对 PbS 形貌的影响

我们对不同反应条件对于 PbS 形貌的影响进行了探讨。

将反应物由氯化铅改为乙酸铅后，生成的产物形貌为疏松的球状颗粒，可以看到颗粒虽然粒径分布比较均匀，但是尺寸较大，约 100nm［图 8.9（a）］。而反应物不变，仍然是以氯化镍为反应物，但是不通过 Pb 前驱物这一环节，即反应中不加入肼作为还原剂，直接加入硫脲硫化，得到的产物见图 8.9（b）。虽然仍然可以得到 PbS 的六足状结构，但是从结果来看，生成产物的尺寸分布很宽，参差不齐。相比较我们的前驱物合成方法，虽然不使用前驱物反应较为简便，但是造成了产物尺寸形貌不规则，得不偿失。

而保持反应物的浓度为原来的浓度，但是将 PVP 的用量降为一半，即降低 PVP 与 Pb 的摩尔比为原来的一半，合成的产物仍然是硫化铅六足状单晶结构，但是产物的形状变得不规则，PbS 单晶的六足分布不均匀，并且还有形貌不完善的结构，如仅有 3 足等［图 8.10（a）］。

继续降低 PVP 的浓度为原来的 1/5（保持 Pb 的摩尔浓度）时，产物形貌发生了完全的改变［图 8.10（b）］，不再是六足状硫化铅单晶结构，而是形状不规则的立方体，说明随着 PVP 的减少，虽然 PbS 合成的温度适合（100）晶面的生长，但是在 PVP 减少的情况下，对（100）晶面的影响在下降。降到

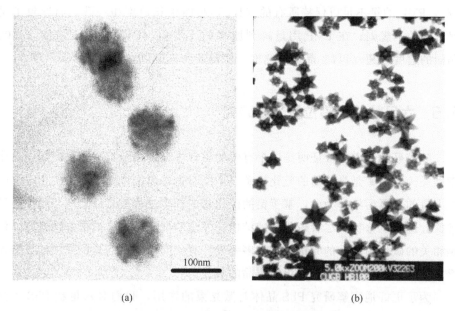

(a)　　　　　　　　　　　(b)

图 8.9　（a）将反应物换成乙酸铅后生成的产物形貌为疏松的
球状颗粒；（b）不使用前驱物直接合成的 PbS 样品

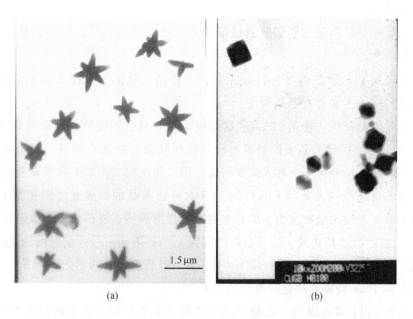

(a)　　　　　　　　　　　(b)

图 8.10　（a）将 PVP 的用量降为一半，产物为不规则六足状结构；
（b）PVP 的用量为原来 1/5 后，产物为不规则立方体

1/2，PVP 的量不足以保持所有的（100）晶面生长速度相一致，而导致了足状结构的不规则；在 PVP 用量降到原来的 1/5 后，PVP 已经无法使（100）晶面的速度远超（111）晶面的速度，使得产物只能以立方体的形貌出现。

8.5 六足状硫化铅拉曼光谱研究

拉曼显微光谱已被证明是一个有效的工具去识别冶金工厂排放的烟尘的化学种类。方铅矿是最普通的硫化铅矿石，同时也是热冶金铅熔炉排放到空气中最大量的金属污染。为此，基于铅的硫化物的许多过程被有计划地利用拉曼显微探针进行了分析。尽管硫化铅的结构、振动和电子特性已被很好地研究，但是相关的硫化铅样品的光谱显示许多差异。有研究表明可能是所采用的显微光谱实验条件存在差异导致硫化铅样品的氧化。

为了更好地理解研究 PbS 晶体与激光束的作用，我们对六足状 PbS 单晶采用不同的激光功率对其拉曼特性进行了详细的表征，验证了硫化铅晶体的光氧化过程，并且发现与前人的结论相比，六足状 PbS 单晶明显表现出对激光功率的敏感性。

拉曼光谱的斯托克斯谱线测试范围为 $100\sim1200cm^{-1}$。结果的精确性好于 $\pm1cm^{-1}$。

实验用 PbS 样品是典型的六足状 PbS 样品，载体为直径 2cm 的石英片，制样过程同 NiS 拉曼样品的制备。

在拉曼测试中，使用 $100\times$ 的物镜镜头，并且分别使用吸收度为 0、0.3、0.6、1、2、3 的滤光器来调整投射到测试样品表面的激光功率，因为在不同功率下，PbS 样品可能存在光降解行为，因此每次测试要取不同的点来进行。

在非破坏性测试条件下测得的 PbS 六足状单晶的拉曼光谱图见图 8.11，其中曲线 a 为使用吸收度为 3 的滤光器调节投射到测试样品表面的激光功率为 $5\mu W$ 而获得的拉曼曲线，信号收集时间为 100s；增加信号收集时间为 200s 获得的拉曼曲线如 b；增加激光功率为 $50\mu W$（吸收度为 2 的滤光器调节），信号收集时间 100s 获得的拉曼曲线如 c。

从图 8.11 可以看到，在激光功率较低（$5\mu W$）时，由于散射强度太低，导致样品的拉曼信号无法识别，拉曼峰很难从背景中分离出来，单纯增加信号收集时间仍然无法较好地分辨拉曼散射峰；而增大激光功率为 $50\mu W$ 后，清晰

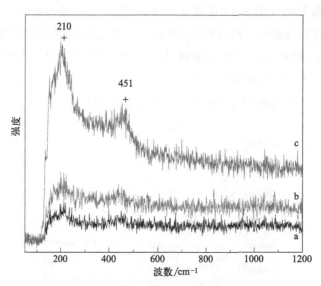

图 8.11　非破坏性测试条件下测得的 PbS 六足状单晶的拉曼光谱图

地获得了两个明显的散射峰，其中一个位于 $210cm^{-1}$，另一个位于 $451cm^{-1}$。对照前人的研究结果表明，位于 $210cm^{-1}$ 的拉曼峰属于 T_{1u} 光学模式分裂的纵向光学声子（LO）引发的散射峰，而位于 $451cm^{-1}$ 的拉曼峰应归因于 LO 声子的倍频模（2LO）。这两个拉曼峰都较弱。在室温、低激光功率下，即使曝光时间长，纯 PbS 的拉曼光谱也没有出现变化，没有新的散射峰出现。这与许家林等人报道的结果相吻合，即在低功率下，PbS 六足状结构的真实拉曼峰才会出现。

据 Batonneau 等人的报道，当投射到 PbS 样品的激光功率达到 $15mW$ 时，硫化铅会发生光降解，从而在 $966cm^{-1}$ 处出现新的散射峰，这归因于如下反应：

$$PbS \xrightarrow{hv, O_2} \alpha\text{-}PbO + SO_2 \uparrow$$

$$PbS \xrightarrow{\alpha\text{-}PbO, O_2} PbSO_4$$

$$\alpha\text{-}PbO + PbSO_4 \longrightarrow PbO \cdot PbSO_4$$

$$3\alpha\text{-}PbO + PbSO_4 \longrightarrow 3PbO \cdot PbSO_4$$

$$4\alpha\text{-}PbO + PbSO_4 \longrightarrow 4PbO \cdot PbSO_4$$

因此我们测试了在高功率激光的作用下，硫化铅六足状结构的光降解行为，拉曼结果表明当激光功率提高到 $0.5mW$ 时，我们就清楚地观察到了位于

$966cm^{-1}$ 的散射峰（图 8.12 曲线 a），但是相应地其他散射峰无法有效地识别。而当激光的功率逐步增大到 5mW 时，在拉曼曲线中出现了另外两个分别位于 $431cm^{-1}$ 和 $602cm^{-1}$ 的散射峰（图 8.12 曲线 c）。其中拉曼峰 $966cm^{-1}$ 属于 $4PbO \cdot PbSO_4$ 的散射峰，而 $431cm^{-1}$ 拉曼峰则属于 $PbO \cdot PbSO_4$ 的散射峰，$602cm^{-1}$ 拉曼峰属于 $3PbO \cdot PbSO_4$ 的散射峰。

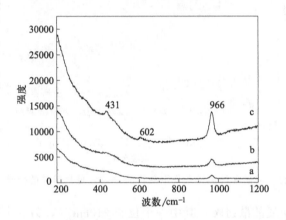

图 8.12 大激光功率下六足状硫化铅的拉曼散射曲线

a—激光功率为 0.5mW（使用吸收度为 1 的滤光片）；b—激光功率为 2.16mW
（滤光片吸收度为 0.3）；c—激光功率提高为 5mW（不使用滤光片）

同时通过共焦显微镜发现，使用 0.5mW 激光对 PbS 样品进行照射后，在样品表面出现了黑斑，如图 8.13（b）白色方框所示，这个黑点是由激光照射引起的，这清楚地表明了在 0.5mW 的功率下，样品表面遭到了破坏，与拉曼曲线出现光降解物质的拉曼峰相吻合。与其他研究者的报道不同的是，硫化铅六足状样品并非在 15mW 的激光下才会光降解，而是在 0.5mW 时，即发生了明显的降解，大大低于其他研究者报道的 15mW。这清晰地表明，硫化铅六足状样品对于激光的功率非常敏感，推测这是由于表面效应，使得六足状结构具有很高的表面能，再加上表面存在较多的缺陷，导致样品在低功率条件下即发生光降解反应。

因此对于许家林等人提出的分别使用低和高两种功率密度的激光去做拉曼光谱测量和处理样品，可无可争议地鉴定 PbS 样品，需要注意 PbS 样品发生光降解的临界值，对于不同状态的 PbS 极有可能其发生光降解的临界值不同，需要研究者加以重视。

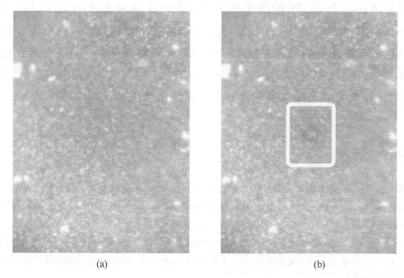

(a)　　　　　　　　　　　　　　(b)

图 8.13　在 0.5mW 功率激光照射下，样品表面照射后
所发生的变化：（a）照射前；（b）照射后

8.6　本章小结

在本章中，我们发展了以金属单质为前驱物进行硫化合成金属硫化物这一合成路线，对 PbS 的合成进行了探讨：

使用水合肼还原铅离子获得了约 1～2nm 的 Pb 纳米颗粒前驱物，再通入硫脲来硫化铅前驱物，结果表明由于前驱物形貌的差距（分散的纳米颗粒与纳米颗粒自组装而成的纳米链），导致产物形貌与硫化镍相比有了明显的变化，得到了六足状单晶结构的 PbS 样品。表征结果表明 PbS 样品呈现规则的六足状结构，每个 PbS 晶体均有规则对称的六个足状伸展，HRTEM 结果表明这六个足状伸展分别沿＜100＞晶向的六个方向定向生长，每个足状伸展有 0.3～0.6μm 长，顶端约有 40～60nm，而足状伸展的底部约有 150～200nm。我们对其形成机理进行了详细的研究，认为温度以及 PVP 的引入对其定向生长起到了关键性的作用。

对 PbS 的拉曼特性进行了测试。拉曼结果表明，六足状 PbS 单晶对激光功率非常敏感，其发生光降解的功率大大低于其他文献报道的 15mW，在 0.5mW 的功率下就发生了明显的降解。低功率拉曼测试表明 PbS 六足状结构

可以稳定地存在于 $50\mu\mathrm{W}$ 的激光功率下，并产生纵向光学声子（LO）及 LO 声子的倍频模（2LO）引发的散射峰。由此指出由许家林等人提出的分别使用低和高两种功率密度的激光去做拉曼光谱测量和处理样品，可无可争议地鉴定 PbS 样品的原则仍然成立，但是由于 PbS 样品的不同状态（如尺寸、形貌、缺陷等），导致对于低功率密度需要研究者的审慎选择。

本章参考文献

［1］ Hines M A, Scholes G D. Colloidal PbS nanocrystals with size-tunable near-infrared emission：Observation of post-synthesis self-narrowing of the particle size ［J］. Advanced Materials，2003，V15：1844-1849.

［2］ Ge J P, Wang J, Zhang H X, et al. Orthogonal PbS nanowire arrays and networks and their Raman scattering behavior ［J］. Chemistry-A European Journal，2005，V11：1889-1894.

［3］ Wang D B, Yu D B, Mo M S, et al. Hydrothermal preparation of one-dimensional assemblies of PbS nanoparticles ［J］. Solid State Communications，2003，V125：475-479.

［4］ Zhao X K, Larry D M. Oriented crystal particles of semiconductor PbS on Langmuir monolayer surfaces ［J］. Applied Physics Letters，1992，V61：849-851.

［5］ Lee S M, Jun Y W, Cho S N, et al. Single-crystalline star-shaped nanocrystals and their evolution：programming the geometry of nano-building blocks ［J］. Journal of The American Chemical Society，2002，V124：11244-11245.

［6］ Kuang D B, Xu A W, Fang Y P, et al. Surfactant-assisted growth of novel PbS dendritic nanostructures via facile hydrothermal process ［J］. Advanced Materials，2003，V15：1747-1750.

［7］ Ma Y, Qi L, Ma J, et al. Hierarchical, star-shaped PbS crystals formed by a simple solution route ［J］. Crystal Growth & Design，2004，V4：351-354.

［8］ Zhao N, Qi L. Low-temperature synthesis of star-shaped PbS nanocrystals in aqueous ［J］. Advanced Materials，2006，V18：359-362.

［9］ Zhang Z, Zhao B, Hu L. PVP protective mechanism of ultrafine solver power synthesized by chemical reduction processes ［J］. Journal of Solid State Chemistry，1996，V121：105.

［10］ Batonneau Y, Bremard C, Merli C. Microscopiproductsc and imaging Raman scattering study of PbS and its photo-oxidation ［J］. Journal of Raman Spectroscopy，2000，V31：1113-1119.

［11］ Krauss T D, Wise F W. Raman-scattering study of exciton-phonon coupling in PbS nanocrystals ［J］. Physica Status Solidi，1997，V55：9860-9865.

［12］ Shapter J G, Brooker M H, Skinner W M. Observation of the oxidation of galena using Raman spectroscopy [J]. International Journal of Mineral Processing，2000，V60：199-211.

[13] Sherwin R，Clark R J H，Lauck R，et al. Effect of isotope substitution and doping on the Raman spectrum of galena（PbS）[J]. Solid State Communications，2005，V134：565-570.

[14] Krauss T D，Wise F W. Observation of coupled vibrational modes of a semiconductor nanocrystal [J]. Physical Review Letters，1996，V76：1376-1379.

[15] Nanda K K，Sahu S N. Raman spectroscopy of PbS nanocrystalline semiconductors [J]. Physical Review B，1998，V58：15405-15407.

[16] 许家林，徐晓轩，攀张，等. PbS 及其光致氧化产物的显微成像拉曼散射研究 [J]. 光散射学报，2006，V18：219-224.

第9章

ZnS颗粒与硫化钴纳米链的合成研究

9.1 引言

通常情况下，ZnS 是白色粉末状固体，有两种相结构：高温相 α-ZnS 和低温相 β-ZnS。α-ZnS 又称纤锌矿，属六方晶系，α-ZnS 的晶体结构可以看作是 S^{2-} 作六方最紧密堆积，而 Zn^{2+} 只占有其中 1/2 的四面体空隙 [图 9.1 (a)]。β-ZnS 又称闪锌矿，晶体结构为面心立方 [图 9.1 (b)]。自然界中稳定存在的是 β-ZnS，在 1020℃闪锌矿转变成多晶相构成的纤锌矿，通常在低温下很难得到 α-ZnS，但是也有文献报道在 200～500℃，真空下热分解有机-无机杂化物——$ZnS(NH_2CH_2CH_2NH_2)_{0.5}$ 而得到了 α-ZnS；并且有文献报道 ZnS 的

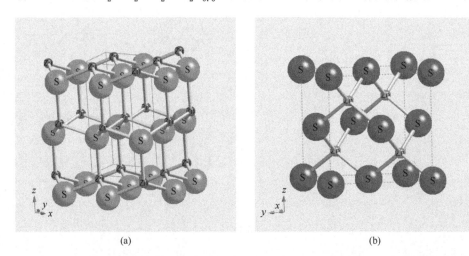

(a)   (b)

图 9.1 (a) α-ZnS（纤锌矿）晶体结构示意图；(b) β-ZnS（闪锌矿）晶体结构示意图

相变温度随粉体粒径的减小而减小，如当 ZnS 为 2.8nm 时由立方相转变为六方相的相变温度为 400℃，远远小于 1020℃；另外 Z. W. Wang 等人也报道了厚度约 10nm 的 α-ZnS 纳米带超稳态的存在。在本章中，我们使用液相法在 154℃ 的低温下，合成出了 α-ZnS 高温相。

ZnS 是 Ⅱ-Ⅵ 族化合物中被广泛研究和应用的材料之一。

ZnS 在化工生产中主要应用于油漆和塑料中，由于其白色不透明性及不溶于水、有机溶剂、弱酸、弱碱而在油漆中成为重要的颜料；纯度为 98% 的 ZnS 的相对密度为 4.0～4.1，莫氏硬度 3.0，折射率 2.37，由于较高的折射率和耐磨性，ZnS 颜料在器材、蜡纸、金属板上涂上很薄的一层就具有比较高的遮盖力；ZnS 易分散，不易团聚，为中性的白色，且具有良好的光学性质，常作为热固塑料、热塑塑料、阻燃剂、人造橡胶以及分散剂的组分。

ZnS 是一种宽带隙半导体，体相材料的带隙分别为 3.72eV（立方相）、3.77eV（六方相）。1994 年 Bhargava R. N. 等人首次报道了在半导体纳米微晶材料 ZnS 中掺入 Mn^{2+} 得到掺杂的纳米微晶材料 $ZnS：Mn^{2+}$，其衰减时间比体相材料缩短了 5 个数量级，使 $ZnS：Mn^{2+}$ 发光体具备了快响应、低阈值的光学性质，从而大大引发了人们研究 ZnS 基纳米发光材料的热情。通过其他金属离子（铜、银、钐、铕、铽、铒等）的掺杂发现，在纳米 ZnS 基中引入不同的掺杂剂，可以得到不同波段的可见发射。以 ZnS 为基质的电激发光显示器发光颜色随添加物质的不同而异，如 ZnS 中掺杂锰为黄橙色，掺杂锰加滤光片为黄绿色，掺杂钐为红色等。掺铒硫化锌薄膜器件有电致近红外发光性能，痕量铜的存在会促使局部区域的硫化锌结构从六方晶型向立方晶型转变，形成多种发光中心。

因此可以通过掺杂及控制其微粒尺度等手段调制其发光频率、发光效率等。基于上述特质，ZnS 是粉末电致发光的很好的基质，应用于许多领域，如：等离子及电致发光、平板显示、阴极射线管材料。此外它还应用于传感器，对 X 射线、γ 射线进行探测，也可用于制作光电（太阳能）敏感元件、纳米材料激光制作及用于制造特殊波长控制的光电识别标志的激光涂层。

纳米 ZnS 同 TiO_2、Fe_2O_3、CdS、PbS、PbSe 一样都是优异的光催化半导体。将纳米 ZnS 空心球浮在含有有机物的废水表面上，可利用太阳光进行有机物的降解。如美国、日本利用这种方法对海上石油泄漏造成的污染进行处理。采用这种方法还可以将粉体添加到陶瓷釉料中，使其具有保洁杀菌的功能，也可以添加到人造纤维中制成杀菌纤维。

ZnS 的优异性能大都依赖于颗粒的大小和分布及形貌，因此如何实现对其尺寸大小、粒径分布的控制以及形貌和表面的修饰是研究的关键。迄今为止，大量文献报道了 ZnS 的合成。

如 L. P. Wang 等人利用锌盐与 $Na_2S \cdot 9H_2O$、硫代乙酰胺（TAA）在室温下采用固相反应合成得到纳米 ZnS。无需溶剂，产率高，无污染，但得到的纳米颗粒分布不均匀，形貌不规整，难以实现对颗粒大小、形貌的控制。X. J. Xu 等人以 AAM 为模板，采用电化学沉积法制备出了 ZnS 直径约 40nm 的纳米线阵列［图 9.2（a）］；Y. W. Wang 等人以金薄膜为催化剂采用物理气

图 9.2　目前国际上已发表的较典型 ZnS 形貌

相沉积法制备出了约 30 ~ 60nm 的六方相 ZnS 纳米线 [图 9.2 (b)]；X. S. Fang 等人报道了以物理气相沉积法通过控制生长基片在炉中的不同位置实现了 ZnS 纳米棒 [图 9.2 (c)] 到纳米线 [图 9.2 (d)]、纳米带 [图 9.2 (e)]、纳米薄片 [图 9.2 (f)] 的可控生长；L. Dloczik 等人报道了以 ZnO 为模板硫化而来的片层状 ZnS 结构 [图 9.2 (g)]；C. Yan 等人报道了以湿化学法 (水热合成法) 制备出的 ZnS 纳米管 [图 9.2 (h)]；J. F. Gong 等人报道了采用化学气相沉积法以 Zn 和硫单质作为反应物制备出了 ZnS 三足状结构 [图 9.2 (i)]。

本章中，我们继续以金属单质为前驱物进行硫化合成金属硫化物这一合成路线对 ZnS 的合成进行了探讨：使用水合肼为还原剂，首先还原 Zn^{2+}，然后再加入硫脲作为硫源来合成得出了 ZnS 纳米粒子。拓展了这一合成路线的应用，并对硫化锌纳米粒子的紫外线吸收及发光特性、拉曼活性进行了研究。

9.2 硫化锌纳米粒子的合成及表征

9.2.1 实验过程

如上文所述，本章中对 ZnS 的合成仍然采用金属单质为前驱物进行硫化合成金属硫化物这一合成路线，对这一路线在合成硫化锌纳米材料方面的应用进行了探讨。

仍然以首先制备的 Zn 单质为前驱物，然后加入硫脲作为硫化剂，体系为乙二醇体系，PVP 为高分子修饰剂。具体实验步骤如下：称取 1mmol $ZnCl_2$ 粉末放入三口烧瓶，量取适量的乙二醇溶剂 (40mL) 倒入三口烧瓶，放入磁力搅拌子搅拌，待氯化锌溶解完后，溶液为无色透明溶液，然后称取 1.0g PVP 加入氯化锌溶液中，将三口烧瓶置入超声波水浴中进行超声分散，等 PVP 完全溶解后将三口烧瓶重新放置在磁力搅拌器上，量取 10mL 已配制好的水合肼/乙二醇溶液，将其移至恒压分液漏斗中，在搅拌的过程中将水合肼/乙二醇溶液匀速缓慢滴加至 Zn^{2+}/PVP/乙二醇溶液中，滴加过程中溶液由无色透明逐渐变为乳白色。

滴加完毕后将三口烧瓶置入恒温油浴搅拌器中，设置恒温温度为 154℃，并且缓慢搅拌。在恒温过程中，体系有大量气体生成。待反应完全后，量取 0.1mol/L 的硫脲/乙二醇溶液 15mL，放入恒压分液漏斗中，在搅拌的过程中将硫脲/乙二醇溶液匀速滴加至前驱物体系中，然后保持恒温搅拌，此时体系中有白色沉淀生成，同时冒出少量尾气，反应 1h 后，停止反应。

待反应体系自然冷却后，在离心作用下将固体沉淀从溶液中分离出来。将沉淀用无水乙醇和去离子水洗涤，以除去多余的杂质。经过多次的洗涤、离心后，将沉淀在 80℃的真空条件下进行干燥，最后得到的粉末以备测试。

另外还做了不还原 Zn 离子而直接用硫脲来合成硫化锌的实验作为对比，比较两者之间的差别，并且还调节了反应的条件如反应的温度等做了对比实验。

9.2.2 硫化锌纳米粒子成分和形貌分析

图 9.3 是所获得的样品的 XRD 结果，经对比，与六方相的标准硫化锌卡片（JCPDS ♯80-0009）吻合，即在较低温度合成获得了 α-ZnS。图中衍射峰分别对应六方相的（100）、（002）、（101）、（110）、（103）和（112）晶面的衍射峰，可以发现衍射峰得到了明显的宽化，以致（100）、（002）、（101）三个晶面的衍射峰相叠加。由（100）和（002）晶面计算可得硫化锌的晶格参数为 $a=3.75\text{Å}$，$c=6.16\text{Å}$，这与标准卡片的值一致。根据谢乐公式：

$$d=(0.89\lambda)/(B\cos\theta)$$

对（110）晶面的衍射峰进行计算，所获得的硫化锌样品的晶粒粒径约为 6nm。

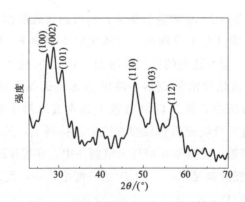

图 9.3　硫化锌样品的 XRD 测试结果

硫化锌样品的形貌见图 9.4 (a)、(b)，可以看到硫化锌样品为直径约35nm 的球形粒子，形貌规则，尺寸分布非常均匀，呈单分散状态。从图 9.4

（c）、（d）单个硫化锌纳米颗粒可以看到，硫化锌粒子结构并不致密，图 9.4
（e）为图 9.4（d）中硫化锌粒子的部分细节，可以观察到硫化锌的不同取向
的晶格条纹，经计算均约为 0.33nm，这对应于硫化锌的（100）晶面，然而
从图中可以发现这三个取向不同的晶格条纹应属于不同单晶粒的（100）晶面，
通过对比可以发现这三组（100）晶面所属的晶粒大小小于 10nm，这与我们
XRD 结果中计算出来的硫化锌样品的晶粒粒径约为 6nm 的结果能够很好地自
洽，表明我们所得的硫化锌样品为较小晶粒组成的。

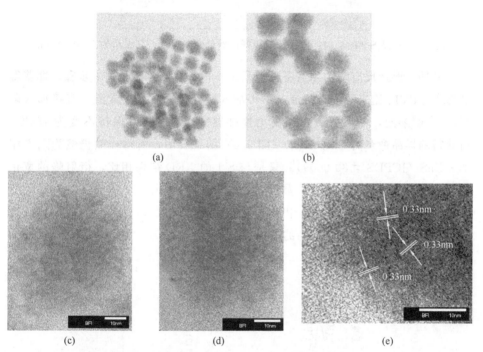

图 9.4 硫化锌样品的透射电镜图片：（a）、（b）硫化锌整体形貌，尺寸分布均匀；
（c）、（d）单个的硫化锌纳米粒子，结构并不致密；（e）单个硫化锌的部分细节，
表明硫化锌粒子是由较小的单晶组成

为了较好地区别不同实验的样品，上述实验样品命名为 S-1。我们对比了
不同实验条件对硫化锌样品形貌的影响。

首先将氯化锌的用量降低为原来的 1/2，同时将 PVP 的用量增加 50%，
合成温度仍然为 154℃，所得样品命名为 S-2，其形貌见图 9.5，样品形貌仍然
为蓬松的较规则的纳米粒子，其大小约为 50~80nm，与样品 S-1 对比，样品
的尺寸有所增大，尺寸分布也有所变宽。

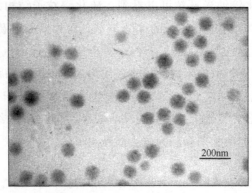

图 9.5　样品 S-2 的形貌：蓬松的较规则的球形纳米粒子，其大小约为 50～80nm

另外，保持反应物的用量不变，只是不再有还原锌离子这一步骤，即获得了 Zn^{2+}/PVP/乙二醇混合溶液，不再加入水合肼，而是在常温下直接加入硫脲/乙二醇溶液，然后置入恒温磁力搅拌器中，温度仍然保持不变为 154℃，所获得的样品命名为 S-3，XRD（图 9.6）结果表明，所得样品仍然为六方相的 α-ZnS（JCPDS ♯80-0009）。只是与 S-1 的 XRD 结果相比，衍射峰的宽化有所增加，（100）与（101）晶面的衍射峰有所弱化，以至于几乎与宽化的（002）晶面的衍射峰相重合。仍然根据谢乐公式，对（110）晶面的衍射峰进行计算，得到硫化锌 S-3 样品的晶粒粒径约为 4nm。

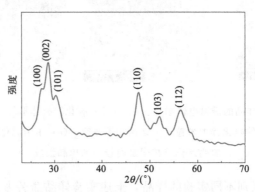

图 9.6　样品 S-3 的 XRD 结果，表明样品也是六方相的 α-ZnS，但是衍射峰的宽化增加

硫化锌 S-3 样品的 TEM 图见图 9.7，虽然 XRD 结果表明硫化锌的晶粒大小为很小的 4nm，但是从透射电镜的结果来看，硫化锌粒子已经团聚为较大的形貌不规则的粒子，从图片无法看到较统一的形貌，表明不通过合成前驱物

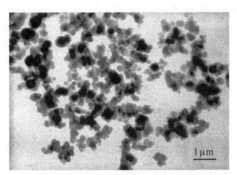

图 9.7　硫化锌样品 S-3 的 TEM 结果表明硫化锌
粒子团聚为较大的不规则颗粒

的方法虽然从 XRD 结果来看，获得了较小的硫化锌晶粒，但是硫化锌晶粒团聚为很大的不规则颗粒，远不如采用前驱物硫化方法获得的硫化锌纳米颗粒形貌规则，虽然组成纳米颗粒的晶粒尺寸略有增大，但是这些晶粒组成了形貌非常规则的蓬松球状颗粒。

我们还分别探讨了温度对产物形貌的影响。对于 S-1 实验来说，所有反应物的用量及反应过程不变，将恒温温度提高到了 197℃，即乙二醇的沸点，在回流环境下获得的样品为 S-4；另外我们还对 S-3 进行实验，测试了温度对其的影响，即不通过生成前驱物这一环节，并且把温度提高到乙二醇的沸点，所得的样品为 S-5。S-4 的 XRD 表明生成的样品仍然为六方相 α-ZnS（图 9.8），不再赘述。

由图 9.9 可以发现，在使用前驱物硫化法，并将温度提高到乙二醇的沸点后（S-4），样品的形貌变为不规则的圆球，粒径约为 100nm，明显比 S-1 样品的粒径及尺寸分布较大，这表明由于温度的升高，导致硫脲的分解速度加快，因而硫化锌的生长速度增加，使得样品的尺寸加大，以及尺寸的分布变宽。而 S-5 样品为采用直接硫化法在乙二醇沸腾温度下获得的硫化锌样品，样品的形貌呈较规则的球形，粒径约为 60nm，与低温下直接硫化法获得的硫化锌样品 S-3 相比，样品形貌相对均匀，并且尺寸较小，表明对于直接硫化法来说，升高温度有利于样品形貌变得规则；但是对于前驱物硫化法来说结果恰好相反，S-1 样品的形貌已经相当均匀，在提高合成温度后获得的硫化锌样品 S-4 形貌及尺寸分布并不逊色于直接硫化法获得的硫化锌样品（S-3、S-5），但是与 S-1、S-2 相比仍然有较大的差距，这清楚地显现了低温前驱物硫化法这一合成路线的优越性。

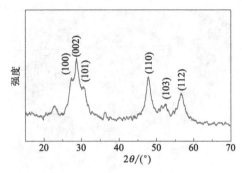

图 9.8　S-4 的 XRD 结果，表明生成的样品仍然为六方相 α-ZnS

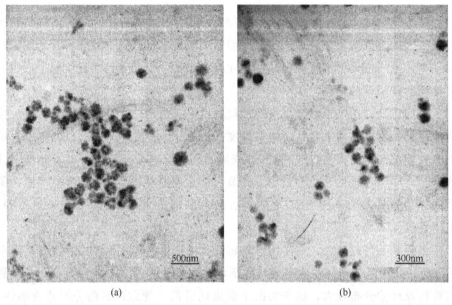

(a)　　　　　　　　　　　　　　　　(b)

图 9.9　在乙二醇沸点下合成的样品形貌：（a）S-4 采用前驱物硫化法，并且温度提高到
197℃；（b）S-5 不采用前驱物硫化法，直接加入硫脲进行硫化，并且温度提高到 197℃

9.3　硫化锌纳米颗粒的性质研究

9.3.1　紫外-可见光吸收光谱及荧光光谱

图 9.10 为硫化锌样品 S-1 至 S-5 的紫外-可见光吸收光谱及荧光光谱，其
中虚线部分是紫外-可见光吸收光谱，测量范围为 400～750nm；实线为荧光光

谱，激发光波长为 350nm，测量范围为 350～680nm。紫外线-可见光吸收光谱测试是在 GBC 公司的紫外线-可见光吸收光谱仪上测试的，仪器型号为 Cintra 10e；荧光光谱是在日本岛津公司的荧光分光光度计上测试的，仪器型号为 RF-5301Pc。所有测试都在室温下进行。

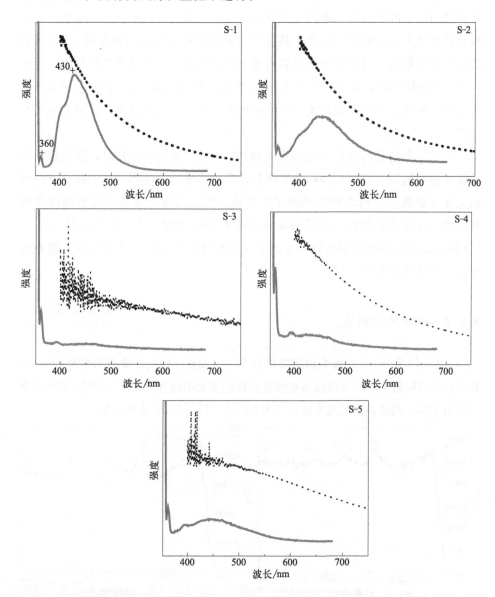

图 9.10　硫化锌样品 S-1 至 S-5 的紫外-可见光吸收光谱及荧光光谱，其中虚线部分是紫外线-可见光吸收光谱，测量范围为 400～750nm，实线为荧光光谱，激发光波长为 350nm

一般来说，对于半导体纳米材料，通常会观测到两个发光带：一个是半导体材料的激子发射造成的，这个发光带较为尖锐；另一个是半导体纳米材料的缺陷所造成的，而缺陷造成的发光带则较宽。

从图 9.10 可以得知，在 S-1、S-2、S-5 样品的荧光谱中，在 430nm 处存在明显的较宽的发光带（半高宽分别为 72nm、80nm、84nm），这应当是硫化锌表面的缺陷所造成的，相对于其他研究者报道的 450nm 有所蓝移。S-1 样品的形貌最为规则，但是由于其形貌为蓬松的球形粒子，并且其粒径最小，导致 S-1 样品的表面缺陷富集，位于 430nm 的缺陷发光带较强，而 S-3、S-4 样品的形貌不规则，并且粒径较大，已经接近于体相，所以其缺陷发光带几乎没有出现。

值得注意的是所有样品的荧光光谱均有位于 360nm 的尖锐的发光峰，但是发光强度较弱，这应当是硫化锌的激子发射造成的，这不同于其他文献报道的无法观测到 ZnS 纳米粒子的激子发射峰，推测是由于其他研究者的硫化锌样品的缺陷发光较强烈，导致其本征激子发光带较弱，无法识别。这在 S-3、S-4 样品的荧光谱中得以体现，这两个样品的缺陷发光带几乎不存在，因而硫化锌的激子发光易于识别。

9.3.2 拉曼光谱研究

α-ZnS 样品 S-1 的拉曼光谱如图 9.11 所示。曲线 a 使用的激光功率为 0.5mW，信号收集时间为 100s。在曲线 b 中投射到样品表面的激光功率为 5mW，信号收集时间为 100s。两条曲线的激发波长均为 633nm，使用 100×光学物镜。

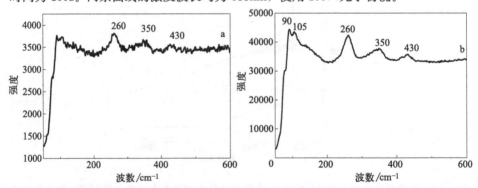

图 9.11　α-ZnS 样品 S-1 的拉曼光谱。曲线 a 的激光功率为 0.5mW，信号收集时间为 100s；曲线 b 的激光功率为 5mW，信号收集时间为 100s

由曲线 a 可以看到，当激光功率较弱（0.5mW）时，硫化锌的拉曼信号较弱，散射峰与背底噪声相接近，但是仍然可以识别；而当激光功率增大为 5mW 后，硫化锌的拉曼散射峰得以清楚地识别，可以观察到分别位于 90、105、260、350、430 波数的拉曼散射峰。其中位于 350 波数的散射峰是由硫化锌的纵向光学振动模式（LO）引起的，而位于 260 波数的散射峰是由硫化锌的横向光学振动模式（TO）引发的；分别位于 105、430 波数的两个散射峰，与 M. Abdulkhadar 等人报道的硫化锌纳米粒子的散射峰位置非常接近，属于硫化锌纳米粒子特有的散射峰。对于位于 90 波数的散射峰，目前尚无关于这一散射峰的报道，O. Brafman 等人曾经报道了由硫化锌的 E_2 振动模式引发的散射峰位于 72 波数，与我们的结果有 18 波数的偏移。这个位于 90 波数的散射峰是否属于 E_2 振动模式引发的尚不确定，如果是的话，引起如此大的偏移的原因有待于专业人员的进一步深入研究。

对比曲线 a、b 可以发现，硫化锌纳米颗粒对于投射到其表面的激光的功率并不敏感，当激光功率提高到 5mW 时，拉曼曲线的散射峰仅仅是散射强度发生了变化，并没有其它散射峰的出现，说明并没有发生光氧化的证据出现，表明我们所制备的硫化锌纳米颗粒不同于前两章我们提到的六足状硫化铅和硫化镍链式管，在强激光功率下保持了稳定，没有发生光降解，这与海胆状结构 Ni_3S_2 相类似。

9.4　硫化钴纳米链的合成

9.4.1　实验过程

在本节中我们将低温前驱物硫化法这一方法在硫化钴的合成中的应用进行了初步的探索。丰富了低温前驱物硫化法这一方法的应用。

具体实验步骤如下：称取 0.5mmol 醋酸钴粉末放入三口烧瓶，量取适量的乙二醇溶剂（30mL）倒入三口烧瓶，放入磁力搅拌子搅拌，待醋酸钴溶解完后，溶液为棕红色透明溶液，然后称取 1.0g PVP 加入醋酸钴溶液中，瓶置入超声波水浴中进行超声分散，等 PVP 完全溶解后将三口烧瓶重新放置在磁力搅拌器上，量取 8mL 已配制好的水合肼/乙二醇溶液，将其移至恒压分液漏斗中，在搅拌的过程中将水合肼/乙二醇溶液匀速缓慢滴加至 Co^{2+}/PVP/乙二醇溶液中，滴加过程中溶液由透明逐渐变为棕红色不透明溶液。滴加完毕后将三口烧瓶置入恒温油浴搅拌器中，设置恒温温度为 154℃，并且缓慢搅拌。在恒温过程中，体系有大量气体生成。待反应完全后，量取 0.1mol/L 的硫脲-乙二醇溶液 10mL，放入恒压分液漏斗中，在搅拌的过程中将硫脲-乙二醇溶液匀速滴加至前驱物体系中，然后保持恒温搅拌，此时体系中有黑色沉淀生成，同时冒出少量尾气，反应 5h 后，停止反应。

待反应体系自然冷却后，使用离心机将样品分离出来。然后将沉淀用无水乙醇和去离子水洗涤，以除去多余的杂质，经过多次的洗涤、离心后，将样品烘干。

9.4.2 硫化钴纳米链成分和形貌分析

图 9.12 是合成的硫化钴样品的 XRD 测试结果。如图所示，样品的 XRD 信号不好，强度较差，表明硫化钴样品的结晶度较差，这揭示了低温前驱物硫化法这一方法的不足之处，即由于实验是在较低温度下进行，并没有达到乙二醇的沸点，这样虽然获得了硫脲较慢的分解速度使得样品形貌具有多样性，但

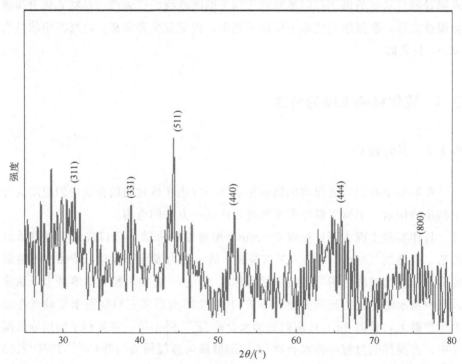

图 9.12　硫化钴样品的 XRD 测试结果

是由于没有达到体系的沸腾，使得晶体的溶解-再结晶过程减弱，使得最终产物的结晶效果较差，这也在前面几章的 XRD 结果中有所反映。

尽管如此，从图 9.12 的衍射峰仍然可以分辨出整个图谱主要由六个衍射峰组成，分别位于 2θ 等于 30°、40°、44°、52°、65°、77°的位置，经对比分别与标准卡片 Co_4S_3（JCPDS ♯02-1338）的 (311)、(331)、(511)、(440)、(444)、(800) 晶面的衍射峰相对应，属面心立方结构，空间群为 Fm3m，晶格参数为 $a = 0.99$nm。

图 9.13 为 Co_4S_3 样品的透射电镜形貌。从图 9.13（a）可以看出所有硫

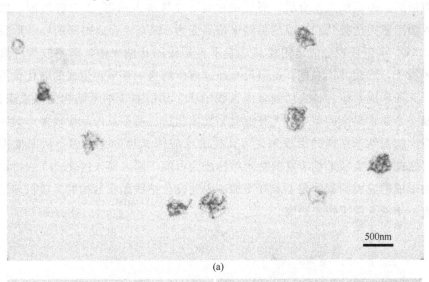

(a)

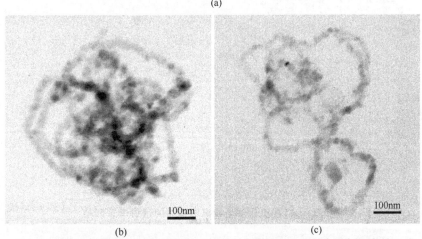

(b)　　　　　　　　　　　　　　(c)

图 9.13　硫化钴样品的透射电镜形貌：（a）表明硫化钴样品均为纳米链，并且由于纳米链较长而呈线团结构；（b）、（c）单个硫化钴纳米线形貌

化钴样品形貌均呈规则的"线团状"。线团的粗细均匀，从视场中观察不到其他的形貌。图 9.13（b）、（c）为其中的两个硫化钴结构，展示了硫化钴形貌的细节情况。整个线团状结构是由超长的细链缠绕而成，细链的直径仅有约 10nm，而细链的长度非常长，导致细链彼此缠绕。从透射电镜的衬度上来看，细链是由硫化钴纳米粒子自组装而成；从细链的直径判断，纳米粒子的直径应约为 10nm。

作为对比，我们使用直接硫化法对硫化钴合成进行了探讨，即保持反应物的用量不变，只是不再有还原钴离子这一步骤；获得了 Co^{2+}/PVP/乙二醇混合溶液后，不再加入水合肼，而是在常温下直接加入硫脲/乙二醇溶液，然后置入恒温磁力搅拌器中，温度仍然保持不变为 154℃，合成得到的样品形貌见图 9.14。可以发现合成出的样品形貌不再是线团状纳米链，而是较为分散的纳米粒子，形貌并不规则，说明没有经过前驱物这一环节，生成的硫化钴纳米粒子无法形成自组装，进而缠绕成为线团状。然而对于纳米结构的形成来说，这是一个非常复杂的课题，尤其是前驱物硫化法，所涉及的反应较多，因而对反应产物的纳米结构的形成来说可调控的反应因素也随之增多，从而变得复杂，因此使得生成形貌丰富的纳米结构成为可能，随之而来的便是在探讨纳米结构形成的关键因素问题上难度增加。因此硫化钴线团状结构的形成机理还需要进一步深入的工作来研究。

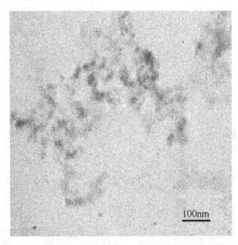

图 9.14　直接硫化法合成出的样品的透射电镜形貌

我们简单地探讨了 PVP 用量对硫化钴线团状结构的影响，见图 9.15（a），在保持其他反应因素不变的情况下，增大 PVP 用量为原来的 1.5 倍，结果表明产物仍然是由硫化钴纳米粒子自组装而成的纳米链自己进行缠绕而形成的线团状结构，只是硫化钴纳米结构的尺寸分布明显变宽，并且从图 9.15 (b)、(c) 可以看到纳米粒子本身的粒径分布也有所变宽，图 9.15 (b) 中的纳米链的直径约为 10nm，而图 9.15 (c) 中纳米链的直径较大约为 15nm。

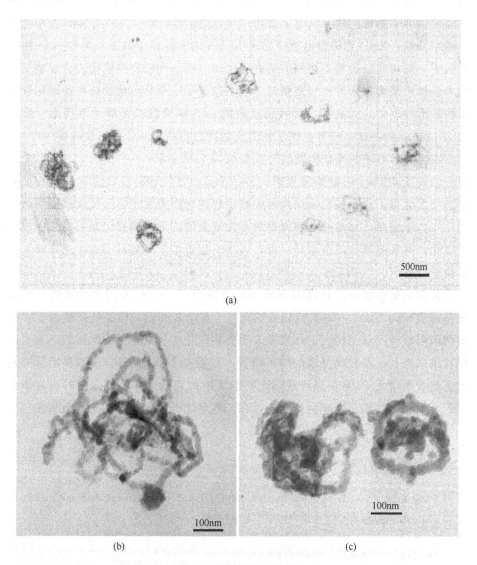

图 9.15　增加 PVP 用量后，硫化钴纳米链的透射电镜形貌说明
其尺寸分布变宽，并且纳米链的直径有所增大

9.5 本章小结

在本章中，我们继续对前驱物硫化法在其他金属硫化物的合成方面的应用进行了探讨，主要是 ZnS 纳米粒子及 Co_4S_3 线团状结构的合成。

使用前驱物硫化法在低温下成功地合成出了粒径约 35nm 的 ZnS 蓬松的球状纳米颗粒，XRD 和透射电镜结果表明 ZnS 纳米颗粒是由更小的约 6nm 的晶粒组成。对比实验表明不使用前驱物硫化法，而是采用直接硫化法合成的 ZnS 纳米颗粒团聚为很大的不规则颗粒，远不如采用前驱物硫化法获得的硫化锌纳米颗粒形貌规则，而高温实验表明获得的 ZnS 纳米颗粒是形貌不规则、粒径约为 100nm 的圆球，充分显现了低温前驱物硫化法这一合成路线的优越性。

ZnS 纳米粒子的光致发光结果观察到两个发光带：一个是半高宽为 72nm 较强的位于 420nm 的缺陷发光带，另一个是非常微弱的较尖锐的位于 360nm 的激子发光带。样品的拉曼结果表明硫化锌纳米颗粒对于投射到其表面的激光的功率并不敏感，当激光功率提高时，拉曼曲线的散射峰仅仅是散射强度发生了变化，并没有其他的散射峰出现，表明硫化锌纳米颗粒没有发生光降解，其结构较为稳定。

使用前驱物硫化法在低温下成功地合成出了 Co_4S_3 线团状纳米链，纳米链是由直径为 10nm 左右的硫化钴纳米粒子自组装而成，细链的直径为 10nm，缠绕而形成线团状结构。对比实验表明直接硫化法合成出的样品形貌不再是线团状纳米链，而是较为分散的纳米粒子，形貌并不规则；调整 PVP 用量的对比实验表明增大 PVP 用量导致硫化钴纳米链的直径分布变宽。同时通过硫化钴的合成，也发现了前驱物硫化法存在的不足之处，即产物的结晶效果较差。

本章参考文献

[1] Fang X S, Zhang L D. One-dimensional (1D) ZnS nanomaterials and nanostructures [J]. Journal of Materials Science & Technology, 2006, V22: 721-736.

[2] Yu S H, Yoshimura M. Shape and phase control of ZnS nanocrystals: Template fabrication of wurtzite ZnS single-crystal nanosheets and ZnO flake-like dendrites from a lamellar molecular precursor ZnS-$(NH_2CH_2CH_2NH_2)_{0.5}$ [J]. Advanced Materials, 2002, V14: 296-300.

[3] Skelton E F, Hsu D, Dinsmore A D, et al. Size-induced transition-temperature reduc-

tion in nanoparticles of ZnS [J]. Physical Review B, 1999, V60: 9191-9195.

[4] Wang Z W, Daemen L L, Zhao Y S, et al. Morphology-tuned wurtzite-type ZnS nano-belts [J]. Nature Materials, 2005, V4: 922-927.

[5] 王敦青,焦秀玲,陈代荣. 硫化锌性质、用途及制备方法概述 [J]. 山东化工, 2003, V32: 12-15.

[6] Liem N Q, Quang V X, Thanh D X, et al. Temperature dependence of biexciton lumi-nescence in cubic ZnS single crystals [J]. Solid State Communications, 2001, V117: 255-259.

[7] Bhargava R N, Gallagher D, Hong X, et al. Optical properties of manganese-doped nanocrystals of ZnS [J]. Physical Review Letters, 1994, V72: 416-419.

[8] 张海明,王之建,张力功,等, 化学合成法制备 ZnS 基纳米荧光粉研究 [J]. 无机材料学报, 2002, V17: 1147-1151.

[9] Pang H Q, Yuan Y B, Zhou Y F, et al. ZnS/Ag/ZnS coating as transparent anode for organic light emitting diodes [J]. Journal of Luminescence, 2007, V122: 587-589.

[10] Luo X X, Cao W H, Zhou L X. Synthesis and luminescence properties of (Zn, Cd) S: Ag nanocrystals by hydrothermal method [J]. Journal of Luminescence, 2007, V122: 812-815.

[11] Huang F H, Peng Y R, Lin C F. Synthesis and characterization of ZnS: Ag nano-crystals surface-capped with thiourea [J]. Chemical Research in Chinese Universities, 2006, V22: 675-678.

[12] Warkentin M, Bridges F, Carter S A, et al. Electroluminescence materials ZnS: Cu, Cl and ZnS: Cu, Mn, Cl studied by EXAFS spectroscopy [J]. Physical Review B, 2007, V75: 075301.

[13] Nien Y T, Chen I G, Hwang C S, et al. Microstructure and electroluminescence of ZnS: Cu, Cl phosphor powders prepared by firing with CuS nanocrystallites [J]. Journal of Electroceramics, 2006, V17: 299-303.

[14] Nien Y T, Chen I G. Raman scattering and electroluminescence of ZnS: Cu, Cl phos-phor powder [J]. Applied Physics Letters, 2006, V89: 261906.

[15] Wang L P, Hong G Y. A new preparation of zinc sulfide nanoparticles by solid-state method at low temperature [J]. Materials Research Bulletin, 2000, V35: 695-701.

[16] Xu X J, Fei G T, Yu W H, et al. Preparation and formation mechanism of ZnS semi-conductor nanowires made by the electrochemical deposition method [J]. Nanotechn-ology, 2006, V17: 426-429.

[17] Wang Y W, Zhang L D, Liang C H, et al. Catalytic growth and photoluminescence properties of semiconductor single-crystal ZnS nanowires [J]. Chemical Physics Let-ters, 2002, V357: 314-318.

[18] Fang X S, Ye C H, Zhang L D, et al. Temperature-controlled catalytic growth of ZnS nanostructures by the evaporation of ZnS nanopowders [J]. Advanced Functional Ma-terials, 2005, V15: 63-68.

[19] Dloczik L, Engelhardt R, Ernst K, et al. Hexagonal nanotubes of ZnS by chemical

conversion of monocrystalline ZnO columns [J]. Applied Physics Letters, 2001, V78: 3687-3689.

[20] Yan C L, Xue D F. Conversion of ZnO nanorod arrays into ZnO/ZnS nanocable and ZnS nanotube arrays via an in situ chemistry strategy [J]. Journal of Physical Chemistry B, 2006, V110: 25850-25855.

[21] Gong J F, Yang S G, Huang H B, et al. Experimental evidence of an octahedron nucleus in ZnS tetrapods [J]. Small, 2006, V2: 732-735.

[22] Spanhel L, Haase M, Weller H, et al. Photochemistry of colloidal semiconductors. 20. surface modification and stability of strong luminescing CdS particles [J]. Journal of The American Chemical Society, 1987, V109: 5649-5655.

[23] Zhu Y C, Bando Y, Xue D F. Spontaneous growth and luminescence of zinc sulfide nanobelts [J]. Applied Physics Letters, 2003, V82: 1769-1771.

[24] Yang P, Lu M K, Xu D, et al. Photoluminescence properties of ZnS nanoparticles co-doped with Pb^{2+} and Cu^{2+} [J]. Chemical Physics Letters, 2001, V336: 76-80.

[25] Arguello C A, Rousseau D L, Porto S P S. First-order Raman effect in wurtzite-type crystals [J]. Physical Review, 1969, V181: 1351-1363.

[26] Brafman O, Mitra S S. Raman effect in wurtzite-and zinc-blende-type ZnS single crystals [J]. Physical Review, 1968, V171: 931-934.

[27] Abdulkhadar M, Thomas B. Study of Raman spectra of nanoparticles of CdS and ZnS [J]. Nanostructured Materials, 1995, V5: 289-298.

[28] Scholz S M, Vacassy R, Lemaire L, et al. Nanoporous aggregates of ZnS nanocrystallites [J]. Applied Organometallic Chemistry, 1998, V12: 327-335.